半导体光催化原理及应用

任彦荣　杨顶峰　李园园　主编

科学出版社

北京

内 容 简 介

近年来，半导体光催化技术在环境净化、CO_2 还原及有机合成化学等领域发挥了重要作用，利用光生电子及半导体表面结构可以实现特定的氧化还原反应。本书不仅重点分类阐述半导体光催化前沿研究方向，而且重视半导体基础物理、化学及表面结构等基础内容。

本书前 3 章重点介绍了半导体物理、化学及表面结构的基础内容，这些为从基础物理和化学的角度理解和优化相关能源和催化科学中"卡脖子"及核心问题提供了重要基础。接着本书结合前沿研究方向重点阐述和总结了半导体光催化在材料调控方面的策略和设计。第 4 章主要阐述半导体光催化分解水，第 5 章主要阐述半导体光催化在水体净化方面的前沿研究。第 6 章重点介绍半导体光催化在 CO_2 还原及综合利用方面的研究，表明半导体光催化在"双碳"领域的应用潜力。第 7 章主要介绍半导体光催化在精细化工、药物合成及有机合成领域的重要应用，展示了半导体光催化在有机小分子转化方面的特殊能力。第 8 章重点介绍密度泛函理论在半导体光催化中发挥的作用，此外还有人工智能及机器学习等新理论手段在此领域下的发展前景。

本书既重视半导体相关的基础物理和化学内容，又能表现当前该领域的前沿研究内容，是相关专业研究生及科研人员的重要参考专著。

图书在版编目 (CIP) 数据

半导体光催化原理及应用 / 任彦荣，杨顶峰，李园园主编. —— 北京：科学出版社，2024.12. —— ISBN 978-7-03-080361-0

Ⅰ. O47

中国国家版本馆 CIP 数据核字第 20240RJ322 号

责任编辑：霍志国 / 责任校对：杜子昂
责任印制：吴兆东 / 封面设计：东方人华

科学出版社 出版

北京东黄城根北街 16 号
邮政编码：100717
http://www.sciencep.com

固安县铭成印刷有限公司印刷
科学出版社发行 各地新华书店经销

*

2024 年 12 月第 一 版 开本：720×1000 1/16
2025 年 6 月第二次印刷 印张：17 1/4
字数：348 000

定价：108.00 元

（如有印装质量问题，我社负责调换）

编　委　会

前　　言

随着全球能源危机和环境问题的日益严峻，寻找清洁、可持续的能源解决方案变得至关重要。半导体光催化技术，作为一种能够将太阳能直接转化为化学能的绿色技术，正日益受到科研人员和工程师的广泛关注。它不仅在环境净化领域展现出巨大的潜力，还在能源转换和化学合成中扮演着越来越重要的角色。

本书旨在为读者提供一个全面的视角，深入探讨这一领域的基础原理、最新进展和实际应用。我们的目标是为研究人员、工程师、学生以及对这一领域感兴趣的专业人士提供一本系统的学习和参考资料。

本书首先介绍光催化的基本原理，包括光激发、电荷分离和表面反应等关键过程。随后，深入讨论各种半导体材料的特性，包括它们的光吸收能力、电子结构和催化活性。此外，本书还阐述了半导体光催化在各个领域的应用。

本书的结构如下：

第 1 章　半导体光催化基础

第 2 章　半导体光催化策略与表征方法

第 3 章　半导体光催化剂的合成

第 4 章　半导体光催化分解水

第 5 章　半导体光催化水处理

第 6 章　半导体光催化 CO_2 还原

第 7 章　半导体光催化有机合成

第 8 章　半导体理论计算与光催化

我们希望本书能够激发读者对半导体光催化技术的兴趣，并为他们提供必要的知识和工具，以探索这一充满潜力的领域。我们相信，通过不断的研究和创新，半导体光催化技术将为解决全球能源和环境问题提供重要的解决方案。

最后，我们要感谢所有为本书的编写提供支持和帮助的同事、学生和合作伙伴。没有他们的努力和贡献，本书的完成是不可能的。

欢迎阅读《半导体光催化原理及应用》，让我们一起探索光催化的奥秘，共创绿色未来。

主　编

2024 年 7 月 15 日

目　　录

第1章 半导体光催化基础

1.1 半导体光催化概述

光催化（photocatalysis）是催化化学和光化学的交叉领域。光化学是化学的一个分支，涉及紫外光、可见光和红外光照射下引发的化学反应。光催化是"光催化反应"的一个概念，其必备要素是光吸收、光催化剂以及由此引发的化学变化三部分。国际纯粹和应用化学联合会 2007 年在"光化学术语大典"中给出光催化的定义：在紫外光、可见光或红外光照射下，光催化剂吸收光后改变化学反应或初始反应的速率，并引起反应成分的化学改变。光催化过程可分为"催化光反应"和"敏化光反应"两类。当初始光激发发生在吸附分子上，这一吸附分子同基态的催化底物发生相互作用，这一过程称为催化光反应。而光激发最初发生在催化剂底物上，然后受光激发的催化剂将电子或能量传递给基态分子，这个过程称为"敏化光反应"。初始激发之后伴随而来的是电子迁移和能量转移等失活过程，通过这些失活作用过程引发光催化化学反应。有时候也有"光诱导"和"光激活"的提法，然而目前这一领域普遍接受的是"光催化"的概念。

光催化剂（photocatalyst）在光催化反应中起到关键作用，它在吸收光后能够使得反应物质发生化学变化，激发态的光催化剂能够循环多次与反应物作用生成中间物质，并通过这种作用保证自身在反应前后不变。光催化反应是自然界中客观存在的现象，光合作用就是一个典型例子，其中涉及了叶绿素吸收光能引发的光生电荷、生物化学中的电子传递过程以及分解水产氧作用，因此叶绿素可以看成一种光催化剂。

根据反应体系的均一性，光催化可以分为均相光催化和非均相光催化。均相光催化在光催化分解水制氢领域中研究颇多，通常是采用金属配合物为敏化剂的四组分（敏化剂–电子中继体–牺牲剂–催化剂）的制氢体系。最近 Nocera 首次采用混合价 Rh（0）–Rh（Ⅱ）的铑金属配位化合物与卤化氢水溶液体系，通过双电子过程均相光催化分解水产氢。而均相光催化在净化环境污染中应用较少，有报道采用金属卟啉类配位化合物光催化活化 H_2O_2，通过类 Fenton 反应作用降解有机污染物，然而通常该类均相体系在水体环境净化中难以实际应用。用于环境净化的光催化是非均相光催化（heterogeneous photocatalysis）。因为在开放的环境体系中，只有非均相体系才能有效分离固体光催化剂，在降解和消除水体或气相中有机污染物之后，维持反应器中光催化剂的浓度恒定，使得反应体系能以低成本和高效率稳定运行。半导体光催化（semiconductor photocatalysis）是指光催化反应所采用的固体光催化剂具有半导体特征，确切地说半导体光催化是非均相光催化的一种类型。非均相光催化的研究是从半导体 TiO_2 的光催化开始的，经过三十余年的研究，光催化剂的概念不断拓展，新的光催化材料和理论也不断推陈出新。

半导体是指电导率在金属电导率（约 $10 \sim 10^6 \Omega/cm$）和电介质电导率（$< 10^{-1} \Omega/cm$）之间的物质。半导体的电子结构基于固体能带理论的模型，固体中由于晶体分子（或原子）间的相互作用，最高占有轨道（HOMO）相互作用形成充满电子的价带（valence band，VB），最低空轨道（LUMO）相互作用形成空的导带（conduction band，CB），电子在价带和导带中非定域化，可以自由移动。价带和导带之间存在一个没有电子的禁带，禁带的大小称为带隙宽度（E）。半导体光催化正是基于这个模型，由于适宜带隙宽度的特征，半导体光催化剂吸收能量大于或等于 E 的光子时，发生电子由价带向导带的跃迁，从而引发光催化反应。半导体可以分为无机半导体与有机半导体，无机半导体又分为元素半导体和化合物半导体。根据多数载流子的特征又分为 n 型半导体（多数载流子为电子）和 p 型半导体（多数载流子为空穴）。目前研究的半导体光催化剂也涉及所有这些半导体类型：①二元无机半导体化合物，包括金属氧化物如 TiO_2、ZnO、WO_3、Cu_2O、Fe_2O_3 等，金属硫化物如 CdS、ZnS 等，金属氮化物如 Ta_3N_5、GaN 等，非金属化合物如石墨结构的氮化碳 $g\text{-}C_3N_4$。②多元无机半导体化合物，包括复合金属氧化物如 $SrTiO_3$、$BiVO_4$ 等，金属硫化物如 $ZnIn_2S$、$CuInS_2$ 等。③元素半导体，如量子点硅纳米粒子，有机半导体，如具有 n 型半导体特征的二萘嵌苯衍生物和 p 型半导体特征的金属酞菁化合物。

然而根据光催化的定义，光催化剂绝不仅限于半导体物质。目前基于半导体光催化原理之外的新型光催化剂的研究备受关注，这里简略介绍两大类：第一类是基于异质金属中心的金属–金属间电荷迁移原理构筑的双金属组装介孔分子筛光催化剂，这种光催化剂最早由 Frei 提出，用于光催化还原 CO_2 的研究，如 ZrCu（I）-MCM-416，随后 Hashimoto 等在此基础上，将 Ti（IV）/Ce（III）双金属中心引入 MCM-41 分子筛，获得可见光响应的光催化性能，并具有很好的光催化还原 CO_2 和光催化氧化丙酮的作用；第二类是纳米金属粒子的表面等离子体效应引发的光催化作用，并被称为等离子体光催化剂，例如 Chen 等采用纳米金粒子在可见光照下降解室内有机污染物，这里的纳米金即可视为一种光催化剂。为了避免概念混淆，本书后文所述的光催化如未特别说明均指半导体光催化。

1.2　半导体晶体学基础

1.2.1　晶体基本概念

　　晶体是一种具有规律排列的固体物质，其内部的原子、离子或分子按照一定的几何规则排列，形成周期性的结构。这种有序的结构赋予了晶体独特的物理性质，如各向异性、对称性以及在某些情况下的压电性和热电性。晶体的形成通常与物质的冷却过程有关。当物质从液态或气态冷却并逐渐凝固时，如果条件适宜，原子、离子或分子会自发地按照最稳定的方式排列，形成晶体。晶体的这种有序排列可以通过 X 射线衍射等技术进行观察和分析。晶体的结构可以通过晶格理论来描述。晶格是晶体内部的三维空间网状结构，由重复的单元格组成。每个单元格包含一组特定的原子或分子，这些单元格在整个晶体中重复排列。晶体的对称性由其晶格的对称操作来定义，这些操作包括平移、旋转和反射等。晶体的分类通常基于它们的晶格对称性和化学组成。根据晶体的对称性，可以将它们分为七种晶系：立方晶系、四方晶系、三方晶系、六方晶系、正交晶系、单斜晶系和三斜晶系。此外，晶体还可以根据其化学组成和结构特征进一步分类，如金属晶体、离子晶体、共价晶体和分子晶体等。晶体在工业和科研领域有广泛的应用，例如在电子器件、光学仪器、材料科学和生物医学等领域。它们的独特性质，如硬度、导电性和光学性质，使其成为许多高科技产品的关键组成部分。

1.2.2　晶体结构缺陷与表面特征

　　晶体结构的缺陷和表面特征是影响其物理和化学性质的重要因素。晶体结构的缺陷通常是指在理想周期性排列的晶格中出现的不规则性，这些不规则性可以是点缺陷、线缺陷或面缺陷。点缺陷包括空位（原子或分子缺失的位置）、间隙原子（插入晶格间隙中的额外原子）和替代原子（一个元素的原子替代另一个元素的原子）。线缺陷，也称为位错，是晶体中原子排列的线状错位，它们可以是刃型位错、螺型位错或混合型位错。位错的存在会影响晶体的塑性变形和强度。面缺陷则包括晶界、相界和堆垛层错，这些缺陷通常在晶体的不同区域或不同相之间形成界面。

　　晶体的表面特征指晶体与外界接触的边界区域，这个区域的原子排列与晶体内部的有序排列不同。晶体表面可能存在悬挂键、台阶、扭折和粗糙等特征。悬挂键是表面原子未与其他原子形成完全化学键的现象，这会导致表面原子具有较高的能量和反应活性。台阶是晶体表面由于不同晶面高度不同而形成的阶梯状结构，它们可以作为晶体生长和表面反应的活性中心。扭折和粗糙则是晶体表面由于原子的不均匀排列而形成的不规则结构。

晶体结构的缺陷和表面特征对晶体的物理性质，如电导率、热导率、光学性质以及化学性质，如催化活性和腐蚀性，都有显著的影响。例如，位错可以作为晶体塑性变形的通道，而表面悬挂键的存在可以增强晶体的化学活性。此外，晶体的表面特征还与晶体的生长机制密切相关，表面的不均匀性可以影响晶体生长的方向和速率。

在材料科学中，通过控制晶体生长条件和后处理技术，可以调节晶体的缺陷密度和表面特征，从而优化材料的性能。例如，通过精确控制晶体生长的温度、压力和化学环境，可以减少晶体中的缺陷，获得高质量的晶体材料。同样，通过表面处理技术，如抛光、蚀刻和涂层，可以改善晶体的表面特性，提高其在特定应用中的性能。

晶体结构的缺陷和表面特征是决定晶体性质的关键因素，它们在材料科学和相关技术领域中具有重要的研究和应用价值。通过深入理解这些特征，科学家和工程师可以设计和制造出具有特定性能的晶体材料，以满足各种工业和科研需求。

1.2.3　常见的半导体晶体结构

半导体晶体结构是现代电子器件和信息技术的基础。半导体材料，如硅（Si）、锗（Ge）和一些 III-V 族化合物（如砷化镓 GaAs），因其独特的电子性质而广泛应用于制造晶体管、二极管、太阳能电池和其他电子组件。以下是几种常见的半导体晶体结构及其特点。

1. 金刚石晶格（diamond lattice）

金刚石晶格是一种面心立方（fcc）晶格，其中每个原子与四个最近邻原子通过共价键连接，形成四面体结构。硅（Si）和锗（Ge）具有这种结构。金刚石晶格的半导体具有高电子迁移率，这使得它们在高速电子器件中非常有用。

2. 闪锌矿晶格（zincblende lattice）

闪锌矿晶格是一种立方晶系结构，其中每个原子与四个最近邻原子通过共价键连接，形成正四面体。这种结构的半导体，如砷化镓（GaAs），具有较高的电子迁移率和良好的光电性质，常用于高频和光电器件。

3. 纤锌矿晶格（wurtzite lattice）

纤锌矿晶格是一种六角晶系结构，它与闪锌矿晶格相似，但具有不同的堆叠顺序。纤锌矿晶格的半导体，如氮化镓（GaN），具有较高的电子迁移率和优异的机械性质，适用于制造高功率和高频率的电子器件。

4. 岩盐晶格（rock-salt lattice）

岩盐晶格是一种面心立方（fcc）结构，其中正负离子以交替的方式排列。这种结构的半导体，如氧化锌（ZnO），具有较大的带隙，适合用于紫外光探测器和透明导电膜。

5. 钙钛矿晶格（perovskite structure）

钙钛矿晶格具有复杂的立方结构，由一个较大的阳离子、一个较小的阳离子和一个氧八面体组成。这种结构的半导体，如钛酸钡钙（$BaTiO_3$），具有优异的光电性质和铁电性质，常用于太阳能电池和光电探测器。

6. 层状结构（layered structure）

层状结构的半导体，如石墨烯，由碳原子以 sp^2 杂化形成六角蜂窝状平面网络。这种二维材料具有极高的电子迁移率和热导率，以及独特的机械和化学性质，使其在纳米电子学和材料科学中具有潜在的应用。

每种半导体晶体结构都有其特定的电子和光学性质，这些性质决定了它们在特定应用中的适用性。例如，具有高电子迁移率的材料适合于高速电子器件，而具有较大带隙的材料适合于光电器件。半导体材料的选择和设计对于优化电子器件的性能至关重要。随着新材料的发现和现有材料性能的不断改进，半导体晶体结构的研究将继续推动电子技术和信息技术的发展。

1.3 半导体电子性质

1.3.1 能带理论

光催化是以 n 型半导体的能带理论为基础，以 n 型半导体作敏化剂的一种光敏氧化法。用作光催化的半导体大多为金属的氧化物和硫化物。常用的 n 型半导体有 TiO_2、ZnO、CdS、Fe_2O_3、SnO_2、WO_3 等。半导体粒子与金属相比，能带是不连续的。半导体的能带结构通常是由一个充满电子的低能价带（VB）和一个空的高能导带（CB）构成，价带和导带之间存在一个区域为禁带，区域的大小通常称为禁带宽度（E_g）。一般半导体的 E_g 小于 3.0eV。

尺寸较大的半导体粒子在晶体中存在分子（或原子）间相互作用，HOMO相互作用形成价带（VB），LUMO 相互作用形成导带（CB），电子在价带和导带中是非定域化的，可以自由移动。对于 TiO_2，HOMO 为定域在 O_2^- 的 2p 轨道的

2t1u（π）轨道，LUMO 为定域在中心金属 Ti^{4+} 的 2t2g（d_{xy}、d_{xz}、d_{yz}），2t1u 轨道相互作用形成价带，2t2g 轨道相互作用形成导带。在理想半导体的场合，价带顶和导带底之间带隙中不存在电子状态。这种带隙称为禁带，禁带宽度用 E_g 表示。

实际半导体材料中不可避免地存在杂质和各类缺陷，使电子和空穴束缚在其周围，成为捕获电子和空穴的陷阱，产生局域化的电子态，在禁带中引入相应电子态的能级。如图 1-1（a）所示，以离子晶体中点缺陷为例，在正电中心，负离子空位和间隙中的正离子是正电中心，正电中心束缚一个电子。如图 1-1 所示，这个被束缚的电子很容易挣脱出去，成为导带中的自由电子。由于正电中心有提供电子的施主作用，这种半导体是 n 型半导体，n 型半导体中施主能级 E_d 靠近导带底 E_c［图 1-1（c）］，在负电中心［图 1-1（d）］，正离子空位和间隙中的负离子是负电中心，负电中心束缚一个空穴，把束缚的空穴释放到价带，即从价带接受电子。由于负电中心接受电子的受主作用，这种半导体为 p 型半导体，p 型半导体的受主能级 E_a 靠近价带顶 E_v［图 1-1（d）］。

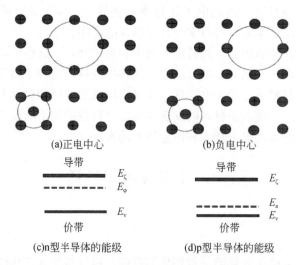

(a)正电中心　　　　　　　　　　(b)负电中心

(c)n型半导体的能级　　　　　　　(d)p型半导体的能级

图 1-1　离子晶体中点缺陷和 n 型半导体、p 型半导体能级示意图

陷阱可分为浅陷阱和深陷阱，浅陷阱能级位于导带底和价带顶附近，而深陷阱能级位于禁带的中心附近。深陷阱可以捕获光生电子和空穴，起复合中心作用。另外，在半导体表面，由于晶体的周期性被破坏和各种类型的结构缺陷以及吸附等原因，禁带中形成表面态能级。

如果半导体粒子的尺寸小到纳米尺度时，这种纳米晶的能级结构及其光物理性质发生较大变化。纳米晶是半导体团簇，团簇中由于电子和空穴在空间限域，使价带和导带变成不连续的电子状态，图 1-2 是尺寸大的粒子和尺寸很小的团簇半导体的空间电子状态示意图。在团簇中，粒子半导体的导带和价带变成量子化（不连续的）的非定域分子轨道，与大粒子相比，导带升高，价带下降，使带隙增宽。微粒尺寸越小，带隙越大。在团簇中导带和价带之间有深陷阱和表面态能级，对光物理和光化学性质有很大影响。

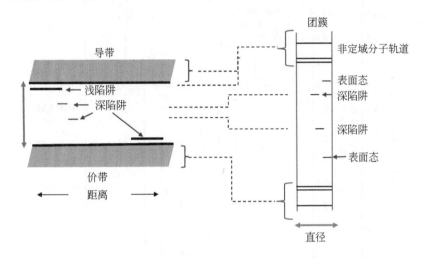

图 1-2　大的半导体粒子和微粒（分子簇）的空间电子状态

1.3.2　带边位置

图 1-3 是几种离子和体相半导体材料在 pH=1 的氧化还原电解质中的带隙和带边位置。在光催化反应中，催化剂的能带结构决定了半导体光生载流子的特性。光生载流子（光致电子和空穴）在光照作用下是怎样产生和被激发的，激发之后又是在何种条件下怎样与吸附分子相互作用等，都与半导体材料的能带结构有关。而这些光生载流子在半导体体内和表面的特性又直接影响其光催化性能。所以，了解半导体的能带结构对于光催化研究十分重要。

光生电子和空穴是光催化反应的活性物种，其迁移过程的概率和速率取决于半导体导带和价带边的位置以及吸附物质的氧化还原电位。从半导体的带边位置，可以确定一个光化学反应在热力学上是允许发生的。例如，如果溶液中的反应物要求在光照的条件被还原，那么热力学上要求半导体的导带边必须在氧化还原电对电位的上面。从热力学上讲，受主物种的相关位能需低于（更正一点）半导体导带的位能。以光解水反应为例，理论上，要使水完全分解，半导体材料的能带结构最好和图 1-3 中的化合物 CdSe 相似，即具有比氢电极电位更正的导带电位和比氧电极电位更负的价带电位，并且二者之间的吸收带隙应尽可能窄。

这样既可保证光解水反应在光催化剂表面上进行，又可最大限度地利用太阳光中的可见光部分作为催化剂的激活光源。

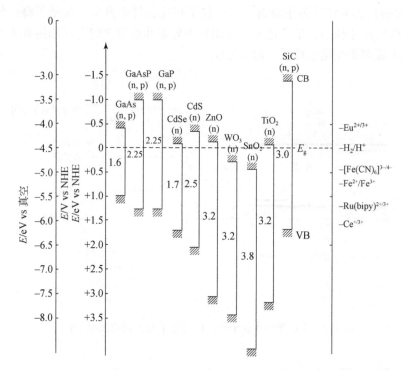

图 1-3　几种离子体相半导体材料在 pH＝1 的氧化还原电解质中的带隙和带边位置

许多半导体材料（TiO_2、ZnO、Fe_2O_3、CdS、$CdSe$ 等）具有合适的能带结构，可以作为光催化剂。但是，由于某些化合物本身具有一定的毒性，而且有的半导体在光照下不稳定，存在不同程度的光腐蚀现象，所以目前只有 TiO_2 是较为广泛使用的半导体光催化剂。

作为光催化剂，TiO_2 具有以下 4 个优点：

①合适的半导体禁带宽度（3.0eV 左右），可以用 385nm 以下的光源激发活化，通过改性有望直接利用太阳能来驱动光催化反应。②光催化效率高，导带上的电子和价带上的空穴具有很强的氧化–还原能力，可分解大部分有机污染物。③化学稳定性好，具有很强的抗光腐蚀性。④价格便宜，无毒且原料易得。

虽然也有一些半导体材料如 $SrTiO_3$ 与 TiO_2 具有同样的光催化性能和稳定性。但是由于它们的吸收带隙均大于 3.2eV，不利于可见光的直接吸收利用，故没有成为实用的光催化剂。

1.3.3　空间电荷区

当体相半导体材料与含有氧化还原电对电解液接触时，如果半导体的费米（Fermi）能级与电对的电极电位不同，电子就会在半导体和电解液的界面发生流动，直至电荷达到平衡。电荷转移导致电荷在半导体表面的分布有所不同，半导体的能带在表面发生弯曲，这个区域称之为空间电荷区。相对地，电解液一侧产生双电层：紧密层（Helmholtz 层）和扩散层（Gouy-Chapman 层）。下面以 n 型半导体为例，说明空间电荷层的形成，而 p 型半导体的情况正好相反。

图 1-4 是 n 型半导体的几种空间电荷层的形成。如果半导体的费米能级与电对的电极电位相等，在两者的界面没有电子转移发生，在半导体的表面不能形成空间电荷层，半导体的能带不发生弯曲。如果半导体的费米能级比电对的电极电位偏正（相对于标准氢电极），电子就会从电解液转移到半导体的表面，直至半导体表面的费米能级与电对的电极电位平衡，即"费米钉扎"。界面电子转移使半导体表面的能带相对于本体向下弯曲，形成"累积层"。反之，如果半导体的费米能级比电对的电极电位偏负，半导体的多数载流子（电子）就会从表面转

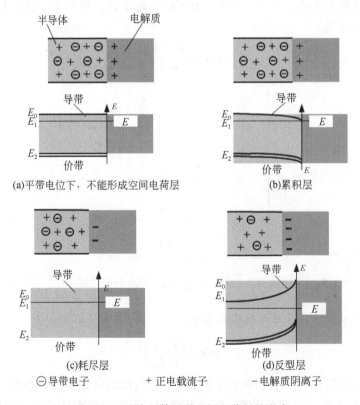

图 1-4　n 型半导体几种空间电荷层的形成

移到电解液，留下过量的正电荷，半导体表面的能带相对于本体向上弯曲，形成"耗尽层"。在"耗尽层"的基础上电子继续从半导体向电解液中转移，导致了在半导体表面的多数载流子的浓度小于本征半导体中电子的浓度。也就是说，在 n 型半导体的表面是 p 型的，此时形成"反型层"。

对于半径为 r_0 的球形半导体颗粒，从球心（$r=0$）到距离球心为 r 处的电位分布可以由下面的方程得出：

$$\Delta\Phi_{sc} = \frac{kT}{6e}\left[\frac{r-(r_0-W)}{L_D}\right]^2\left[1+\frac{2(r_0-W)}{r}\right]$$

式中，$L_D = [\varepsilon_0\varepsilon kT/(q^2 ND)]^{1/2}$ 是德拜长度，与半导体材料的掺杂浓度 ND 有关，ε_0 和 ε 为真空介电常数；W 是空间电荷层的厚度；$\Delta\Phi_{sc}$ 是半导体颗粒中半径为 r 处的电位降；k 为玻尔兹曼常数；T 为热力学温度。从半导体颗粒的中心到其表面（$r-r_0$）的电位降为：

$$\Delta\Phi_{sc} = \frac{kT}{6e}\left(\frac{W}{L_D}\right)^2\left(3-\frac{2W}{r_0}\right)$$

图 1-5 是 n 型半导体大颗粒和纳米颗粒的空间电荷层（以耗尽层为例）的形成。对于大颗粒来说，由于 $r_0 \gg W$，W 可以忽略不计，整个半导体材料的电位降可以简化表示为：

$$\Delta\Phi_0 = \frac{kT}{2e}\left(\frac{W}{L_D}\right)^2$$

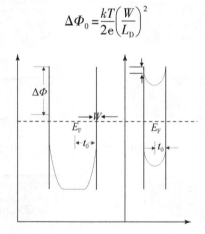

图 1-5　n 型半导体大颗粒和纳米颗粒空间电荷层（耗尽层）的形成

而对于纳米大小的半导体颗粒来说，$r_0 \sim W$，其电位降简化为：

$$\Delta\Phi_0 = \frac{kT}{6e}\left(\frac{r_0}{L_D}\right)^2$$

从上式可以看出，对于纳米粒子来说，其内部的自建场是很小的。例如，对 6nm 的 TiO_2 来说，要想获得 50mV 的自建场，至少需要 $5\times10^{19}cm^{-3}$ 的掺杂浓度。

而对于没有掺杂的 TiO_2 来说，由于其电荷载流子的浓度很小，因此，其内部的自建场可以忽略不计。

1.4　半导体光学性质

1.4.1　半导体的光吸收

半导体材料吸收能量大于或等于 E_g 的光子，将发生电子由价带向导带的跃迁，这种光吸收称为本征吸收。本征吸收在价带生成空穴（h^+），在导带生成电子（e^-），光生电子和空穴因库仑相互作用被束缚形成电子-空穴对，这种电子-空穴对称为激子。对于 TiO_2 半导体，价带→导带的本征跃迁，对应于正八面体配位化合物中 $2t1u$（π）——→$2t2g$（d_{xy}、d_{xz}、d_{yz}）跃迁，这种 LMCT 跃迁使价带的 O_2^- 变成空穴，导带的 Ti^{4+} 变成光生电子 Ti^{3+}，形成了电子-空穴对，Ti^{3+}-O-TiO_2 中这种 LMCT 跃迁是吸收光谱的选择定则允许的，出现很强的吸收带。

与本征吸收有关的电子跃迁，可分为直接跃迁和间接跃迁。在直接跃迁的场合，导带势能面的能量最低点垂直位于价带势能面的最高点，吸收能量 $h\nu \geqslant E_g$ 的光子时，发生由价带向导带的竖直跃迁［图1-6（a）］。在间接跃迁的场合［图1-6（b）］，导带势能面相对于价带发生漂移，这时除了基态向激发态的电子跃迁，还伴随发生声子的吸收或发射跃迁，这种间接跃迁为非竖直跃迁。图中 E_p 为声子的能量，由晶格振动产生。由于声子的能量很小，带隙间的间接跃迁能量仍然接近禁带宽度。

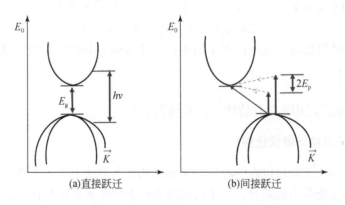

图1-6　直接跃迁和间接跃迁示意图

半导体材料除了本征吸收，还有如激子吸收、自由载流子吸收、杂质吸收等，吸收出现在本征吸收带的长波区，这些吸收很弱。所以半导体的吸收光谱主要讨论各种半导体的本征吸收特性。

半导体材料的吸收特性主要由吸收波长（带边波长 λ_g 和峰值波长 λ_{max}）和吸收系数给出，带边波长 λ_g 取决于带隙能量即禁带 E_g，关系式为：

$$E_g = \frac{1240}{\lambda_g}$$

光在含半导体的介质中传播时，光的强度 I 按如下指数形式衰减：

$$I = I_0 \exp(-\alpha l)$$

式中，I_0 为入射光的强度；l 为入射光的穿透距离（单位为 cm）；α 为吸收长度的倒数。例如，TiO_2 在 320nm 处的 α 值为 $2.6 \times 10^4 cm^{-1}$，这意味着波长为 320nm 光在 TiO_2 中通过 385nm 距离后衰减 90%。在吸收带边，α 随着光子能量的增加而增加。

$$\alpha h\nu = 常数(h\nu - E_g)^n$$

式中，对于直接跃迁，指数 $n = 0.5$；对于间接跃迁，$n = 2$。

溶液中，胶体半导体粒子用散射和吸收形式消光，如果没有量子尺寸效应，消光光谱用 Mie 理论描写。假定半导体为球状，球之间距离比波长大，这时球可以独立地散射光和自由地取向。另外半导体的粒径 R 必须比入射光波长 λ 小很多。在这种半导体粒子的单分散胶体中，半导体吸收长度的倒数 α 与粒子的介电常数 ε、单位体积中粒子的浓度 c、粒子的体积 V_p、粒子分散体系溶剂的折射率 n_s、入射光的波长 λ 有关，关系式为：

$$\alpha = \frac{18\pi c_p V_p n_s^3 \varepsilon_2}{\lambda (\varepsilon_1 + n_s^2) + \varepsilon_2^2}$$

粒子的介电常数 ε 与粒子的折射率 n_p 之间有如下关系式：

$$E = (n_p + ik_p)^2 = n_p^2 - k_p^2 + i(2n_p k_p)$$

式中，k_p 为吸收系数，与波长为 λ 的光在半导体粒子中的吸收长度的倒数 α_p 成正比 $\left(k_p = \frac{\alpha_p \lambda}{4\pi}\right)$。

Mie 理论广泛用来解释胶体溶液的消光光谱。

1.4.2　光子激发与电荷迁移

多相光催化反应可以在绝缘体、半导体和金属表面上发生。由于不同固体的表面电子态在能量上的差异，在不同固体表面上发生的光催化作用，包括起始的光激发过程和随后的电子转移过程等都有各自的特点。

在绝缘体表面上，电子和能量的转移只发生在吸附分子之间，催化剂在光激发或化学反应过程中只是为分子间的相互作用提供有序的环境以达到较高的效率而已。由光子引发的化学吸附以及随后的弛豫过程只取决于吸附分子的结构本质，与催化剂的本质几乎无关。而在活性的半导体催化剂上则不同，催化剂不仅可提供合适的能级作为吸附分子之间传递电子的中介，而且可起到提供电子（供体，在导带中产生光生电子）和接受电子（受体，在价带中产生光生空穴）的作用。在金属中，由于电子气的强烈相互作用，电子激发能可即刻耗散变为热能，极大地限制了在金属上产生光电效应的可能性，只有那些在与金属表面垂直方向上具有非零动量的受激电子才能脱离金属，并转移（呈离域状态）到毗邻相产生光电流。

在光催化反应中，催化剂的能带结构起着十分重要的作用，将直接影响光激发之后的反应分子或催化剂的化学行为。半导体和具有连续电子态的金属不同，具有一个"空能量"区域，这里，没有可供固体因光激发产生的电子和空穴再结合的能级，这个从充满的价带上边扩展至空着的导带底边的"空能量"区域称为禁带。一旦发生激发，对产生的电子空穴对来说，就会有纳秒（ns）大小的足够寿命，经由禁带向来自溶液或气相的吸附在半导体表面上的物种转移电荷。如果半导体保持完整，且向吸附物种转移电荷是连续和放热的，那么，这样的过程就称为多相光催化。

以半导体为光催化剂时，有机和无机化合物的多相光催化的起始步骤是在半导体颗粒中产生电子空穴时。图1-7是半导体在吸收能量等于或大于其禁带能量的辐射时电子由价带至导带的激发过程，可知激发后分离的电子和空穴各有几个可进一步反应的途径（A、B、C、D），包括它们脱激的途径（A、B）。

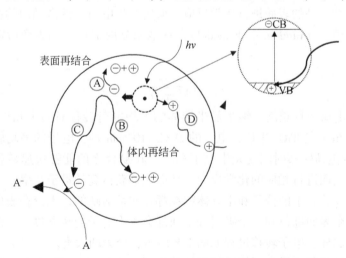

图 1-7　固体中的光激发和脱激过程

光诱发电子向吸附有机或无机物种或溶剂的转移是电子和空穴向半导体表面迁移的结果。如果物种已预先吸附在半导体表面上，则光生电子转移过程将更加有效。通常在表面上，半导体能够提供电子以还原一个电子受体（在含空气的溶液中常常是氧）（途径 C），而空穴则能迁移到表面和供电子物种给出的电子相结合，从而使该物种氧化（途径 D）。对电子和空穴来说，电荷迁移过程的概率和速率取决于各个导带和价带边的位置以及吸附物种的氧化还原电位。前者从热力学上讲，受主物种的相关位能需要低于（更正一点）半导体导带的位能，而可向空穴提供电子的供主的位能则要高于（更负一点）半导体价带的位置。和电荷向吸附物种转移进行竞争的是电子和空穴的再结合过程。这个过程一般发生在半导体颗粒体内（途径 B）或者表面（途径 A），并且是放热的。另外，当电荷从吸附物种向半导体表面转移后，还会出现图 1-7 中未给出的反馈过程。

半导体材料的光致电荷分离主要发生在其与电解液接触时所形成的空间电荷层。空间电荷层内的自建场可以分离光生电子和空穴。以 n 型半导体形成的耗尽层为例，空间电荷层内的自建场的方向是本体指向表面。在光照条件下，空间电荷层内的光生空穴由体相迁移到半导体表面而进行化学反应，光生电子由半导体表面向体相迁移，进而转移到外电路而形成光电流。半导体体相部分（没有空间电荷层）的光生电荷对光流也有一定的贡献。这是由于光生电子-空穴对的寿命足够长，在它们复合之前，空穴能够扩散到耗尽层面而转移到半导体界面。

纳米晶半导体的表面带弯很小，可以忽略不计，所以光生电荷的分离是靠扩散作用来实现的。半导体吸收光以后产生电子-空穴对，随后它们或者被复合掉，或者扩散到纳米晶的表面进行化学反应。假定光生电荷在纳米晶内的扩散符合电荷自由行走模型（random walk model），从纳米晶内部扩散到表面所需要的平均时间为

$$T_d = \frac{r_0^2}{\pi_2 D}$$

式中，D 为电荷德拜长度。纳米晶半导体的平均电荷转移时间为几皮秒，例如，对于半径为 6nm 的 TiO_2 来说，电子的 $D = 2 \times 10^{-2} \, cm^2/s$，电子的平均转移时间为 3ps。很短的电荷转移时间使光生电子和空穴在复合之前能够快速转移到半导体纳米晶的表面而进行相应的化学反应，从而能够获得高的量子产率。

电子激发状态下的分子和半导体颗粒都是非常活跃的。无论在表面上的分子间还是在一个表面部位和一个吸附分子间都会发生电子的转移过程。像上述对光催化的分类那样，电子转移过程如图 1-8 所示，分为两大类。

一个对被吸附物没有可接受能级的催化剂，例如 SiO_2 和 Al_2O_3，就只能为反应分子提供一个二维环境，催化剂本身对光激发的电子转移过程是不参与的。如图 1-8（a）所示，电子直接从吸附的供体分子向受体分子转移。当催化剂中有一个可接受的能级时，那么在催化剂和被吸附物之间就会有强烈的电子相互作

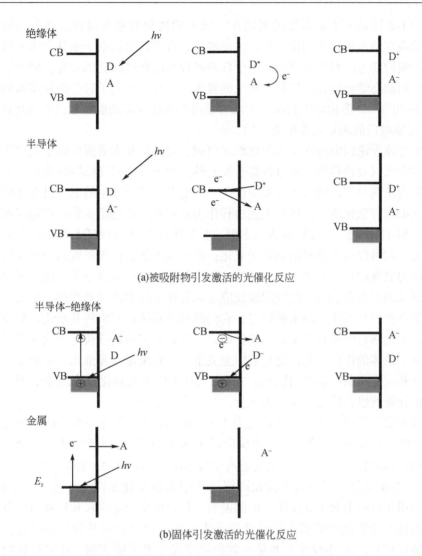

(a)被吸附物引发激活的光催化反应

(b)固体引发激活的光催化反应

图 1-8　被吸附物引发激活的光催化反应和固体引发激活的光催化反应

用，电子就能以催化剂作为中介进行转移。这时，如图 1-8（b）所示电子先从供体转移入催化剂能级中，而后再进入受体轨道。这样的图解也适用于半导体颗粒被颜料光敏化的过程。

在半导体-绝缘体中，催化剂首先被激发，对半导体来说，电子先激发到半导体的导带上，再从这里转移入受体的空轨道中。而带正电的空穴则被留在价带的带边上，与此同时，还将从供体的充满轨道提供另一个和价带带边上的空位再结合的电子。这种情况在宽禁带氧化物半导体上的大多数光催化过程中经常可见到。图1-8还显示了最常见的吸附在金属上的物种的激发过程。当金属被辐照时，就会在费米边以上的能级处产生热电子，这样产生的电子则具有潜入吸附分子空能级的能力。对界面之间的电子转移过程也已作过广泛的研究，同时，对这一过程的动态学研究还继续有着极大的吸引力。界面间电子转移的速率常数发现大于 $5 \times 10^{10} \mathrm{s}^{-1}$。多相电子转移的驱动力是由半导体导带的能量和受主氧化还原对 A/A^- 还原电位的能量之差所决定的。

半导体无论以电极还是以粉状形式出现，它们在和水溶液接触于光照下产生电子和空穴以及转移的物理过程都是相同的。即半导体被光辐照时将有一个电子从价带激发到导带，同时在价带中产生一个空穴，这样产生的电子具有还原能力而空穴则具有氧化能力。尽管上述过程作为光催化过程起始步骤的物理过程已被接受，但迄今为止，在液–固表面上进一步发生的化学过程还不清楚。有人假定俘获的空穴可以直接将吸附的分子氧化；也有人主张它将先和表面羟基反应生成氧化能力更强的羟基自由基（·OH），后者才进一步将吸附分子氧化。对俘获的电子则认为是先和表面上的吸附氧反应生成各种不同的活性氧物种，但是，这些活性氧物种的真实作用尚未被确定，它们既可以直接将有机物种氧化，先质子化产生过氧化物自由基和羟基自由基，或进一步和更多的被俘获电子反应最后生成水。电子受体的作用在光催化反应中至关重要，它决定了光催化反应效率、反应动力学和反应机制。以 N_2 代替空气，在无氧条件下光催化反应结果表明，苯酚的光催化降解以直接光解反应为主。

经测定，反应液中溶解氧浓度为 $2.4 \times 10^{-4} \mathrm{mol/L}$。为进一步验证电子受体种类的影响，在通入 N_2 状态下，向反应器中加入 $FeCl_3$ 为电子受体，控制其浓度为 $2 \times 10^{-2} \mathrm{mol/L}$，高出溶解氧浓度近两个数量级，$TiO_2$ 和 Ag/TiO_2（Ag 质量分数 1.0%）为催化剂，反应液光催化降解过程中光谱变化如图1-9所示。很显然，光解作用在反应中起主导作用。由此说明，仅仅依靠光生空穴和羟基自由基，其对有机物的光催化降解能力远远低于光生空穴、羟基自由基和氧的结合。根据 EPR 表征结果，O_2 不仅作为非常有效的导带光生电子捕获剂，还对有机物完全光催化降解至关重要。

以 O_2 代替空气，TiO_2 和 Ag/TiO_2 为催化剂，不同 O_2 流量下光催化降解试验结果如图1-10所示。相同气体流量下，通入 O_2 效果好于空气；在增加 O_2 流量情况下，Ag/TiO_2 光催化降解苯酚速度明显加快。说明与 TiO_2 相比，Ag 上积累的光生电子流动性较强，可很快传递催化剂表面吸附的氧分子，生成更多活性含氧物种。

曾有人在水溶液中用皮秒（ps）激光和纳秒（ns）激光辐照大小约6nm的 TiO_2 胶粒，研究了俘获载流子和载流子再结合的动态学。俘获导带的电子是很快的过程，在30ps内就能实现。相反，俘获价带的空穴则是相当慢的过程，平均

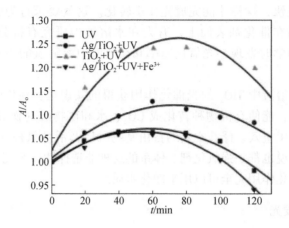

图 1-9　N_2 气氛和 Fe^{3+} 为电子受体时，TiO_2 及 Ag/TiO_2（Ag 质量分数 1.0%）
对苯酚的光催化降解

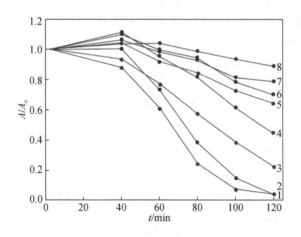

图 1-10　不同氧气及空气流速下 TiO_2 及 Ag/TiO_2（Ag 质量分数 1.0%）苯酚的光催化降解
1-Ag/TiO_2+300mL/min O_2；2-Ag/TiO_2+300mL/min 空气；3-Ag/TiO_2+150mL/min O_2；4-Ag/TiO_2+
150mL/min 空气；5-TiO_2+300mL/min O_2；6-TiO_2+300mL/min 空气；7-TiO_2+150mL/min O_2；
8-TiO_2+150mL/min 空气

需用约 250ns。

　　俘获电子和自由空穴或俘获空穴再结合需在 $10^{-11} \sim 10^{-5}$ s 才能完成。当载
流子的浓度不高时，在半导体颗粒内单个电子-空穴对的平均寿命约为 30ns，
俘获空穴可和再结合过程同时完成。在俘获状态下，空穴对电子来说相对不具
活性。当电子-空穴对浓度较高时，载流子可在纳秒内再结合。所以，俘获界

面的载流子须很快，这样才能完成光化学转化。这就要求将为电子或空穴俘获的物种预先吸附在催化剂表面上。有人在水溶液中研究有机分子在 TiO_2 颗粒上的光氧化动力学时发现，光氧化速率和在溶液中溶解氧的还原速率相等且受到它的限制。

由悬浮在水溶液中 TiO_2 的光催化作用获得的共识是：在价带中的空穴具有足够的氧化能力，能使有机物种转化成 CO_2、水和矿物酸（例如 HCl），而在半导体颗粒内的光生空穴、俘获空穴的自由基物种以及活性氧种（为电子俘获的）对有机化合物来说也都是强氧化剂。体系的这种非选择性以及完全光氧化性，通过有机物的光矿化作用完全可以用来净化水质。

1.4.3　半导体发光

半导体的光生电子–空穴对的复合，有直接复合和间接复合两种，复合使光诱导产生的激发态以辐射与无辐射跃迁回到基态。直接复合是指跃迁到导带的电子直接跳跃回到价带与光生空穴复合，称为激子的直接复合发光［图 1-11 （a）］，间接复合中光生电子或空穴先被陷阱捕获，图 1-11 （b）和图 1-11 （c）中 E_t 为陷阱能级。

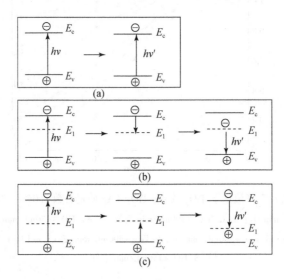

图 1-11　（a）直接复合发光和（b）间接复合发光以及（c）跃迁示意图

图 1-11 （b）中，光生电子先被深陷阱捕获由导带转移到 E_t，然后由 E_t 跳跃到价带与空穴复合。图 1-11 （c）中，光生空穴先被深陷阱捕获，在这个过程中，在深陷阱被束缚的电子转移到价带，在深陷阱产生空穴，然后导带电子跃迁到深陷阱与空穴复合。比较这两种发光带，间接复合发光带比激子发光带红移，

即 $h\nu' > h\nu''$。胶体半导体微粒的表面存在高密度的缺陷部位，缺陷部位是自由载流子的陷阱，光生载流子很快被陷阱捕获。所以与大粒子相比，胶体微粒主要以间接复合途径发光。例如 CdS 胶体中没有直接发光带出现，红移的强发光带来源于表面硫空位的间接复合作用。

第 2 章　半导体光催化策略与表征方法

2.1　光催化策略

2.1.1　掺杂与能级工程

　　掺杂与能级工程是半导体物理学和材料科学中的两个重要概念，在改善和定制半导体材料的电学性质方面发挥着关键作用[1]。掺杂（doping）是指在半导体材料中故意引入少量的杂质原子的过程。这些杂质原子可以是具有比半导体更多的价电子（n 型掺杂）或更少的价电子（p 型掺杂）的元素[1]。通过掺杂，可以控制半导体的载流子浓度和类型，从而改变其电导率和其他电子特性。

　　掺杂与能级工程是半导体技术领域中用于定制材料电子特性的两个关键策略。掺杂涉及向纯净的半导体材料中引入少量的杂质原子，这些原子通过提供额外的电子或创建空穴来增加半导体的电导率，从而形成 n 型或 p 型的导电性。能级工程是对半导体的能带结构进行精确设计，通过调整材料的化学组成、晶体结构或构建异质结构，来控制电子的能量状态和运动，实现对电子和空穴的精确操纵。这两个概念共同使得科学家能够设计出性能优化的半导体器件，满足现代电子和光电子应用中的复杂需求。掺杂包含 n 型掺杂和 p 型掺杂，n 型掺杂是在硅或锗等半导体材料中引入五价元素（如磷、砷或锑）作为掺杂剂，这些元素会捐出它们的一个电子给导带，从而增加自由电子的浓度，使得材料具有 n 型（负型）导电性[2]。p 型掺杂是通过引入三价元素（如硼、铝或镓）作为掺杂剂，这些元素在半导体晶格中会形成一个空穴，即缺少一个电子的状态。空穴可以作为正电荷载流子，使得材料具有 p 型（正型）导电性。常见的概念有：①能级工程（energy level engineering）是指通过设计和调整材料的能带结构，以实现对电子状态的控制。包括对导带、价带以及任何引入的杂质能级的精确控制[2,3]。能级工程的目的在于优化材料的电子和光电性能，以适应特定的应用需求。能带结构是通过调整半导体的化学组成和晶体结构，可以改变其能带结构，包括能带宽度、能带对齐以及能带弯曲等。②杂质能级：掺杂原子会引入新的能级，这些能级可以位于禁带中或接近导带或价带。通过精确控制掺杂元素的种类和浓度，可以调整这些能级的确切位置。③异质结构：通过将具有不同能带结构的材料以薄层形式交替堆叠，可以创建异质结构，这些结构在光电器件、高频器件和量子阱激光器中有广泛应用。掺杂与能级工程是相辅相成的。掺杂提供了一种手段来调整和控制载流子的类型和浓度，而能级工程则提供了对电子状态更精细的控制。两者结合使得半导体材料能够满足电子和光电子设备中对性能的严格要求。通过这些技术，科学家和工程师能够设计和制造具有特定功能的半导体器件，如晶体管、二极管、太阳能电池和光电探测器等。

自 1972 年 Fujishima 和 Honda 利用 TiO_2 改性电极进行光催化水分离以生产清洁的 H_2 的开创性工作以来，光催化材料及其应用已引起越来越多的关注。影响光催化性能的主要因素包括光收集性能、光生电荷载流子分离效率和表面反应动力学[4]。设计和制造高活性光催化剂应综合考虑这些因素作为一种典型的透辉石型金属氧化物。以钛酸锶（$SrTiO_3$）为例，钛酸锶具有卓越的热稳定性、高介电常数和低介电损耗等优点，因此可广泛应用于电子、机械、陶瓷、催化剂等领域，特别是通过光催化过程进行环境修复。然而，$SrTiO_3$ 的宽带隙和光激发电子–空穴对的快速重组阻碍了它的广泛应用。因此，能带隙调谐方面的研究已成为世界热点，如固有结构修复、杂原子掺杂、窄带隙半导体组合、通过贵金属耦合实现表面等离子体共振以及染料敏化等。

几十年来，掺杂 $SrTiO_3$ 以提高光催化性能已引起人们的极大关注。近 5 年来，人们致力于研究 $SrTiO_3$ 材料在光催化方面的关键应用。这些研究的重点主要集中在调整 $SrTiO_3$ 在水分离方面的光催化活性、提高透辉石光催化剂在有机污染物降解方面的反应活性的策略、掺杂 $SrTiO_3$ 阳极材料在固体氧化物燃料电池中的电性能[5]。

1. 用于光催化应用的掺杂处理硒钛氧化物

1）金属离子掺杂

在氧化锶材料中掺入金属离子时，可以替换氧化锶晶体结构中的 A 位和 B 位（图 2-1）。特别是，当掺杂金属离子的直径接近（或等于）Sr^{2+} 离子和 Ti^{4+} 离子时，就会发生置换反应。更具体地说，Li^+、Ba^{2+} 和 La^{3+} 掺杂物会取代位点 A 的 Sr^{2+} 离子，而 In^{3+}、Cu^{2+} 和 Ag^+ 掺杂物则会取代位点 B 的 Ti^{4+}。最近，Yang 通过一锅水热法制备出一种掺杂铬离子的具有大比表面积的 $SrTiO_3$ 材料，其中铬离子以定向的方式掺杂在 B 位点上，从而提高了 $SrTiO_3$ 的可见光吸收能力以及在 300W 氙灯和 AM 1.5G 全局滤光片（$100mW/cm^2$）下的光催化还原能力[6]。掺杂 $SrTiO_3$ 以改变其能带隙和晶体结构，从而提高光催化活性，已成为一个正在深入研究的领域。下面将讨论不同种类的金属离子对 $SrTiO_3$ 光催化性能的影响。

2）离子：碱金属和碱土金属掺杂

最近，Opokuetal 设计并制造出 $MTaO_3/SrTiO_3$（M＝Na），研究了 Na 离子和 K 离子对可见光光催化污染降解效率的掺杂影响。与纯 $SrTiO_3$ 相比，Na 离子和 K

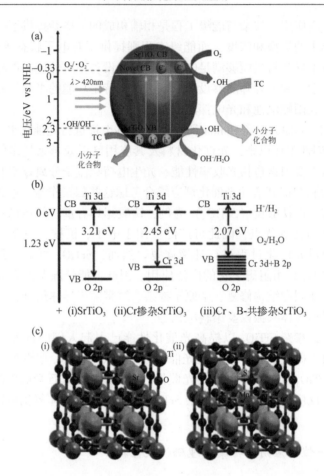

图 2-1　（a）Mn-SrTiO₃ 光催化降解四环素的机理图；（b）SrTiO₃，其中（i）、Cr 掺杂
SrTiO₃（ii）和 Cr、B-共掺杂 SrTiO₃（iii）的电子能带结构；（c）未掺杂的晶胞图（i）
和 S、Mn 掺杂的晶胞图（ii）

离子掺杂的 SrTiO₃ 在一定范围内具有催化活性。后来，Long[7] 在硒钛氧化物中掺
入了 Na 离子，结果表明，掺入 Na 离子的硒钛氧化物具有更高的光生电子-空穴
对分离效率和光催化活性。与纯掺杂的 SrTiO₃ 光催化剂系统相比，检测到的活性
自由电子更少，而捕获电子更多，这表明捕获电子和空穴之间的重组可能性更
低，活性充电载体的寿命更长，光催化活性更高。除了碱金属离子外，碱土金属
离子也被认为是提高 SrTiO₃ 光催化活性的适当助剂。在太阳光照射下，$Sr_{1.25}$
$Mg_{0.3}TiO_x$ 比纯 SrTiO₃ 的光催化脱水效率高两倍。在所考察的碱土金属离子中，
Ba^{2+} 最有效，它显著增强了硒化钛氧化物的光催化活性。

3）过渡金属掺杂

Qazi 等报道了在配有紫外截止滤光器的轴氙灯（300W）下用铬离子对硒钛氧化物进行掺杂处理，以促进有机染料［此处为亚甲基蓝（MB）］的光催化降解。这种明显增强的可见光响应使 MB 去除率显著提高，与纯钛酸锶相比提高了约五倍[8]。根据上述结论，越来越多的研究涉及用不同种类的过渡金属对 SrTiO₃进行掺杂处理。可见光照射推动了掺杂的硒钛氧化物中电子和空穴的产生。当电子转移到掺杂的硒氧化物表面时，被释放出来与电子自由结合的空穴部分直接氧化了四环素（TC），从而大大提高了光催化降解四环素的效率。许多其他过渡金属（如锌和铁）也被用于掺杂硒钛氧化物以提高光催化性能，所有这些报道的掺杂处理都产生了积极的效果，包括缩小能带隙、增加光生电子和空穴的数量以及增强光吸收。同时，掺杂过渡金属离子可以提高氧化硒的光催化性能，不仅可以提高可见光响应，还可以降低光生电子–空穴重新结合的概率。

4）掺杂其他金属

Al³⁺在地球上的储备丰富且采取成本低。Hametal 探究了 Al³⁺掺杂对 SrTiO₃的电子结构和光催化性能的影响，并揭示了 SrCl₂作为溶液的存在推动了掺杂 Al³⁺进入 SrTiO₃晶格，从而产生了掺杂 Al³⁺的 SrTiO₃[9]光催化剂，随后被用于光催化水分离应用。与纯 SrTiO₃相比，在 360nm 光照射下，掺杂的 SrTiO₃表观量子效率显著提高，最近，Fang 等利用 LiCl、NaCl、KCl 和 SrCl₂作为通量介质制备了 Al³⁺掺杂的 SrTiO₃。通量处理通常会增加掺杂的 SrTiO₃结构。因此，Ti³⁺缺陷浓度降低，有利于提高光催化活性改善。Chu 等认为掺杂到 SrTiO₃晶格中的 Al³⁺从而降低 Ti³⁺；鉴于 Ti³⁺物种被认为是光生载流子的重组中心，因此减少这些物质有利于改善光催化性能。同样，Zong 等支持掺杂 Al³⁺测得氢气和氧气的生产率分别达到了 3558mol/（h·g）和 17221mol/（h·g）。除了用于掺杂 SrTiO₃的廉价金属离子外还研究了贵金属（如 Rh、Ru 和 Ir）离子。由于光吸收扩展到可见光区域，因此也获得了令人满意的光催化性能，随后使用的光催化材料催化水分解的半反应结果表明，掺杂的 Ru⁴⁺离子有利于氢进化反应。继这项工作之后，研究人员又通过一种掺杂 Ir 的 SrTiO₃催化剂，随后将其用于分解水。与纯 SrTiO₃相比，掺杂了 1wt% Ir 离子的 SrTiO₃表现出明显优于纯 SrTiO₃的光催化性能，提高了氢进化反应速率。系统实验和表征验证了 Ir⁴⁺和 Ir³⁺离子掺入 SrTiO₃的晶格中，降低了 SrTiO₃的能带隙。

2. 掺杂非金属元素

除了金属离子掺杂，单一非金属元素掺杂也提高可见光吸收能力，进而提高光催化性能。非金属元素可以掺杂到 SrTiO₃晶格中。具体来说，掺杂非金属元素

（如 C、N 等），其 p 轨道能量高于 O^{2-} 离子。p 轨道能量高于 O2p 轨道能量的非金属元素（如 C、N 等）的掺杂，可有效提高 $SrTiO_3$ 晶格的 VB 顶位置。

Zhang 等采用基于 DFT 计算的第一性原理计算来研究掺杂对 $SrTiO_3$ 电子结构和掺杂一系列非金属元素（包括 B、C、N、F、P 和 S）对电子结构和光吸收能力的影响。结果表明非金属元素 S 的 3p 轨道位置高于 O 的 2p 轨道位置。这两个轨道处于混合状态。其他非金属元素都处于孤立状态[10]。因此，与金属离子掺杂相比，适当的非金属元素掺杂可促进可见光驱动的光催化能力。在这项工作之后，$SrTiO_3$ 的掺杂剂扩展到了硫族中除 S 之外的其他元素（包括 Se 和 Te）。Mouhib 等的最新理论研究[11]表明，S、Se 和 Te 可以取代 $SrTiO_3$ 材料中的部分 O，带隙随着掺杂剂浓度的增加而减小，最大可减小 7.5%。

除了普遍报道的掺杂 N，其他非金属元素（如 B、S、F 和 P）也被证明可以改善电子结构和光催化性能。特别是 Shan 等报道了通过固相方法制备的掺杂 B 的 $SrTiO_3$ 层状多面体纳米粒子。适当程度的 B 掺杂显著提高了光催化活性。与纯 $SrTiO_3$ 纳米粒子相比，光催化活性提高了三倍。S 掺杂是在 N_2 流动条件下通过固态反应实现的。掺杂的 $SrTiO_3$ 球体具有可见光催化活性。球体对可见光具有响应性。MB 降解的光催化活性提高了 74.5%。一系列非金属元素 X（X=C、N、F、Si、P、S、Cl、Se、Br 和 I）作为掺杂剂进行研究，以设计能带结构和光催化活性。X（X=C、Si 和 P）掺杂的 $SrTiO_3$ 表面显示出不利于光催化的离散介质间隙态，而 X（X=N、Br 和 I）掺杂的 $SrTiO_3$（001）表面非常适合实现水的光氧化/还原，在可见光驱动的水分离方面大有可为[12]。

3. 共掺杂

为了解决单一元素掺杂可能导致 $SrTiO_3$ 电荷不平衡的问题，研究人员在氧化锰酸锂的共掺杂处理方面做出了努力。同时，共掺杂还能减少单掺杂过程中产生的缺陷。这种缺陷的减少有利于降低光激发电子-空穴对的重组中心。因此，共掺杂比单一元素掺杂更有前途，因为它能保持电荷平衡，抑制缺陷形成并最终促进光催化性能。

1）金属离子-金属离子共掺杂

最近对 $SrTiO_3$ 进行的金属离子-金属离子共掺杂包括共掺杂到位 Sr（A）和 Ti（B）以及位 Ti（B）。碱土和稀土金属离子的尺寸通常较大，而过渡金属离子的尺寸通常接近 Ti 离子的尺寸。因此，前者主要位于位点 A，后者主要掺杂在位点 B。尽管如此，位于过氧化物晶体结构中位点 A 的离子主要起稳定结构的作用，而位点 B 上的离子则对结构和价态产生关键影响，从而对 $SrTiO_3$ 的光催化活性产生关键影响。

与 Li 等基于理论计算研究了 $SrTiO_3$ 的电子结构变化。理论上，La^{3+} 离子掺杂到 A 位，而不会改变 $SrTiO_3$ 的能带隙。相反，掺入 Ni^+ 相比，掺入 Ni^+ 离子掺杂则有利于缩小 $SrTiO_3$ 的能带隙，从而提高光催化活性。虽然 La^{3+} 相对于 Sr^{2+}，空位的产生是保持电中性的电荷平衡所必需的。产生的空位可以捕获光激发的电荷载流子，从而减少电子-空穴的产生从而降低电子-空穴对重组概率，提高光催化性能。此外还在 $SrTiO_3$ 晶格中掺入了 La 和 Cr 离子。随着制备方法的改变（从聚合络合法到溶胶-凝胶水热法），La 和 Cr 离子在 $SrTiO_3$ 晶格中的掺杂效率也有所提高，光催化制氢和整体光催化水的效率发生了变化。实验验证了通过溶胶-凝胶水热法制备的掺杂 La 和 Cr 离子的 $SrTiO_3$ 具有更高的光催化活性。CB 位置更负、电荷载流子浓度更高、电荷载流子迁移率更大。另外，报道的一种结合湿法研磨的助熔剂处理方法合成了一系列掺杂 La、Al 的 $SrTiO_3$。掺杂引入了氧空位和降低了 Ti^{3+} 离子、Al^{3+} 离子的浓度，而 La^{3+} 离子掺杂则促进了 Ti^{3+} 氧空位的含量。因此，在 $SrTiO_3$ 中掺入适量的 La^{3+} 和 Al^{3+} 产生的共掺杂 $SrTiO_3$ 具有少量缺陷。氧空位和 Ti^{3+} 气体进化速率分别为 0.91mmol/h（O_2）和 1.79mmol/h（H_2）[13]。

2）金属离子-非金属元素共掺杂

$SrTiO_3$ 的共掺杂主要是位点 Sr（A）和 O（A-O）共掺杂及位点 Ti（B）和 O（B-O）共掺杂。在最近的基于 A-O 的共掺杂体系中，位点 A 的掺杂离子大多是稀土金属离子，因为它们的离子半径接近 Sr 离子，从而显示出较低的形成能和较高的稳定性。Zhang 等系统研究了一系列稀土金属（包括 La、Ce、Pr 和 Nd）离子与非金属元素 N 共掺杂 $SrTiO_3$ 的情况。研究揭示了共掺杂对调解 $SrTiO_3$ 能带隙的协同效应。在 La-N、Ce-N、Pr-N 和 Nd-N 共掺杂体系中，Pr-N 在可见光下的光催化水分离效率最高。

对于 B-O 掺杂体系，理论证明 Cr、N 共掺杂的 $SrTiO_3$ 的缺陷形成能远小于单一 N 掺杂的 $SrTiO_3$，从而表明 Cr 的加入可以促进 N 掺杂到 $SrTiO_3$ 的 O 位上。相反，N 的掺杂使得掺杂 $SrTiO_3$ 结构中的过量电子将 Cr^{3+} 转变为 Cr^{2+}，从而减少了单元素掺杂带来的缺陷，同时也缩小了带隙。

除了常用的非金属元素 N 之外，还研究了硼（B）与铬离子共掺杂处理 $SrTiO_3$ 的方法。与单一的铬离子掺杂相比，硼、铬共掺杂的 $SrTiO_3$ 表现出更强的光催化活性，从而证明硼也是一种有助于增强单一金属掺杂的 $SrTiO_3$ 的非金属元素。仅掺杂 Cr^{3+} 会使其占据的能级比 VB 顶部的能级高出约 1.0eV，从而减小能带隙并增强可见光活性。值得注意的是，同时与 B 共掺杂产生了 B2p 能级，Cr3d 和 B2p 能级之间的强 p-d 排斥相互作用进一步降低了能带隙，提高了光催化活性。

最近，Bentour 等通过 DFT 计算系统地研究了 S、Mn^{2+} 共掺杂的 $SrTiO_3$，揭示了共掺杂对电子结构和光催化性能的影响。理论估算结果表明，掺杂 Mn^{2+} 和 S 使 $SrTiO_3$ 的能带隙最大限度地缩小了 0.9eV，而掺杂 Mg^{2+} 的 $SrTiO_3$ 和 S 掺杂的 $SrTiO_3$ 的能带隙分别缩小了 0.4eV 和 0.6eV，从而大大提高了光催化性能。同时，Wang 等也利用第一性原理计算研究了金属–非金属（此处为 Mo^{5+}-P^{3+}）共掺杂对 $SrTiO_3$ 能带隙结构的协同效应。只有 Mo^{5+} 的掺杂诱导在 $SrTiO_3$ 的电子结构中形成了部分占据和未占据的杂质能带，从而降低了带隙，促进了光催化性能。然而，部分未占据能带可能会成为光生电子–空穴重组中心。为了避免这种情况，采用了 P^{3+} 作为共掺杂剂，提供更多的空位来弥补掺杂 Mo^{5+} 产生的缺陷。

除了这些基于理论计算的研究外，实验研究也证实了金属离子–非金属元素共掺杂促进了 $SrTiO_3$ 的光催化性能。Devi 和 Anitha 采用溶胶–凝胶法制备了 Ce、N、S 共掺杂的 $SrTiO_3$。大量的 Ce 离子掺杂会产生 CeO_2 单相[14]。

3）非金属–非金属共掺杂

Ohno 等通过煅烧 $SrTiO_3$ 粉末和硫脲的混合物，较早地制备出了非金属–非金属掺杂的 $SrTiO_3$（即 C、S 共掺杂 $SrTiO_3$）。在可见光（440nm）照射下，共掺杂 $SrTiO_3$ 的吸收带边从 400nm 到 700nm 有明显的重移，因此光催化活性极佳（比纯 $SrTiO_3$ 高 2 倍）。关于 C、S 共掺杂对 $SrTiO_3$ 微观结构和光催化性能的影响，可以参考 Yin 等的研究。他们提出，C、S 共掺杂产生的阴离子–阴离子双空位耦合效应可诱导形成完全填充的杂质能带，从而减小半导体的能带隙。因此，在缩小能带隙方面，C、S 共掺杂比单一的 C、S 和 N 掺杂产生的效益更大。文献综述表明，目前关于 $SrTiO_3$ 非金属–非金属掺杂的研究仍处于起步阶段，这意味着仅掺杂非金属而不掺杂金属掺杂剂可能无法产生共掺杂 $SrTiO_3$ 理想的光催化性能。因此，未来可以通过精确调控 $SrTiO_3$ 的原子结构来设计和制备高性能的非金属–非金属共掺杂 $SrTiO_3$。

纯相包晶石氧化物 $SrTiO_3$ 具有制备简单、成本低、稳定性高等优点，在光催化降解有机污染物、分解水制氢、减少二氧化碳排放以解决温室气体污染和生产高附加值产品等许多关键应用领域备受关注。然而，纯相 $SrTiO_3$ 存在许多致命弱点，特别是能带隙宽、可见光响应弱和电生电子–空穴分离效率低，严重限制了 $SrTiO_3$ 的光催化性能。因此，改变 $SrTiO_3$ 的电子结构和晶体结构已成为当前研究的重点，这主要是通过掺杂不同的金属离子、非金属元素及其组合来实现的。这些掺杂处理可以深度调解能带结构，提高光激发电子–空穴对分离效率，进而提高 $SrTiO_3$ 的光催化性能。

2.1.2　异质结

异质结是由两种或多种具有不同电子特性的材料组成的界面结构，这些材料通常是半导体或导体，它们在晶格结构、能带排列和载流子类型上存在差异。在异质结中，由于材料间的能带不连续性，电子和空穴在界面处的分布会重新调整，形成内建电场，这种内建电场对载流子的输运和复合产生重要影响。异质结的设计和应用在微电子和光电子领域至关重要，它们是制造高速电子器件如晶体管、激光器、光电探测器以及太阳能电池等的关键技术，能够提高器件的性能，实现特定的光电效应和电子特性。

在半导体激光器中，异质结通常用于形成活性区，两种不同能带结构的材料可以提供高效的电子-空穴复合，从而产生激光。例如，砷化镓（GaAs）和铝砷化镓（GaAlAs）的异质结，其中 GaAs 作为发射层，GaAlAs 作为限制层，可以有效地限制载流子在激光器的活性区，提高激光效率。异质结在光电探测器中也有广泛应用[8]，可以用来创建具有高量子效率的光电二极管。例如，硅（Si）和硅化锗（GeSi）的异质结可以用来制造高性能的红外探测器，其中 Ge 层作为吸收层，Si 层作为接触层。在太阳能电池领域，异质结技术被用于制造更高效的太阳能转换设备。例如，异质结太阳能（HJ-Solar）电池使用非晶硅（a-Si）和晶体硅（c-Si）的异质结，这种结构可以减少表面复合，提高电池的开路电压和整体效率。在高电子迁移率晶体管（HEMTs）中，异质结的使用可以实现高速度和低噪声的电子设备。例如，氮化镓（GaN）和铝氮化镓（GaAlN）的异质结，其中 GaAlN 作为阻挡层，GaN 作为通道层，可以提供高电子迁移率和优异的高频性能。在量子阱和量子点的合成中，异质结技术用于创建具有量子限制效应的纳米结构。例如，铟镓砷化物（InGaAs）和镓砷化物（GaAs）的异质结可以形成量子阱，用于激光器、光电探测器和量子级联激光器等。异质结技术也被用于合成具有特定功能的纳米线和量子线。例如，硅（Si）和硅化钴（CoSi$_2$）的异质结可以在硅基底上生长出具有磁性的纳米线，用于未来的自旋电子学应用。

Bai 等采用煅烧共沉淀法制备了 Ag$_3$PO$_4$/硫掺杂 g-C$_3$N$_4$ 异质结，将硫掺杂的氮化碳与银一起溶解在乙醇中，然后在暗滴条件下将 Na$_3$PO$_4$ 溶液混合到硝酸银浆料中，最后收集产物并用乙醇冲洗。

元素掺杂取决于 g-C$_3$N$_4$ 的改性性质。金属离子和 SCN 的共掺杂通常发生在 g-C$_3$N$_4$ 的晶格中，这是由于具有不同电势的金属离子被氮原子吸引，导致载流子的增殖和迁移。而非金属掺杂主要导致样品的形貌和结构缺陷，作为捕获光电子的中心，可以有效地抑制电荷复合。虽然共掺杂被认为是进一步提高光催化活性的一种有前景的方法，但与构建 S-g-C$_3$N$_4$ 基异质结构相比，元素掺杂的电荷分离效率仍然较低，构建氮化碳异质结构可以显著抑制化合物的电子-空穴对，提高它们在异质结构中的转移速率，获得更多的活性自由基[11]。

虽然硫掺杂的 g-C$_3$N$_4$ 可以通过调节自身结构来提高光催化效率，但是它仍然具有相对较低的电荷分离效率。因此，硫掺杂的 g-C$_3$N$_4$ 之间的异质结构工程是一种有前途的策略，可以进一步提高活性。由于材料之间的电势差，改变了电

子和空穴之间的转移路径，在光的作用下，材料的光生电子–空穴复合效率大大
降低，暴露出更多的活性位，促进反应动力学，用于异质结构构建的硫掺杂氮化
碳材料分为金属硫化物、金属盐化合物和金属氧化物三类。

下面主要介绍与金属硫化物的复合。

近年来，g-C$_3$N$_4$ 与金属硫化物的复合被广泛报道，其中硫可以掺杂到 g-
C$_3$N$_4$ 的共轭网络中，形成金属硫化物。光催化性能的改善主要是由于硫杂质或
金属硫化物引起的光吸收增强、表面积增加和加速电荷分离。

Gang 等简单地合成了掺杂硫的 g-C$_3$N$_4$/MoS$_2$ 异质结（MCN）。首先，采用水
热聚合法制备二硫化钼纳米花。多余的硫脲和三聚氰胺之间的氢键通过热聚合连
接到硫掺杂的 g-C$_3$N$_4$（SCN）上。这种异质结构的活性比纯 g-C$_3$N$_4$ 高 9.3 倍。
从 XRD 谱图可以看出，由于 MoS$_2$ 的掺杂量较低，复合材料的光谱与 g-C$_3$N$_4$ 相
似。从 XPS 光谱来看，C—S 键的存在表明硫的成功掺杂。C—N 键和 C—S 键向
结合能较高的方向移动，MoS$_2$ 和 SCN 之间的收缩导致 C 原子附近的电子密度降
低（图 2-2）。材料的电子传输路径揭示了光催化机理。在可见光照射下，光致
电子从 VB 激发到 SCN 的 CB，再转移到 MoS$_2$ 的 CB，从而抑制了光致载流子的
重组。SCN/NiS 也有报道，其中小的 NiS 纳米颗粒（6～8nm）均匀分布在 g-
C$_3$N$_4$ 中，S 原子取代 C 原子形成稳定的 SCN 结构。通过 N$_2$ 等温吸附计算，其比
表面积由纯 g-C$_3$N$_4$ 的 318.9m^2/g 增加到 330.2m^2/g，也高于 SCN 的 322.1m^2/g。
较高的表面积允许更多的光接触或吸收，从而提高光催化效率。

2.1.3 贵金属负载与表面等离子体共振

贵金属负载和表面等离子体共振（surface plasmon resonance，SPR）是两个
在纳米科学和材料科学中密切相关的概念，它们在传感器技术、催化、光电子学
等领域有重要应用[15]。

贵金属负载通常指将贵金属纳米粒子（如金、银、铂等）分散负载在各种
类型的载体（如氧化物、碳材料、聚合物等）表面上的过程。这种负载可以显
著改变材料的电子性质和化学活性。贵金属纳米粒子因其独特的尺寸效应和表面
效应，展现出优异的催化活性和选择性，被广泛应用于催化反应中。通过调整贵
金属粒子的大小、形状和负载量，可以优化其催化性能。

表面等离子体共振是一种发生在贵金属纳米结构表面的电磁波与自由电子云
相互作用的现象。当入射光的频率与金属表面的自由电子振荡频率相匹配时，会
产生局部增强的电磁场，即表面等离子体共振。SPR 效应导致金属纳米结构在特
定波长下光吸收强烈，使得材料在该波长处的消光系数显著增加。

贵金属负载与表面等离子体共振的结合为材料科学带来了许多创新应用：

①传感器技术：利用 SPR 效应，可以开发高灵敏度的生物传感器和化学传感

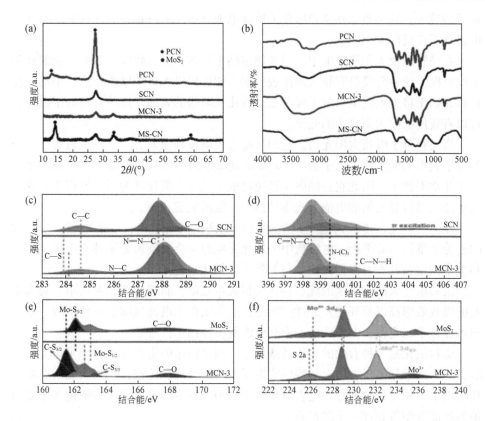

图 2-2　（a）XRD 图谱；（b）PCN、SCN、MCN-3 和 MS-CN 样品的 FTIR 光谱；（c）SCN 和 MCN-3 的 C 1s；（d）SCN 和 MCN-3 的 N 1s；（e）MoS$_2$ 和 MCN-3 的 S 2p；（f）MoS$_2$ 和 MCN-3 的 Mo 的高分辨率 XPS 光谱

器。当目标分子与贵金属表面结合时，会引起局部折射率的变化，进而导致 SPR 峰位的移动，通过检测这种变化可以实现对目标分子的定量分析。

②光催化：贵金属负载的催化剂可以利用 SPR 增强的电磁场来促进光催化反应，提高光生载流子的分离效率和光催化活性。

③光电子学：SPR 效应在光电子器件如光电探测器、光波导和光开关中也有应用，通过调节贵金属纳米结构的 SPR 特性，可以实现对光信号的有效调制。

贵金属负载与表面等离子体共振的结合为材料的功能性设计提供了新的途径，通过精确控制贵金属纳米结构的 SPR 特性，可以开发出性能更优的传感器、催化剂和光电子器件。

2.1.4　染料敏化

染料敏化是一种利用染料分子作为媒介来增强材料对光的吸收并产生电荷载

流子的技术。这一概念在染料敏化太阳能电池（dye-sensitized solar cells，DSSCs）中得到了广泛的应用。

在染料敏化太阳能电池中，通常使用纳米晶多孔二氧化钛（TiO_2）薄膜作为工作电极。这种薄膜具有较大的比表面积，能够提供大量的活性位点。染料敏化过程开始于将光敏化染料分子吸附在二氧化钛薄膜的表面。这些染料分子设计得可以有效地吸收太阳光中的光子。

当染料分子吸收太阳光后，它们从基态被激发到激发态。在这个过程中，染料分子获得的能量使得电子从一个较低的能级跃迁到较高的能级。激发态的染料分子非常不稳定，因此它们倾向于迅速将电子注入二氧化钛薄膜的导带中。这一电子注入过程是太阳能电池中光能转换为电能的关键步骤。

注入二氧化钛薄膜的电子随后通过外电路流向对电极，产生电流。与此同时，为了维持电荷平衡，电解质中的氧化还原媒介会向染料分子补充电子，使染料分子恢复到基态，以便再次参与光吸收和敏化过程。

染料敏化太阳能电池的优点包括材料成本较低、制造工艺相对简单、对太阳光的吸收效率高以及环境友好性。然而，这类太阳能电池也面临一些挑战，如染料的光化学稳定性、电解质的寿命和电池的整体稳定性等。

染料敏化是一种有效的光能转换技术，通过特定的染料分子增强了对光的吸收，并利用半导体材料的电子特性实现了电荷的分离和传输，为太阳能的有效利用提供了一种可行的途径。随着材料科学和纳米技术的发展，染料敏化太阳能电池的性能有望得到进一步的提升。

2.1.5　晶面工程

晶面工程，也称为面面工程或晶面设计，是材料科学中的一项技术，它涉及对晶体特定晶面的精确控制和操纵，以优化材料的物理、化学和生物学性质。晶面是晶体结构中原子排列的平面，不同的晶面具有不同的表面原子排列和化学活性。晶面工程的目的是通过选择性地暴露某些晶面来调整材料的性质，从而满足特定的应用需求。

晶体的每个晶面都具有独特的表面原子结构，这决定了其表面能、电荷分布和化学活性。不同的晶面可以催化不同的化学反应，或者与生物分子以不同的方式相互作用。晶面工程的核心在于控制晶体生长过程中晶面的暴露。这通常通过调整晶体生长条件，如温度、压力、化学环境和晶体生长速率来实现。通过特定的合成方法，如气相沉积、溶液化学合成或模板辅助生长，可以实现对特定晶面的优先生长或选择性暴露。材料的催化活性、电子性质、光学性质和生物相容性等都可能依赖于特定的晶面。晶面工程允许科学家根据应用需求选择具有最佳性能的晶面。在催化科学中，晶面工程用于开发具有高催化活性和选择性的催化剂。在电子器件中，特定晶面可以提供更好的电子迁移率和稳定性。晶面工程可以用于改善光电探测器、太阳能电池等光电子器件的性能。在生物材料和药物递送系统中，特定晶面可以增强材料的生物相容性和药物释放效率。晶面工程可以提高化学传感器和生物传感器的选择性和灵敏度。使用各种表征技术，如扫描电子显微镜（SEM）、透射电子显微镜（TEM）、原子力显微镜（AFM）和 X 射线衍射（XRD），可以观察和分析晶体的晶面特征。精确控制晶面的合成和稳定性是一个挑战，需要深入理解晶体生长动力学和表面科学。随着纳米技术和表面科学的不断进步，晶面工程有望在新材料的设计和开发中发挥更大的作用，推动科技创新和产业应用。

　　光催化材料的晶面工程表面和界面设计已被证明是提高其光催化性能的一种通用方法。控制表面和界面结构，合理选择形成表面和界面的刻面是关键参数。光催化剂表面裸露的刻面会通过各种工作机制影响光催化性能。例如：①表面原子排列决定了反应分子的吸附和活化，从而调节催化活性和选择性［图 2-3（a）］；②表面电子能带结构（即表面态），这取决于表面原子排列、表面态，将为光生成的电荷载流子提供可调的氧化还原能力，从而促进催化反应［图 2-3（b）］；③光收集半导体内部的电荷分离和转移效率取决于晶体取向，从而导致表面反应的电荷密度不同。此外，当半导体由多个刻面围成时，表面刻面不同的电子带结构可能导致空间电荷分离，光生电子和空穴聚集在不同的刻面上，分别进行还原和氧化反应［图 2-3（c）］。

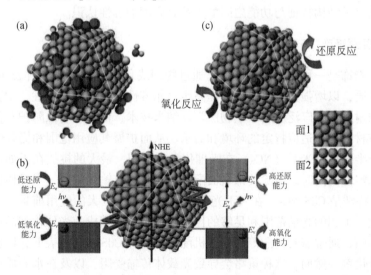

图 2-3　（a）不同面对反应物分子的吸附和活化；（b）不同表面电子能带结构对光生载流子
　　　氧化还原能力的影响；（c）光电子或空穴在不同表面的积累

①表面和界面工程设计要点。在光催化材料的设计中，表面和界面位置的刻面工程是一项具有挑战性的任务。在下面的讨论之前，首先澄清一些有关表面和界面工程设计的要点。这种刻面工程的目的是通过合理调整光催化剂的表面和界面结构来提高光催化性能。为了可靠地反映刻面与光催化性能之间的关系，光催化材料的其他参数（如化学成分和晶体结构）应在对照实验中保持不变。因此，需要对参数具有高度可控性的先进合成方案，以排除面依赖性研究中其他参数变化的干扰。

②单组分光催化材料（即裸半导体）的刻面工程相对简单，因为只需对光吸收组件的表面进行刻面调整。相比之下，光催化混合结构的刻面工程则要复杂得多，因为多种成分的参与会导致表面数量的增加以及成分之间界面的形成。值得注意的是，在某些混合光催化剂中，某些表面不能作为催化活性位点，而某些界面不能提供电荷载流子传输通道。这些可能性使它们的表面调整无法操纵电荷动力学和提高光催化性能。因此，合理设计合适的表面和界面对刻面工程非常重要。

③在混合结构中，面调整时应考虑表面与界面的结构相关性。例如，在给定组件表面形成界面时，界面结构将继承于该组件的表面切面。因此，控制现有组件的外露切面必然会导致界面切面结构的变化。

通过上述分析可以预见，混合结构表面和界面的刻面工程将是一项巨大的挑战。它不仅需要高精度（如原子级）的先进合成技术，还需要对表面与界面的内在关联以及结构特征与功能之间的关系有高度的理性认识。

2.1.6　表面修饰

表面修饰是一种材料科学技术，通过物理或化学手段改变材料表面的组成、结构和性质，以增强其功能性，如提高生物相容性、调整亲疏水性、增强化学活性或增加耐磨性，广泛应用于生物医学、纳米技术、催化、腐蚀防护和传感器等领域，使材料更能适应特定的环境和需求，从而扩展其应用范围和提升性能。

关于半导体纳米晶（NCs）在光催化中的应用，最大的挑战在于如何在保持其整体稳定性的同时，消除装饰表面配体对光载体传输的阻碍。半导体纳米晶体（NCs），特别是 CdS NCs，在人工光合作用中显示出巨大的应用前景。其显著的消光系数、可调的光谱范围和足够的比表面积特性使其成为光催化剂的优异吸光成分。然而，通常需要油酸等线性有机配体来装饰 CdS NCs 的表面，以获得可实现的光催化剂。然而，这种策略会导致光载体传输受阻，以及在水介质中的溶解度和稳定性较低。为了提高油酸封端 CdS NCs 的水溶性，Depalo 等使用 α-环糊精（α-CD）在 α-CD 和油酸之间形成包合物。然而，这些改性的 CdS NCs 并不是高效光催化剂的理想候选材料，因为油酸的烷基链会阻塞 α-CD 的空腔，而且

CdS NCs 表面存在的长线性有机链会阻碍载流子的传输。因此，开发一种高效且易于制备的半导体 NCs，既能兼顾稳定性和光生载流子的传输，又能在水介质中保持高效的性能，是光催化中非常理想的选择[16]。

图 2-4 为 β- CD 修饰的 CdS NCs 在可见光驱动下将醇转化为 H_2 和邻二醇或醛。

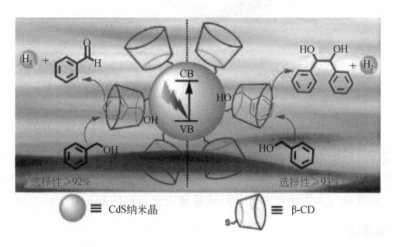

图 2-4　β-CD 修饰的 CdS NC 在可见光驱动下将醇转化为 H_2 和邻二醇或醛

Choi 团队报道了水溶性富勒醇［$C_{60}(OH)_x$］或常见电子供体（如 EDTA）与 Pt/TiO$_2$ 之间形成的 LMCT，用于可见光响应 H_2 的产生，并发现 H_2 的产生伴随着在太阳照射下使用表面修饰的 TiO$_2$ 同时降解水中的有机污染物（如 4- CP 和 BPA）。此外，酚醛树脂（带有多羟基的 PR 与 TiO$_2$ 反应）作为 TiO$_2$ 的经济染料，通过 LMCT 机制获得稳定的可见光响应活性。最近，Kim 研究小组报道了一种近红外吸收的方碱染料（VJ-S）敏化核/壳纳米复合材料 rNGOT/Pt［其中 TiO$_2$ 为核心，还原纳米氧化石墨烯（r-NGO）为壳］用于 H_2 的产生，VJ-S 的主要吸收带不负责敏化 H_2 的产生，因此认为其敏化机制与传统染料敏化体系不同。即方形染料基态（HOMO）中的一个电子可以通过吸收可见光直接转移到 TiO$_2$ 上，而不涉及激发态 LUMO，如图 2-5 所示。VJ-S 与 TiO$_2$ 表面之间存在 r-NGO，通过强 π-π 相互作用促进 LMCT 型电子转移。

与常见的染料敏化过程中染料本身需要有效吸收可见光不同，在半导体表面形成的吸附物表面 LMCT 配合物虽然本身不吸收可见光，但可以引入新的可见光吸收带，照射在其上的太阳光可以通过表面 LMCT 过程诱导出响应可见光的产氢活性。由于目前流行的染料敏化总是需要高效的 Ru-配合物或有机染料，但在合成过程中或多或少会出现成本高、不稳定、有毒以及环境污染等问题，因此这种表面 LMCT 工艺在设计和应用上具有很大的灵活性，如多种多样的有机化合物、

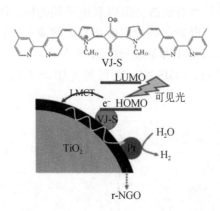

图 2-5　VJ-S/r-NGOT/Pt 中 VJ-S 的化学结构及表面 LMCT 机理示意图

极低的成本以及生态友好。尽管 LMCT 诱导制氢的相关研究有限，甚至其在环境应用中的一般活性、稳定性和光响应区域也不尽人意，但应深入研究 LMCT 的敏化作用，使其成为太阳能在制氢和环境修复中更普遍的利用方法。

2.1.7　物理场

物理场指在空间中某一点上可以定义的物理量，如电场、磁场、引力场、温度场等，它们描述了物理作用如何随空间位置和时间变化，是理解和描述宏观和微观物理现象的基础，广泛应用于物理学、工程学和材料科学等领域，帮助科学家和工程师分析和预测物体在不同环境条件下的行为和相互作用。

有效分离光生载流子在光催化反应中起着至关重要的作用。除了光催化的内在驱动力之外，产生增强效应的外场还能为光催化系统提供额外的能量，成为分离光生电荷的额外动力，从而提高整体催化效率。在有利的非接触条件下，探索不同于纯光催化或光电催化的外场效应，可以拓宽光催化技术的应用领域。

经过近 50 年的发展，光催化技术已发展成为一个相对完整和成熟的体系，不仅涉及催化化学、光电化学、半导体物理、材料科学和环境科学等多学科研究，而且在污染物降解、水分离、固氮、选择性有机化合物合成、二氧化碳还原和抗菌等方面有许多应用。此外，光催化材料的设计和控制也取得了长足的进步，一大批优秀的半导体光催化剂相继问世，如 TiO_2、g-C_3N_4、二亚甲基苝（PDI）等，并发展出多种工程策略，如掺杂、增敏、共催化剂添加、异质结构建等。尽管这些创新成果为构建高效光催化系统做出了重大贡献，但在提高该研究领域的光催化效率方面仍存在一些挑战。例如，传统光催化材料产生和转移光诱导电荷载流子的能力受到其固有特性的限制。因此，有必要寻找新的外部驱动源，以促进载流子的高效分离，改善电荷传输，提高光催化的综合催化性能。在众多可选策略中，外场辅助光催化技术作为一种新型高效的催化技术备受关注。当引入热场、电场、磁场、微波场或超声波场等外场时，相应的能量可被传递到光催化系统中，促进电荷分离，从而提高现有光催化系统的效率。人们认为，"外场"的概念将在原有氧化还原反应的基础上，直接或间接地改革光催化领域的研究。

在外场辅助驱动策略中，外场和光催化反应的结合是很常见的，在外加电压产生的电场作用下，电子的定向运动在一定程度上抑制了光生载流子的复合。然而，由于电极和外部电路的几何限制，光催化剂只有当它附着在电极上时才能参与反应，从而降低了材料的固有活性。相比之下，其他外场如热场、磁场、微波场和超声波场在非接触条件下对光催化剂的性能有一定的影响，并且比外场更环保，能源效率更高。值得注意的是，就光催化反应而言，它同时伴随着热化学和热效应。光与热是不可分割的，因此在光催化过程中热场是不可忽视的此外，早在 10 多年前，研究人员就对涉及外场耦合的策略进行了一些初步探索，如磁场驱动光催化。例如，可以通过改变磁场的强度和其他因素来增强某些光催化反应。后来，人们又致力于将微波和超声波场引入光催化。虽然在实验设备等方面有很多限制，但这些外场效应在光催化方面仍有一定的优势。综上所述，尽管热场、磁场、微波场、超声场等非接触式外场系统的典型代表具有不同的机理和优势，但它们都可以对光催化系统的效率产生实质性的影响。

最近，外场辅助光催化技术出现了一些新趋。无独有偶，Huang 研究小组最近也对外场增强光催化进行了综述。他们对电场、机械应力场和磁场等各种外场进行了全面综述。然而，对于非接触式外场辅助光催化，他们的综述既没有对其进行区分和定义，也没有评估其相对优势。本小节对非接触式外场提供的电荷分离驱动力和传统的电荷分离驱动力进行了区分和定义。然后介绍了四种非接触式外场（即热场、磁场、超声波场和多重能量场）的机制和特点[17]。

（1）光催化驱动策略的比较。

本征驱动和接触场驱动策略。众所周知，光催化反应可分为三个基本过程：光的吸收、载流子的分离和转移以及光催化剂表面的氧化还原反应。因此，光催化的内在驱动策略侧重于促进电荷分离和转移。通过调整材料的性质，可以在一定程度上抑制光生载流子的重组，从而促进光催化转化过程的高效进行。目前，最常见、最具代表性的本征驱动策略包括三种：缺陷诱导、内电场（IEF）和空间诱导。

缺陷诱导。一般来说，晶体中的缺陷会引起晶格畸变，形成电子和空穴的分离或复合中心，直接影响催化活性。通过缺陷工程合理操纵晶体缺陷被认为是提高光催化性能的有效手段。在光催化的三个基本过程中，缺陷对光催化性能提高的贡献主要来自于一个中间过程，即驱动光生电荷分离和转移［图 2-6（a）］。

例如，通过控制金属有机骨架（MOF）材料的结构缺陷，具有中等缺陷的 MOF 光催化剂可以具有最快的弛豫动力学和最高的电荷分离效率。

IEF。IEF 作为电荷分离驱动力的主要来源，仅由材料的晶体结构引起，不受光催化剂形式的限制，也没有额外的能量消耗。在单组分催化剂中，大晶体偶极子可引起强的激电场，从而加速载流子的有效分离。此外，在异质结催化剂中引入 IEF 可以增强载流子在界面上的分离和转移。例如，在广泛认可的 Scheme 异质结中，IEF 的出现促进了光生电子从氧化光催化剂向还原光催化剂的转移 [图 2-6（b）]。

空间诱导。近年来，对催化剂表面结构进行精细控制和修饰已成为高性能光催化剂发展的重要方向。一方面，由表面极性引起的不同表面带弯曲可以影响光生电子和空穴的空间分布，并将载流子驱动到不同的晶体平面，从而实现光生电荷在空间上的定向分离。另一方面，不同催化材料之间的表面配位也能促进电荷的转移和收集。例如，含有共轭 π 结构的导电有机材料与无机半导体形成的表面杂化效应可以增强共轭体系中光生电荷的空间转移 [图 2-6（c）]。

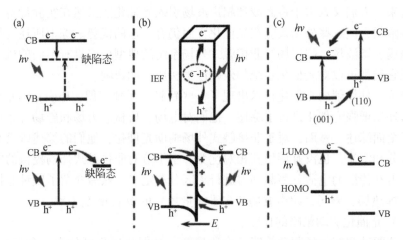

图 2-6　（a）调节光生载流子运动的不同晶体缺陷；（b）单半导体和 s 型异质结中光生电荷的分离和转移；（c）不同晶面和表面杂化材料促进电荷分离

CB：导带；VB：价带；LUMO：最低未占据分子轨道；HOMO：最高已占据分子轨道

虽然内禀驱动效应可以有效地增强电荷分离，但也存在一些不足。例如，z 型或 s 型异质结可以促进光生电子和空穴在空间上的分离，但为了引入强氧化还原电位，一半的电子和空穴被重组，即光生电子和空穴的最高利用率只能达到 50%。因此，为了提高光催化系统的整体效率，可以考虑引入额外的驱动源。例如，在以光电催化（PEC）为代表的接触式外场体系中，主要载流子可以在外电场的驱动下从光电极材料迁移到对电极上，从而实现有效的分离。不幸的是，外电场要求光催化剂以电极的形式固定，不能直接应用于非固定的光催化剂，如粉末或薄膜。此外，外部电路会导致光催化装置的高复杂性和高成本。

（2）非接触式场驱动策略。

在非接触式外场的情况下，场源可以与光催化反应装置保持一定距离而不直接接触，可以直接作用于非固定的光催化剂，如粉末和薄膜。虽然作为基本调节方式的热场与磁场等其他非接触场一样，没有特殊的应用装置，但它与光催化密切相关。在实际应用中，光源往往被直接用作热源，配合相应的温度控制设备来实现热场辅助驱动。此外，热场与其他非接触场一样，可以直接作用于非固定的光催化剂，因此将其归类为"非接触场"是恰当的。

在此基础上，可以对非接触场进行合理细分，以开拓更大的耦合空间。在本研究中，对热场和磁场的讨论将集中在对机理的解释上。由于耦合模式相对简单，这两个场可归类为基本外场。相应地，微波场和超声波场与光催化的耦合机理相对复杂，相应的外场发射装置集成度高，更注重实际应用。因此，微波和超声可归类为实用外场。与外电场相比，这两种非接触式场在催化反应中具有更大的灵活性和可调性，更适合一些非实验室应用。

在非接触式外场系统中，虽然每个外场都有自己的特点，但每个外场在光催化过程中都能表现出类似的增强效应，即外场提供的驱动力能在一定程度上促进电荷的分离和转移。因此，可以根据光生电荷的分离和转移来分析非接触式外场对光催化反应的驱动作用。除了促进电荷快速分离外，从整个光催化过程来看，还需要详细分析外场的其他一些作用，如增强传热传质、促进表面催化等。下面将分析非接触式场及其耦合场与光催化剂之间的相互作用，以构建非接触式场辅助光催化的新型催化系统。

①热场。作为一种基本的外场控制策略，热场是传统化学反应中最常用的，同时也与光催化密切相关。热场辅助光催化可以结合热效应和光催化的优点，获得更高的催化活性。本节首先讨论静态热场对不同光催化体系（包括等离子体和其他非等离子体）中电荷分离的辅助驱动效应。其次，介绍了热场在光催化剂中的实际分布，分析了梯度热场辅助光催化的反应机理，并将热电效应和光催化的研究方法充分结合，展示了光热协同催化的优势。最后，介绍了几种热场测量及相关表征技术，使热场辅助光催化技术得到更直接有效的展示，也有助于评估光催化反应中的实际热场。

静态热场。在传统的光催化系统中，半导体材料通常对紫外–可见光谱范围内的光有反应。因此，热效应通常有限。当光催化剂在近红外（NIR）光谱范围内的反应较差时，这种效应可能会变得突出。如果没有红外线部分的辅助，光催化系统将无法最大限度地利用太阳能，从而造成太阳能的巨大损失和浪费。与此相反，热场辅助光催化充分利用了占太阳光谱一半以上的红外波段[17]，这种基于太阳能的光热催化不需要传统热催化所需的高温高压等极端条件，可降低污染和能耗[18]。根据光或热效应在控制催化反应动力学基本步骤中的重要性，光热协同催化可分为热辅助光催化和光辅助热催化[19,20]。在热场的辅助驱动下，一些光催化剂的催化效果可以得到显著提高。典型的催化剂有两类，即金属基等离子体系统和其他非等离子体系统。等离子体和非等离子体空位迁移及缺陷相关过程中的高能热电子可有效操纵光生载流子，从而提高半导体材料的光热催化活性。

金属（Au、Ag、Pt）纳米粒子（NPs）具有广泛的光吸收范围，因此当它们与其他半导体材料结合时，可以利用全太阳光谱实现人工光合作用。Wang 等通过在金红石上沉积 Au NPs 实现了全光谱下 CO_2 的光催化还原。发现紫外和可见光可以触发光催化反应，在近红外辐射下，Au NPs 的局部表面等离子体共振（LSPR）弛豫引起的光热效应可以克服反应的活化能，从而大大加速反应。在等离子体光热催化中，在光激发下，贵金属 NPs 在局部表面等离子体中非辐射衰变产生的高能热电子比直接光激发产生的载流子能量更大，因此有必要有效地提取热荷，为催化反应提供动力。然而，等离子体热载流子极短的寿命限制了它们在光催化反应中的应用[18]。因此，人们认为通过构建等离子体纳米结构与半导体之间的异质界面可以实现热载流子的高效分离和收集。基于这种界面控制思想，Liu 等通过水相阳离子交换法制备了结构和形貌可控的金属@半导体核壳纳米晶体。这种晶体结构中独特的界面特性使得从金核向半导体壳层有效注入热电子成为可能。此外，瞬态红外吸收光谱直接证明了热电子的有效注入，估计量子产率约为48%。图2-7（a）为热电子注入过程中量子产率测定原理示意图和瞬态吸收动力学曲线，其中 Au 核和 CdS 壳层分别在 SPR 波段中心波长和360nm 处被选择性激发，探针脉冲保持在3900nm 处。该方法虽然可以获得优异的光催化活性，但材料的制备较为复杂，不利于其推广应用。最近，Zeng 等在等离子体金属 Au 和半导体 TiO_2 之间引入了惰性 Al_2O_3 原子层。这种新的界面结构提高了热载流子在辐照下等离子体诱导水氧化的利用率，在520nm 光催化水氧化的量子效率达到1.3%。为了进一步探索 Al_2O_3 在界面电荷分离中的作用，研究人员还利用超快时间分辨光谱和表面光电压光谱来表征电荷分离和迁移过程 [图2-7（b）]。结果证明 Al_2O_3 修饰的 Au/TiO_2 体系中光生载流子的寿命延长，稳态电荷分离效率提高。此外，对于等离子体诱导的热电子转移机制，Zhang 等也利用表面增强拉曼散射（SERS）和密度泛函理论（DFT）对金属-金属和金属-半导体界面的热电子转移进行了一系列研究。这些基础研究为热场协同光催化剂的开发提供了新的思路。

一般来说，在非等离子体半导体光热催化剂中，有效的电荷分离对于提高光化学过程的效率是非常重要的。在这些系统中，与电荷分离的竞争是非辐射弛豫

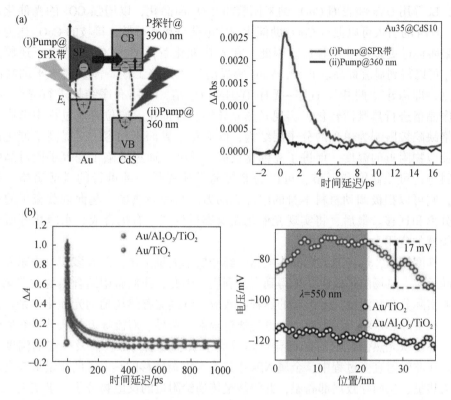

图 2-7　（a）Au 等离子体向 CdS 导带注入热电子的量子产率测定原理示意图及瞬态吸收
动力学曲线；（b）Au/TiO$_2$ 和 Au/Al$_2$O$_3$/TiO$_2$ 的超快时间分辨光谱和表面光电压光谱

过程，可以采取俄歇或肖克利-里德-霍尔（陷阱辅助）重组的形式。这两种过程都使多余的能量以晶格振动的形式耗散。此外，非辐射复合通常与材料的能带结构有关。因此，可以考虑使用窄带隙光催化剂或通过带隙调节得到一些光热性能优异的半导体材料。例如，Wang 等首次将 Ti$_2$O$_3$ 纳米颗粒用于热场辅助光催化[13]。由于 NPs 的超小带隙和纳米特性，几乎所有吸收的光都可以转化为热量，其内部转换效率接近100%，优于大多数传统光热材料。其次，也可以引入缺陷来调节光热性能[19]。例如，Yu 等通过溶液等离子体处理（SPP）[20] 了缺氧的 TiO$_2$，将氢掺杂剂掺入 TiO$_2$ 晶格中，从而在氧空位（OV）能级和导带（CB）之间建立了一座桥，使困在 OV 中的电子可以被光热激发到 CB。同样，Lu 等基于缺氧 WO$_3$ 的电子存储特性，设计了一种有趣的 NIR 驱动核壳结构 WO$_3$/CdS 光催化剂。WO$_3$ 核心连续吸收 UV-vis 和 NIR 光子，在此过程中跃迁到亚稳激发态的一些电子被转移到 CdS 壳层中生成 H$_2$。在模拟日光和近红外光照射下，WO$_3$/CdS 异质结的 H$_2$ 生成速率分别为 65.98mmol/（g·h）和 14.84mmol/（g·h）。然而，Li 等用 OVs 和表面 CoO_x 纳米团簇将 TiO_2 商品化，以增强 CO_2 的光催化还原。OVs 的引入可以促进 CoO_x 助催化剂的电荷分离和分散，接枝的 CoO_x 作为空穴陷阱促进更多质子的释放。因此，在光热催化条件下，CO_2 的八电子还原为 CH_4 可以得到显著提高。此外，Yang 等提出的"无序工程"涉及高水平的缺陷控制，即构建"两相"有序–无序 $D\text{-}HNb_3O_8$ 结，利用有序结构进行光激发，无序晶格进行热激活转化，实现光热介导的联合催化。原位合成过程中形成的晶格缺陷被限制为单独的分子层结构，既避免了界面不相容，又提高了催化剂和反应物附近的温度，促进了光催化反应。总之，通过缺陷工程等手段对晶体材料进行可控修饰和调节，可以为非等离子体提供一种可行的激活策略。同时，它可以积极调动材料本身的内部驱动力，与静态热场一起促进载流子的有效分离和迁移。最后，将实现光催化在氢燃料生产、有机合成、水净化等所有热领域的应用。

梯度热场，热场辅助光催化虽然已经开展了大量工作，但大多涉及静态光热协同反应，热场的场效应并未得到充分利用。因此，我们希望结合热场在催化剂中的实际分布和温度梯度引起的热释电效应，继续完善热场辅助光催化体系。此外，在实际热量输入过程中，无论是通过辐射、传导、对流等方式从外界获取热量，还是从光热催化剂的光诱导自热效应中获取热量，都会涉及一定的温度梯度。在非辐射衰变过程中，金属 NPs 中未参与电荷转移的热电子的能量最终会耗散为热量，从而导致局部高温，并将能量传递给附近的反应物分子。事实上，光激发产生的局部光热转换和集合热效应不仅常用于光热治疗，而且在跨越特定反应的活化能势垒方面发挥着不可或缺的作用。此外，为了研究等离子体催化中热电子和热效应的等离子体贡献，有必要定量描述催化剂床层中光诱导的自加热和热梯度效应。然而，考虑到光和热之间的复杂关系，这项任务仍然相对具有挑战性。

普通静态热场引起的温升通常是光催化活性的双刃剑。它不仅会加速光生载流子的迁移率，还会增加电子和空穴之间的碰撞概率，导致载流子重组率上升。此外，贵金属催化剂在光热催化过程中还面临着不稳定的挑战。因此，有必要找到一种既能利用热效应，又能避免温度升高对载流子重组产生不利影响的方法。塞贝克效应可将温度梯度转化为电能，使光催化剂自发极化形成正负电场，并以此为内驱力控制光生载流子的分离和迁移，为热场协同光催化带来双赢的结果。目前，热电催化已与其他催化反应相结合，包括光催化和光电催化。例如，在热电/光催化的协同作用下，溶胶–凝胶法合成的 $ZnSnO_3$ NPs 提高了染料废水的分解率。具体而言，在紫外光和 $20 \sim 65\,^{\circ}\mathrm{C}$ 热循环条件下，罗丹明 B（RhB）的分解率达到98.1%，远高于光催化（76.8%）和热电催化（20.2%）。此外，Zhang 等发现，用 2-巯基苯并咪唑（2MBI）修饰的非中心对称结构的六方 CdS 纳米棒可大大提高热释电催化氢气进化的活性。结果表明，CdS-2MBI 的热释电催化活性在 25 ~ 55℃时显著提高，其值约为 CdS 的 5 倍 [图 2-8 （a）]。有趣的是，在弱光下，CdS 和 CdS-2MBI 的氢进化活性明显增强 [图 2-8 （b）]，这表明在热释电极化场下，CdS 和 CdS-2MBI 中光生成的载流子被很好地分离。这项工作为研究热释电效应在光催化中的应用（如自然温度波动下的光催化制氢）开辟了新的前景。最近，Dai 构建了基于 CdS 复合微纤维，实现了红外光响应热释电场的构建，并将光催化水分离效率显著提高了 5 倍以上，平均表观量子效率约为 16.9%。此外，通过记录光催化过程中复合微纤维的温度和热电功率输出的变化趋势 [图 2-8 （c）]，他们证明了水分裂过程中的温升可以驱动微纤维基底产生足够大的热电场，从而提高相应复合微纤维的制氢率。

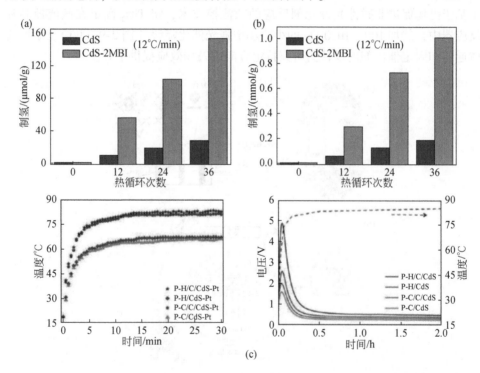

图 2-8　（a）CdS 和 CdS-2MBI 的热电催化制氢（25 ~ 55℃）；（b）光强为 0.05mW/m² 时 CdS 和 CdS-2MBI 的析氢过程；（c）光催化反应过程中记录的微纤维温度和热释电位输出曲线

　　②电磁理论。在涉及外磁场的化学反应过程中，除了自由基对和自旋极化机制外，洛伦兹力、溶液流动、周围介质的扩散等因素也会影响化学反应过程。在磁场辅助光催化过程中，磁场赋予光催化剂的洛伦兹力的方向是不断变化的，这可以抑制粉末催化剂的团聚。特别是在磁性催化剂中，由于磁记忆的存在，催化

剂本身所携带的电荷会增强，这会增加催化剂颗粒之间的斥力，促进催化剂与反应物分子之间的吸引力。这样，光催化剂表面的活性位点可以更多地暴露出来，并且可以更快地吸附和降解反应物分子。例如 Li 等合成的 $Mn_3O_4/\gamma-MnOOH$ 在低磁场辅助可见光下 60min 内可降解 98.8% 的诺氟沙星。近年来研究发现，磁场也能提高非磁性光催化剂的光催化活性。在 Gao 等使用非磁性光催化剂 TiO_2 降解甲基橙的实验中，单独磁场协同作用的光催化效率可提高 26%。在磁场中运动的电子和空穴受到垂直于它们运动方向的洛伦兹力的作用。根据左手规则，电子和空穴被逼向相反的方向，因此，在移动的 TiO_2 粒子中，光生成的电子-空穴对可以被分离 [图 2-9（a）]。但由于催化剂是沿搅拌方向旋转的，所以这里的洛伦兹力不利于电荷转移，只能抑制电子-空穴对的复合。此外，Huang 等开发了基于磁场促进非磁性光催化剂反应的微流控技术，将 TiO_2 固定在微流控芯片反应器中，外加 100~1000 Oe 的小磁场增强光催化降解 [图 2-9（b）]。矩形流体通道和固定催化剂的设计为研究特定方向的磁场效应提供了方便。

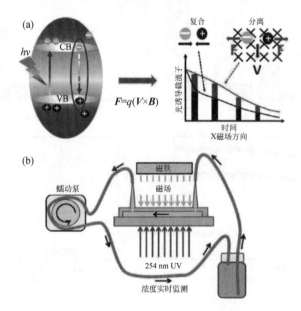

图 2-9　（a）洛伦兹力对光诱导载流子分离的影响示意图；
（b）用于磁场增强光催化的微流控芯片反应器

　　虽然目前的外磁场辅助光催化反应还没有涉及梯度磁场的规模，但已经有一些有效的尝试使静态磁场移动在普通的静态磁场中，磁场的方向只能诱导材料的排列，从而提高其催化性能。然而，在动态磁场中，一些纳米粒子不仅可以实现一定程度的自组装，而且在旋转磁场的作用下，磁性纳米材料可以随着磁场方向的变化而动态响应，从而产生各种效应最近，Gao 等通过在传统光催化反应器的底部放置旋转磁铁，使制氢效率提高了近 110%。活性光催化剂是一种以金纳米棒（NRs）为核心，CdS 为壳的复合结构。在旋转磁场的作用下，Au NRs 由于磁感应线的切割而产生相应的微电位，然后将附着在 Au NRs 表面的 Cd 中的电子和空穴分离。电磁感应产生的伴随电场与光催化剂本身的极化电场相似，可以为光生载流子的分离提供动力。Wang 等制备了具有辐射结构组装的纳米线，并在旋转磁场的帮助下成功实现了纳米线中电荷的有效分离和转移，为动态磁场促进光催化反应提供了理论基础，为进一步研究非接触式外场辅助光催化奠定了基础[20]。

通过分析和总结磁场辅助光催化过程中的一些实例，产生了一系列以自旋极化和电磁学为代表的理论。具体来说，自旋极化包括早期自由基对理论、自旋电子极化、负磁共振效应和自旋弛豫，而电磁学理论则包括洛伦兹力和溶液介质的磁感应强度。这些理论不仅涉及传统的磁性材料，而且对具有 IEF 的非磁性材料也有一定的推动作用。因此，有机半导体和二维材料也有广阔的发展空间。本节除了对机理进行解释外，还对磁场的应用模式和耦合度进行了研究。不仅讨论了动态磁场在光催化过程中的优异性能，而且在一些特定的磁场辅助驱动过程中，还结合了内部驱动策略，如缺陷诱导和 IEF。因此，利用磁场初步实现了内外联动的协同策略。

③超声波场。作为材料制备和催化反应的一项重要技术，超声波因其实用优势而受到越来越多的关注。一般来说，20kHz 以上的声波被定义为超声波。超声波在液体介质中产生空化效应，可瞬间释放巨大能量，提高分子活性，加速化学反应。同时，与超声波相关的强大剪切力可以促进材料的有效分散，加速界面传质和传热，实现机械能的高效转换。超声波场与光催化技术相结合，可以为催化反应创造有利的物理环境，超声波与光催化辐射的协同效应可以强化传质过程，增加活性物种的产量，提高光催化反应的活性。虽然关于超声场辅助光催化机理的理论有很多，但最有说服力的解释涉及空化效应和机械效应。因此，本节将以这两种效应为基础，讨论超声波辅助光催化系统。当超声波场参与水相化学反应时，液体介质中的微气泡会在超声波作用下产生收缩、膨胀、振荡和内爆等一系列动态过程，这种现象被称为空化效应。究其原因，主要是局部超声波辐照可引起液相压力的快速变化。当液体受到局部压缩时，压力会低于超声液体的蒸气压，从而产生由气体和液体蒸汽组成的微气泡。气泡在膨胀过程中会迅速惯性膨胀，随后发生灾难性的坍塌。微气泡破裂后，产生的局部热点温度可达 5000K，压力可达 500atm ［图 2-10 （a）］。在这些极端条件下，H_2O 分子中的氢氧键会断裂，H_2O 分子会分解成羟基自由基和活性氢原子，从而促进催化反应。此外，当空化产生的微泡在固体表面附近破裂时，会形

成剧烈的冲击波和微射流。图 2-10（b）显示了超声空化效应引起的微流控现象。这种瞬时微流体射流可导致 NPs 急剧加速，足以克服重力和溶剂-NP 界面相互作用，从而达到催化反应传质的目的。

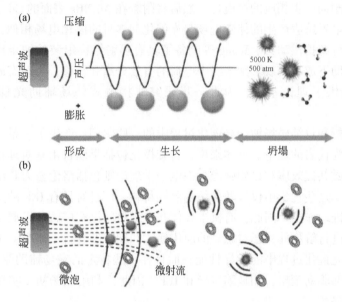

图 2-10　　（a）超声空化效应产生过程；（b）由空化效应引起的微流控现象

在超声化学研究中，选择合适的声学参数对超声领域的发展和应用具有重要意义。当声化学和光催化反应耦合时，超声场的频率、强度等参数会影响实际催化效果。其中，超声频率是声化学作用的重要物理参数，能显著影响空化气泡的大小，从而影响活性自由基的产生。一般认为，低频（20~80kHz）引起物理效应，高频（150~2000kHz）有利于产生化学效应。在 Karim 等之前的研究中，他们比较了不同超声频率下有机物的降解效率，发现随着频率的增加，空化气泡的尺寸和寿命减小，从而减弱了空化强度，从而降低了对溶液中污染物的降解效率。

图 2-11（a）是六边形多频超声反应器的原理图和照片。有 20kHz、50kHz和 80kHz 三种频率模式，每种模式的最大额定输入功率为 200W。此外，在反应器顶部安装了三个蓝色发光二极管（LED）作为光源。与频率超声相比，其强度调节效果更为直接。随着超声波功率的增大，声压增大，空化气泡的崩落更加剧烈，导致空化温度和压力升高。同时，自由基浓度、传质速率和有机物在溶液中的溶解速率均增加。这也与 Jorfi 等的实验结果一致，他们观察到随着超声波功率的增加，催化剂的有效表面积和催化活性也随之增加。然而，当超声波功率增加到一定程度时，降解效率不能进一步提高。这是因为在连续的高功率超声场作用

下，空化气泡"阻挡"了声音及其能量在液相中的传播。在声化学或声光催化过程中，光催化剂可以有效地利用超声波和紫外光的协同作用，从而大大提高传统光催化的效率。

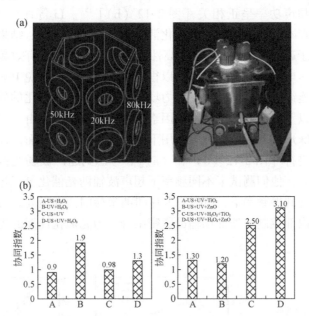

图 2-11　（a）多频超声反应器原理图及照片；（b）不同催化组合的协同指数值

为了定量评价超声场辅助光催化体系的增强效果，可计算协同指数（synergy index，SI）：

$$SI = \frac{k_{US+UV}}{k_{US}+k_{UV}}$$

SI 值可用于判断是否存在协同效应：SI>1 表示存在协同效应，SI<1 表示各种工艺组合后存在负效应。Patidar 等发现，US+UV+H₂O₂+ZnO 的组合产生了最高的 SI 值（3.1）（图 2-11）。这是因为在 H₂O₂ 分解过程中会产生大量活性自由基，这使得在超声波场下基于 ZnO 的氧化系统对污染物的降解更为有效。此外，还应考虑一些单独的参数，如污染物的初始浓度、操作温度、pH 和添加剂（如芬顿试剂），因为这些参数在提高外场辅助光催化的污染物降解效率方面也起着重要作用。

在实现压电光催化过程中，通常使用超声波清洗剂作为激励源，提供稳定的超声波照射［图 2-12（a）］。在周期性超声波压力的驱动下，具有超声波响应的半导体光催化剂可产生压电效应，从而提高光催化降解和制氢的催化效率。此外，非接触式超声波反应器还为外焰辅助光催化反应提供了足够的反应空间，保证了过程的可控性和可操作性。Tu 等以 $Bi_4Ti_3O_{12}$ 为催化剂，以甲基橙（MO）为降解污染物，探索了超声压电催化降解反应的催化机理。他们不仅排除了超声过程中局部加热对降解的影响，还发现 Mo 的降解效率随超声功率的降低而降低，即降解效率与超声功率呈正相关［图 2-12（b）］[15]。Li 等评估了 Ag_2O-$BaTiO_3$ 复合光催化剂在不同超声频率下的催化活性［图 2-12（c）］。结果表明，材料的催化活性取决于超声频率，27kHz 是高性能超声光催化的最有效频率。在合适的声学参数下，压电效应和光催化剂可以很好地结合，从而避免 IEF 饱和，并诱导光生载流子的连续分离。此外，在外力场辅助光催化氢气进化的研究中，催化剂的形状和尺寸以及超声波场的频率等因素也起着重要作用。由于二维纳米片和纳米棒阵列的特殊形貌，它们在外力作用下容易发生形变，从而保证了压电光催化氢演化的有效进行［图 2-12（d）和（e）］。考虑到超声波场的特征参数对实际催化效果的影响，他们测试了不同频率下超声波辅助光催化氢气进化的性能，结果表明在各自的共振频率下，CdS 纳米片和纳米棒的活性最高。总之，这类研究将光催化剂的内部控制与外部场辅助紧密结合，为光催化性能的提高提供了有利地支持。

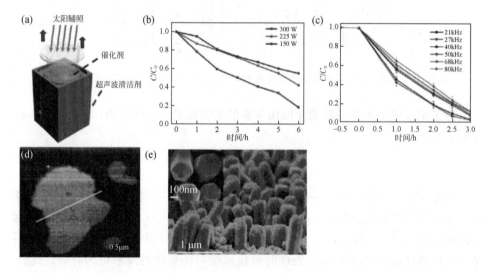

图 2-12　（a）在超声波清洁剂中的外场辅助光催化反应；（b）不同超声功率对钼的压电催化降解曲线；（c）超声频率对 Ag_2O-$BaTiO_3$ 声光催化活性的影响；（d）硫化镉纳米片的 AFM 模式；（e）硫化镉纳米棒的扫描电镜图像

④多重能量场。随着多种能量形式被引入光催化以及高效反应器的发展，多重能量场耦合驱动反应的问题开始引起研究人员的关注。此外，经过对上述非接触场的详细分析，可以看出每种外部场在与光催化的耦合过程中都有一些相对的

优缺点（图 2-13）。例如，热场大多数情况下表现为普通的光热催化反应，不能完全实现场效应，需要利用一定的温度梯度才能产生热释电效应。磁场作为一种典型的非接触场，可以产生一定的驱动力，促进电子定向流动，提高载流子的分离效率。然而，由此产生的电子往往能量有限，无法达到某些催化反应的最低能量阈值，从而限制了外部磁场的增强作用。此外，由于微波场的装置复杂，很难使其与光催化作用配合。虽然有 MDEL 的辅助，但它无法充分利用频谱。超声场可以用来诱导压电效应，但空化效应引起的热量变化也不容忽视。因此，分析和探索多重能量场耦合驱动光催化反应的机理以及一些已有的实例，不仅可以加深对外部场参与的光催化反应的理解，还可以弥补单一外部场可能存在的缺陷，从而形成更普遍的外部场辅助策略。

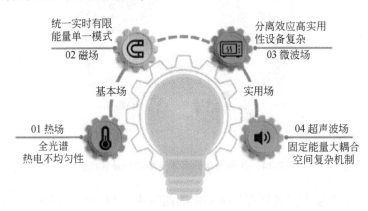

图 2-13　四种非接触场在光催化偶联过程中的相对优缺点

现有的多场耦合可分为三类，如图 2-14 所示的方案 1、2 和 3 所示。首先，热场和磁场是两个基本场，具有很大的耦合可能性和可操作性（方案 1）。也就是说，在热场辅助光催化反应中，光热转换效应可以最大限度地利用太阳能，为传统光催化系统提供重要助力。通过有效负载 Au、Ag、Pt 等金属 NPs，可以充分利用太阳光谱，发挥热场辅助光催化的活化效应，从而提高半导体材料的光催化性能。此外，在光催化反应过程中调整热场的实际温度，可以进一步阐明热场在光热催化过程中的协同效应，找到最佳方案，最大限度地提高催化性能。在外加磁场辅助的光催化反应中引入热场效应，可以增强催化反应的综合效果，更加符合实际应用的要求。在外加磁场辅助的光催化反应中引入热场效应，可以增强综合催化效果，更加符合实际应用的要求。例如，Wang 等将 TiO_2 纳米片固定在磁激活的人工纤毛膜上［图 2-15（a）］，并利用旋转磁场驱动人工纤毛膜，从而将磁场与光催化结合起来。此外，在沉积金纳米粒子后，SPR 效应还能进一步提高光催化活性。这种旋转磁场和等离子体的新型光催化模式为粉末光催化剂的实际应用提供了新的视角。Shi 等利用 T 型热电偶和亥姆霍兹线圈建立了一套比较完整的外磁场辅助光催化反应器，并探索了 Fe_3O_4/TiO_2 在热场和磁场共同驱动下的光催化活性 [图 2-15 (b)]。研究发现，随着磁场强度的增加，污染物的降解效率也随之提高。此外，由于磁性纳米流体在磁场作用下的吸光度增加，反应面积增大，光热转换效果也随之增强。

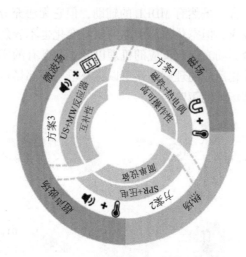

图 2-14　几种类型的多能量场耦合及其优点

其次，由于超声波场具有持续稳定的能量来源和简单可控的反应设备，超声波可以更容易地与其他外部场耦合。例如，超声波场与热场耦合产生的驱动效应就体现了将基本场与实用场相结合的可能性。特别是，人们可以在压电材料上加载金属 NPs，利用压电效应增强 SPR 诱导的光生载流子分离，从而有效改善光催化过程。这种将光热效应与超声振动相结合的有效尝试，为外场耦合增强光催化提供了一种新的选择。例如，Guo 等设计了 Al/BaTiO$_3$ 异质结阵列，并在磁场控制的摆动中实现了可观的压电效应和压电增强光催化 [图 2-15 (c)]。与传统的外场辅助光催化反应相比，该实验受超声波机械效应的启发，采用创新方法再次结合了热场和磁场的效应，大大提高了多场耦合驱动反应的光催化效率。

此外，微波和超声波具有很强的互补性，因此也有一定的协同效应。当超声波场与微波场结合时，超声波可以促进分散，改善传质，而微波则可以提供大量的热点，加强传热过程。在光催化剂制备过程中，有人应用超声波微波反应器进行一步合成，但在外力场辅助光催化反应过程中，还没有进行有效的尝试。事实上，这种外场耦合技术的核心问题是如何将这两种独立的技术结合起来，并应用到光催化反应中。如果采用顺序操作，可能无法产生协同效应；如果采用同步操作，则需要专业的超声波微波反应器。因此，外场耦合系统需要进一步改进。

在多重能量场辅助光催化的研究中，除了探索和分析多能场耦合模式外，还需要关注光催化剂是否具有对外部多能场的响应能力。例如，在涉及热场的多场耦合中，金属 NPs 的 SPR 效应通常起关键作用，其他具有光热效应的材料参与较少，这在一定程度上限制了热场在耦合过程中的作用。在微波场中，由于非热效应存在争议，因此更有必要选择一些具有多种响应能力的材料，以发挥微波场的所有独特优势。在探索磁场和超声波的过程中，Mushtaq 等创造了可同时使用多种能源的智能催化剂。这些催化剂可被多种能源激活，用于降解有机污染物 [图 2-15（d）]。实验表明，同时使用光、超声波和磁场等能源时，反应速率明显高于使用单一能源时的反应速率。总之，这些非接触式外部场辅助技术在本质上具有一定的相似性。引入额外的"场"可以改变催化剂与目标降解产物之间的反应环境，从而提高光催化活性。但在实施过程中仍存在一些困难，有待进一步探索。

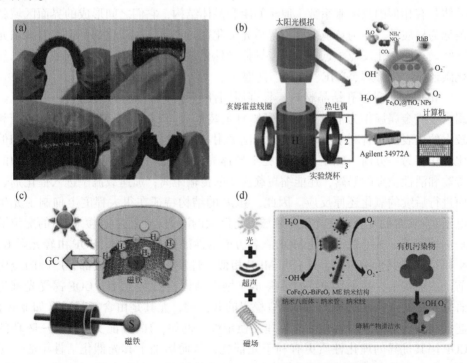

图 2-15　（a）人工纤毛膜变形的照片；（b）热场和磁场增强光催化活性的
实验示意图；（c）磁振电机辅助下光催化水分解示意图；
（d）各种光催化剂在光、超声和磁场作用下的催化降解方案

2.1.8　新材料设计

　　环境污染和能源短缺是 21 世纪需要解决的两个主要问题。光催化具有直接利用太阳能作为光源和在室温下进行直接反应等特性，是控制环境污染和清洁能源生产的理想技术。1972 年，藤岛等发现了水在 n 型半导体二氧化钛电极上的光催化分解。从那时起，以二氧化钛为代表的半导体金属氧化物光催化技术得到了发展。实际上，光催化反应是一种多相光催化过程，已成为能源利用和环境污染处理的理想方法。同样，光催化剂可以在光激发下加速化学反应，并利用光来克服能垒。特别是光催化反应的最终产物是对环境无害的有机或无机材料。

　　半导体是指在室温下导电性能介于导体和绝缘体之间的材料。在极低温度下，半导体的价带（VB）基本上是满的，导带（CB）基本上是空的，其导电性取决于 CB 底部的少量电子或 VB 顶部的少量空穴[7]。调节光催化纳米材料催化性能的最有效方法之一是在半导体晶格中引入具有不同掺杂溶解度的异原子掺杂剂，以改变 CB、VB 以及它们之间的禁带[8,9]。通常情况下，如果两种不同的半导体具有相似的热膨胀系数、原子间距和晶体结构，它们之间形成的界面区域就被称为异质结。作为环境友好型异质光催化剂，半导体光催化剂可在室温太阳光下驱动还原氧化反应。近年来，半导体光催化剂被广泛应用于各种领域，如二氧化碳还原、光降解、PHE、灭菌、防腐等。

　　MOF 是一种多孔结晶材料，具有周期性和无限延伸的骨架结构，由无机金属离子或金属簇作为节点与有机配体自组装形成。一方面，MOF 均匀的孔径和较大的比表面积有利于分子在基底周围吸附和富集，进而有利于后续的活化和催化转化；另一方面，MOF 作为多孔半导体光催化剂，不仅有利于基底或产物的传输和活性位点的暴露，还能缩短载流子的传输距离，加速载流子进入催化剂表面进行后续的氧化还原反应。因此，MOF 的结构特征在很大程度上抑制了光生电子–空穴对的复合，在光催化领域具有巨大的潜力。然而，连接 MOF 的配位键是一种弱键，其不稳定性使 MOF 在各方面的性能都受到影响。COF 由轻元素 C、N 和 O 通过共价键组成，具有与 MOF 相似的性质，在多个领域都有广阔的应用前景。事实上，基于其独特的层状 π-π 堆叠结构，二维（2D）COF 深受光催化研究人员的青睐。此外，COF 具有稳定的共价键，尤其是由含氮基团（如亚胺）连接的共价键，因而具有很高的理化稳定性。例如，He 等证实，带有三嗪环的 COF 因其优异的理化性质更有利于光催化，从而增加了其光催化活性中心。然而，COF 结构单元是有限的、周期性的，尤其是其固有的高激子结合能相对较大。因此，COF 的固有性质无法满足提高光催化性能所需的高电荷分离效率、大比表面积和长期稳定性的要求。

　　MOF-COF 组合不仅保持了原有 MOF 和 COF 的各自优点，如活性中心丰富、比表面积高，而且还解决了各自催化活性不足的问题。到目前为止，MOF-COF 光催化剂的研究还处于起步阶段，目前仅用于 PHE 和光降解领域。2017 年首次报道了 MOF-COF 复合光催化剂。张晓东课题组合成了具有高结晶度和分层孔结构的核壳杂化材料 NH_2-MIL-68@TPA-COF，用于光催化降解罗丹明 B（RhB）。此后，MOF-COF 杂化材料的合成和应用领域不断打开，在电化学储能、混合气体分离、电化学传感和吸附等领域得到广泛应用。最近，本书编者课题组合成了复合光催化剂 NH_2-UiO-66/TAPT-TP-COF，解决了 NH_2-UiO-66 在光催化反应中的溶剂适应性问题，其光催化效率较原 MOF 和 COF 有显著提高。尽管 MOF-COF 光催化剂的报道不多，但其设计、合成和机理分析还需要系统的总结，以便今后开展更多的相关研究。

1）MOF-COF 光催化剂的设计

光催化剂的设计需要考虑许多因素。第一种是稳定性。当光催化剂应用于特定反应体系时，必须确保材料的完整性。第二种是可调谐的能带结构。对于 MOF 而言，有机连接体和金属节点的改变会影响 MOF 的电子结构。第三种是选择性氧化。固定的通道和孔隙限制了反应物的大小和形状。第四种是电导率。提高光催化剂的电导率可以提高其电荷迁移率。以前的研究表明，通过适当的官能化，MOF 和 COF 都可以成为出色的光催化剂候选材料。此外，在两种材料之间构建异质结可以有效促进可见光区域的扩展和电子空穴的分离，已成为一种很有前景的提高光催化活性的方法。此外，本书编者课题组还详细讨论了在设计 MOF-COF 光催化剂时选择构建异质结的原因、异质结的类型以及测定方法。

对于 MOF，选择 2-氨基对苯二甲酸作为配体。为了提高 MOF 的光催化性能，目前主要有六种合成策略。第一种方法是通过配体辅助交换、合成后修饰和溶热合成等方法混合金属或配体，以增加活性中心，提高光催化性能。第二种方法是配体功能化，研究表明，引入氨基会导致 MOF 的 LOMO 能级能量增加，从而降低禁带宽度。第三种方法是金属离子或配体固定化，这种方法在抑制光生电子–空穴复合物的同时还能增强光吸收。第四种方法是加载金属纳米颗粒，由于 MOF 固有的多孔性，它能够增强光吸收，可以容纳孔内或表面的低费米能级的纳米颗粒。第五种方法是碳材料装饰，如比较典型的碳材料碳量子点（CQD）和氧化石墨烯（GO），它可以解决电荷复合问题，同时加速光生电荷的转移。第六种方法是形成异质结，通过将 MOF 与其他半导体材料耦合，形成更多的活性中心，从而更有效地分离光生电荷。MOF 的电子传导性、稳定性和基质选择性较低，因此不适合光催化。MOF 具有较低的电导率、稳定性和底物选择性，不适合光催化。然而，它们具有特殊的前驱体性质，允许它们形成异质结，从而最大限度地减少对低电导率、电荷络合和低稳定性的影响。Subudhi 等用简单的光催化氢和氧法制备了 MoS_2 改性的 NH_2-UiO-66。二硫化钼和 NH_2-UiO-66 之间的 p-n

方案异质结结构的最佳产氢速率和产氧速率分别为 512.9μmol/h 和 263.6μmol/h。在另一项研究中，Zeng 等制备了一种 MOFx/P-TiO$_2$ 杂化材料，由磷酸盐基 MOF 和磷酸化的介孔二氧化钛微球组成。他们分析了光催化效率提高的原因：①具有较强的光吸收能力，②二氧化钛和 MOF 之间的直接 z 型异质结促进了光生电荷的分离。

　　COF 通过席夫碱反应获得了更好的光催化性能。要进一步提高 COF 的光催化活性，必须加强光生电子与空穴的分离。据报道，提高 COF 光催化性能的策略主要有两种：第一种是设计具有活性骨架的 COF。Lotsch 等合成了一种高效的光解离催化剂，它是由三嗪和苯基单体通过腙键连接而成。本书编者研究小组在用于光催化制氢的 TFA-COF 中引入了吸收电子的 F 原子，这样既降低了原有 TFA-COF 的禁带宽度，又增加了比表面积，显著提高了光催化性能。第二种是构建异质结，研究人员为通过共价键形成的 COF 设计了异质结光催化剂。这些催化剂主要有两种设计策略。①在 COF 层中引入供体和受体，形成异质结催化剂。例如，Jiang 等以 4-苯二乙腈（PDAN）和 1,3,6,8-四（4-甲酰基苯基）芘（TFPPy）作为 COF 的两种单体，以缺电子的 3-乙基罗丹宁（ERDN）作为额外的末端基团，合成了具有供体和受体结构的 COF。这通过高度共轭的碳碳双键连接大大提高了 COF 的稳定性，同时在 COF 层内的 X 和 Y 方向存在高度共轭的供体–受体结构。这不仅大大增强了光吸收能力，还通过推拉电子效应有效提高了光生载流子的分离和传输效率。令人惊讶的是，在可见光照射下，以铂为助催化剂、三乙醇胺为牺牲剂的光催化 H$_2$ 演化率最高可达 2.12mmol/(h·g)。②与其他材料合成了 COF 的复合材料，形成了异质结催化剂。前面已经详细讨论了半导体–半导体异质结构。此外，通过选择具有不同能带的半导体，也可以形成 COF 与其他材料之间的异质结。例如，共价有机框架和 g-C$_3$N$_4$ 通过亚胺键连接形成 CN-COF 异质结，该异质结在可见光下具有较高的光催化活性，最大的光催化 H$_2$ 演化速率为 10.1mmol/(h·g)。具体来说，这主要是由于异质结材料具有合适的光吸收范围和合理的能带结构。此外，共价键可以改变光生电子传递路径，抑制载流子复合，有效提高光催化活性。综上所述，构建异质结结构是 MOF 和 COF 提高光催化性能的常见选择，而 MOF-COF 光催化剂的设计需要集中于异质结结构。

　　2）MOF-COF 合成策略

　　MOF-COF 合成策略包括 MOF 和 COF 的共价和非共价连接。在这种情况下，非共价连接利用了 COF 的有序 II 柱状结构和 COF 的芳香性，两者通过 π-π 堆积构建 MOF-COF 混合物。然而，非共价键不利于电荷的转移。因此，在选择合适的 MOF 和共价有机框架的基础上，可以通过亚胺和酰胺键等共价键来增强 MOF 和共价有机框架的光催化性能。具体的合成方法包括一步法和两步法，分别获得非核–壳 MOF/COF 材料和核–壳 MOF@COF 材料。

①非核–壳 MOF/COF 混合材料合成。以带有氨基的 MOF 为核心，然后加入两个 COF 的连接体，从而通过亚胺键将 MOF 与 COF 连接起来［图 2-16 （a）］。最早报道用这种方法制备 MOF/COF 杂化材料是在 2018 年。Zhang 等在合成 TPPA-COF 的过程中加入 NH_2-UiO-66，成功制备出具有高稳定性、结晶度和孔隙率的 NH_2-UiO-66/TPPA-COF 光催化剂［图 2-17 （a）］，并通过亚胺键连接，用于光催化析氢。他们通过扫描电子显微镜（SEM）和透射电子显微镜（TEM）发现，UiO-66 的薄片均匀地负载在二维花瓣状的 TPPA-COF 上。其中，通过热重分析得到了 MOF 与 COF 的质量比，并确定在 NH_2-UiO-66∶TPPA-COF 的比例为 4∶6 时，杂化材料的最大析氢率为 23.41mmol/（g·h），约为原始 COF 的 20 倍。除了以 NH_2-UiO-66 为核心，NH_2-MIL-125 （Ti）是制备 MOF-COF 光催化剂的另一种常用 MOF。例如，He 等直接制备了 Z 型 NH_2-MIL-125 （Ti）/TTB-TTA 异质结光催化剂［图 2-17 （b）］，其最大析氢率分别是纯 MOF 和 COF 的 9 倍和 2 倍。随后，他们制备了 NH_2-UIO-66/TTB-TTA 和 NH_2-MIL-53/TTBTTA-COF，与 NH_2-MIL-125 （Ti）/TTB-TTA 进行比较，结果表明 NH_2-MIL-125 （Ti）/TTB-TTA 的能带匹配性更好，对甲基橙的光降解效果更好。特别是在结构表征方面，他们利用非局部密度泛函理论（NLDFT）模拟计算了三种 MOF/COF 杂化物的孔径分布，结果表明三种 MOF/COF 杂化物的主要孔径分布在 2.0nm，接近 TTB-TTA 的理论孔径（2.2nm）。

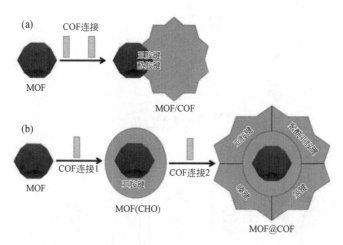

图 2-16　MOF-COF 光催化剂合成方法
（a）非核–壳 MOF/COF 杂化材料；（b）核–壳 MOF@COF 杂化材料

考虑到 NH_2-UiO-66 对溶剂的适应性，本书编者课题组引入 TAPT-TP-COF，得到了 NH$_2$-UiO-66/TAPT-TP-COF 复合光催化剂，用于光催化析氢［图 2-17 (c)］。当使用三乙醇胺作为电子供体时，混合材料在碱性溶液中保持了高度的稳定性和光催化性能，最佳光催化析氢率为 8.44mmol/(h·g)。酰胺键也能很好地传递电荷。Li 等对 COF 进行了修饰，并首次报道了一种后合成共价修饰 COF 的方法来制备 MOF/COF 复合光催化剂［图 2-17 (d)］。通过苯甲酸修饰共价三嗪骨架（CTF-1），并与 NH$_2$-MIL-125 共价结合，得到用于光催化氢进化的 BTC 复合光催化剂。MOF 与 COF 之间的酰胺键促进了电荷转移。通过调整 MOF 和 COF 的用量，发现当 MOF 的质量分数为 15% 时，15TBC 复合光催化剂的最大析氢率高达 360μmol/(h·g)。

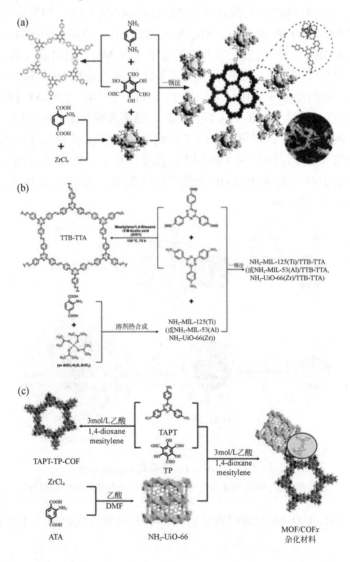

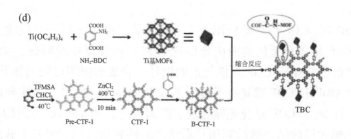

图 2-17　MOF/COF 复合材料的合成示意图

②核-壳 MOF@COF 混合材料的合成。加入 COF 的醛连接物与 MOF 的氨基形成醛官能化聚合物，再加入 COF 的另一连接物，通过席夫碱反应得到 MOF@COF 核-壳结构。这种方法由张晓东课题组于 2017 年首次报道，也是 MOF-COF 杂化材料的首次报道。他们合成了棒状的 NH_2-MIL-68，然后用 TFPA 对 MOF 进行醛官能化，得到 NH_2-MIL-68（CHO）聚合物；再加入氨基连接剂 TPPA，得到 NH_2-MIL-68@TPA-COF 杂化材料。此外，扫描电子显微镜（SEM）和电子显微镜（TEM）显示，片状的 TPA-COF 被均匀地包裹在棒状的 NH_2-MIL-68 周围，形成了 MOF@COF 杂化材料的核-壳结构。小角和广角 X 射线散射（SAXS/WAXS）进一步证实了 NH_2-MIL-68@TPA-COF 的成功制备。Lu 等发现，控制 COF 的壳厚度会影响 MOF@COF 光催化剂的性能，他们通过两步法制备了 NH_2-MIL-125@TAPB-PDA 作为醇选择性氧化光催化剂，并发现当 COF 壳厚度在 20nm 左右时，氧化产物苯甲醛的最大产率高达 94.7%。在另一项研究中，Lv 等开发了一种 MOF@COF/PS 系统。研究结果表明，该系统对双酚 A 具有很强的光降解能力，最大降解效率为 99%[16]。

过渡金属铱（Ir）也被用于制备 MOF@COF 光催化剂。Peng 等制备了一种 IRMOF@LZU1 光催化剂，用于对硝基苯酚的光催化降解，该催化剂符合一级动力学，3.5h 后对硝基苯酚得到了很好的降解。特别是后加入的单体的氨基分别与醛基形成亚胺键、与酰肼形成腙键、与酰肼形成酰嗪键、与酸酐形成聚酰亚胺键。例如，Chen 等通过肼键使用了 NH_2-UiO-66@TDE 复合光催化剂。令人惊讶的是，在 COF 壳层厚度为 20nm 时，NH_2-UiO-66@TDE 的最大 H_2 演化率高达 7178mol/（g·h），分别是原始 MOF 和 COF 的 3 倍和 7 倍。MOF@COF 作为一种杂化材料仍有进一步设计的空间。Xue 等采用界面离子交换法修饰 MOF，然后用两步合成法合成了一种基于 MOF 的 In_2S_3-X_2S_3（X=Bi、Sb）@TFPTCOF 核-壳材料，用于光降解。一方面，Sb^{3+} 或 Bi^{3+} 的引入降低了 In_2S_3 的带隙，促进了异质结的形成；另一方面，In_2S_3-X_2S_3（X=Bi、Sb）与共价三嗪框架（CTFs）的协同作用促进了电荷转移。这种混合材料能够在不到 5min 的时间内光生化所有的

纯 Cr^{4+} 溶液。

尽管 MOF 和 COF 已广泛应用于光催化领域，但单一材料的性能总是不够理想。MOF-COF 复合光催化剂的出现解决了它们各自存在的问题，如稳定性差、光催化效率低等。MOF-COF 光催化剂的设计、合成和应用可归纳如下：

①由于 MOF 和 COF 都是电子传导的 n 型半导体，提出了构建异质结的设计原理，以设计 MOF-COF 复合光催化剂。简而言之，MOF-COF 可以构建类型模式异质结和 Z 模式异质结，然后利用异质结之间的界面区域实现光生载流子的有效迁移。

②核壳 MOF-COF 和非核壳 MOF-COF 光催化剂可通过不同的合成方法制备。在光激发时，MOF 和 COF 之间的共价键成为 MOF-COF 光催化剂产生的光生电子和空穴迁移的通道。

③如上所述，MOF 和 COF 在光激发时会发生各自的 VB 和空穴反向迁移，从而促进载流子分离。然而，载流子迁移的方向会随着异质结结构的不同而变化。通过改变反应体系中的电子供体和受体，MOF-COF 复合光催化剂可用于 PHE 和光降解领域。此外，除了光生载流子外，光催化剂的晶体形状和表面、结晶度和比表面积也会对光催化剂的性能产生影响。

同时，制备半导体-半导体异质结光催化剂以提高光催化剂的光催化性能已成为一种趋势。在对 MOF-COF 光催化剂制备的讨论中，发现了三个值得进一步研究的实验思路。第一点是制备 Z 型 MOF-COF 异质结光催化剂，目前报道较多的是 Ⅱ 型异质结。特别是第二种 Z 型 MOF-COF 异质结尚未得到研究，目前只报道了第一种 Z 型异质结。第二点是，将 MOF-COF 应用于光降解时，可以通过空穴氧化机制进行设计。总之，利用没有 C—H 键的有机物作为电子供体，或许也能获得良好的光催化性能。第三点是，MOF-COF 光催化剂的优异光催化性能可以进一步开发，不应仅限于 PHE 和光降解。例如，可以将 MOF-COF 光催化剂用于二氧化碳的光还原、光催化杀菌、光催化合成以及其他应用领域。

光催化的研究和应用有两个明显的问题。首先是催化剂的回收问题，因为在光催化反应体系中，粉末状的催化剂很难从溶液中分离出来。为了解决这个问题，目前的处理方法是将催化剂固定在一些载体上，如玻璃、活性炭等。然而，固定催化剂会减少光照射表面的有效面积，导致量子效率降低。其次是光催化活性差。目前，解决的办法是提高催化剂的光吸收能力、电子和空穴的分离能力以及界面电荷的转移能力。光生载流子的快速复合是限制光催化工业化的主要原因。因此，在外加电场存在下进行光电催化是解决光催化剂回收和活性问题的有效手段。该方法使用固定的催化剂作为工作电极，并通过外加恒定电场迫使光生电子朝向对电极，从而将其与光生空穴分离。因此，MOF、COF 和 MOF-COF 有望在未来成为通向光电催化工业化道路的桥梁。

2.2　光催化表征方法

典型的半导体光催化研究由三部分组成，即材料合成、表征和光催化应用（测试）。然而，仅从研究各种半导体光催化剂最重要特性的角度对其进行表征的系统性综述尚未出现。由于这些特性（包括化学成分、物理性质和能带结构）的表征对于了解半导体光催化剂在特定应用中的光催化活性非常重要，因此对表征方法进行批判性评估将大有裨益。具体来说，化学成分包括元素组成及化学状态和结构；物理性质包括物理结构、晶体学性质、光学吸收、电荷动力学、缺陷、胶体和热稳定性；能带结构包括带隙、价带和导带边以及费米能级。

2.2.1　光吸收的表征

就能量而言，可见光占海平面阳光约42%，远高于紫外线。因此，一种有前途的光催化剂应该具有位于可见光区的吸收边。光吸收通常通过漫反射光谱（DRS）进行实验研究，而计算建模方法也被广泛使用。在漫反射光谱（DRS）测量中，首先使用光束照射固体样品，然后吸收、反射和传输。入射光的反射可以是镜面反射，也可以是漫反射；后者也被称为散射。这两种反射都可以用积分球来收集。然而，入射光束经常垂直地指向样品表面，导致镜面反射离开积分球而不被检测到。DRS 的样品通常具有足够的厚度，因此几乎不会发生传输。因此，在分析光与样品的相互作用时，只需要考虑吸收和散射。DRS 中使用的紫外–可见分光光度计测量反射率（R），其定义为反射通量与入射通量的比值。

半导体的电子能带结构通常由价带（VB）和导带（CB）组成，它们被一个称为能带隙（E_g）的能量隙分开。E_g 的重要性在于它在决定半导体的光吸收能力方面起着重要作用。带隙大于 3.10eV 的半导体不能吸收可见光。价带和导带的极值，即 VBM（E_v）和导带最小值（CBM，E_c），决定了光催化剂的氧化还原能力。费米能级（E_F）通常分别参考真空能级或参考电极来测量工作函数（$\emptyset$）或平带电位（V_{fb}），是半导体及其相对于带边的位置的另一个重要参数；也就是说，E_F 更接近 CBM（或 VBM）的半导体，因为它们的大多数载流子是电子（或空穴），属于 n（或 p）类型。异质结的两组分半导体的相对 E_F 位置决定了在界面上形成的内部电场的方向，进而影响了在空间电荷区产生的电子和空穴的转移方向。

研究半导体能带结构最强大的技术可能是密度泛函理论（DFT），它被物理学家和化学家广泛应用于根据电子密度分布来理解包含电子和原子核的系统的电子基态结构。由 DFT 解析的半导体的电子结构能够提供与能带结构有关的几乎所有重要性质。VBM 和 CBM 分别对应于最高占据分子轨道和最低未占据分子轨道的能量。带隙本质上是电子电离能和亲和度之间的差，可以用 DFT 计算出来。

根据半导体吸收光谱中的吸收边缘，可以通过下式估计带隙：$E_g = 1239/\lambda_{edge}$。或者，吸收光谱可以用下式转换为 Tauc 图：

$$(\alpha h\nu)^{\frac{1}{r}} = A(h\nu - E_g)$$

式中，α 是吸收系数，$h\nu$ 为入射光的能量，A 为比例常数，$r = 1/2$ 或 2 分别为直接或间接带隙。根据 Tauc 图，通过线性外推的 x 截距得到了带隙。图 2-18 为 $Bi_xO_yI_z$ 和 $BiVO_4/Bi_2O_3$ 的 Tauc 图。前者的带隙为 2.13eV，$BiVO_4$ 的带隙为 2.50eV。

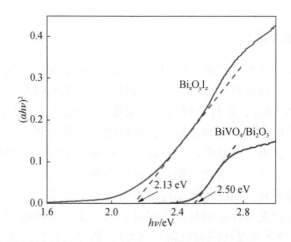

图 2-18　$Bi_xO_yI_z$ 和 $BiVO_4/Bi_2O_3$ 的 Tauc 图

①带边和带边偏移：在费米能级附近记录半导体样品的 XPS 谱，可以得到 XPS 价带谱。后者已被用于确定价带最大值（VBM）的线性外推。对于给定的半导体，所得到的 VBM 参考费米能级（E_F），它被设置为结合能的零点。为了比较不同半导体的 VBM，可以参考第三种材料的费米能级来校准 XPS 价带光谱，这需要有很好的记录。XPS 的替代方案是紫外光电子能谱（UPS），它使用单色紫外光束产生光电子。由于紫外光的能量更小，UPS 的能量分辨率比 XPS 高，因此只能激发低结合能的电子，这使得 UPS 特别适合研究半导体的价带结构。此外，随着高强度同步辐射源的使用，XPS 和 UPS 的分辨率都可以大大提高。

②XPS 价带谱：在半导体中观察到某些类型的缺陷在带隙中产生略高于价带最大值（VBM）的态，这使得它们能够从 XPS 价带谱中检测成为可能。然而，

这些缺陷的身份一直是有争议的。在大多数研究中，在靠近边缘附近的 XPS 价带谱中看到的峰归因于氧空位（OVs）的存在。然而，在 Wendt 等的工作中，46 种去除 OVs 的水化处理并没有显著改变高于 VBM 和低于费米能级水平约 0.85eV 的峰值的大小。结合其他技术，包括扫描隧道显微镜和密度泛函理论，他们得出结论，间隙 Ti3d 缺陷负责额外的 XPS 价带峰。

③光电化学方法：当半导体与溶液接触时，半导体和溶液之间费米能级的差异导致电子流穿过界面（要么从半导体到溶液，要么从半导体到溶液），导致半导体的导带和价带弯曲。然而，这种带弯曲可以通过对半导体施加等于半导体平带电位（V_{fb}）的电压来抵消。半导体相对于参比电极的 V_{fb}，如标准氢电极，通常通过构建莫特−肖特基图来确定，而其他光电化学方法，如光电流−电压测量（线性扫描伏安法）和电子受体存在时光电压的 pH 依赖性（例如甲基紫、二氮菲等）也被采用在参考电极上测量的平带电位 $[V_{fb}(vs. \text{ref})]$ 可以通过下转换为对 SHE $[V_{fb}(vs. \text{SHE})]$ 的平带电位：

$$V_{fb}(vs. \text{SHE}) = V_{fb}(vs. \text{SHE}) + V_{ref}(vs. \text{SHE}) + 0.0591 \times \text{pH}$$

式中，$V_{ref}(vs. \text{SHE})$ 是参比电极相对于 SHE 的电位。由于 SHE 的绝对电位（即相对于真空）为 4.44V，即 V_{SHE}（相对于真空）= 4.44V，故相对于真空的平带电位 $[V_{fb}$（相对于真空）$]$ 可计算为：

$$V_{fb}(vs. \text{ 真空}) = V_{fb}(vs. \text{SHE}) + 4.44V$$

因此，可得费米能级 E_F（eV）：

$$E_F = -V_{fb}(vs. \text{SHE}) \cdot e - 4.44eV$$

式中，e 代表电子电荷。

2.2.2　光生载流子分离的表征

半导体光催化剂的一个基本特征是它们在吸收光子后能够产生电子和空穴。然而，为了诱导氧化还原反应，材料中大部分产生的电子和空穴需要通过克服各种挑战到达表面。因此，电子和空穴应该具有良好的动力学特性，如迁移率和寿命（因此是扩散长度）。或者，一个电场可以在外部施加到材料中，或者在材料内部触发，这样电子和空穴的移动路线就会是有方向性的。下面讨论各种表征载流子数量的技术（也可以是其他形式的，如电流和电压）[20]。

①光致发光光谱学：电子和空穴的重组半导体直接带隙，也就是说，电子在导带和价带有相同的晶体动量，不包括声子的参与重组过程时已知导致光子的释放，已被用于光致发光（PL）光谱间接研究电荷转移特性。发射光子的计数（即强度）和波长（因此能量）都可以测量，强度与波长（或能量）的关系图可以得到一个稳态的 PL 光谱。发射光子的强度也与激发光子的变化波长（或能量）相对应，从而产生 PL 激发光谱；然而，它没有发射光谱更常见。

　　图2-19 为在界面上不同点的 WS_2/WSe_2 异质结构的稳态 PL 光谱，可以看出，在界面附近的点（3 号）测量 WS_2 和 WSe_2 的 PL 强度都降低了，这表明由于有利于电荷转移的异质结的形成，电子和空穴的复合受到了抑制。瞬态 PL 光谱，它测量了 PL 强度的时间依赖性，进一步使我们能够使用指数衰减函数来确定载流子的寿命。

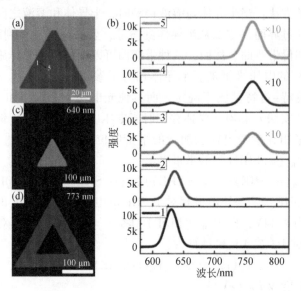

图 2-19　在界面上不同点的 WS_2/WSe_2 异质结构的稳态 PL 光谱

　　当与显微镜结合时，PL 测量甚至能够给出空间分辨率的强度映射。上述 WS_2/WSe_2 异质结构的波长 PL 映射显示 640nm WS_2 或 773nm WSe_2 的辐射。PL 映射的形状与 WS_2/WSe_2 核-壳异质结构的三角形几何形状很好地匹配。尽管 PL 光谱在研究直接带隙半导体中的辐射跃迁方面很有用，但该技术在表征具有间接带隙的半导体方面的应用有限，在这种半导体中，声子涉及的非辐射复合优于辐射复合。

　　②瞬态吸收光谱学：利用瞬态吸收（TA）光谱学对半导体的动力学特性进行了研究。在典型的 TA 实验中，基态样品中的部分分子首先被泵浦脉冲激发，并测量脉冲的吸光度（A_g）。随后，一个弱探针脉冲通过激发样品，并再次测量探针脉冲的吸光度（A_e）。然后取 A_e 减去 A_g，即 $\Delta A = A_e - A_g$，计算吸光度差（ΔA）。探测脉冲相对于泵浦脉冲的延迟（τ）和脉冲波长（λ）都是可调节的。因此，通过绘制 ΔA 与 τ 或 λ，可以得到不同的吸收光谱。持续时间短达几飞秒的脉冲激光器已经可用，使 TA 光谱学成为研究化学和生物系统中超快电荷转移过程的强大技术。

③表面光电压和光电流光谱学：半导体和表面的电荷密度不等式产生了一个表面空间电荷区（SCR），在带图中反映为带弯曲。带的弯曲度表示为表面电位（V_s），而由光照射产生的载流子的转移和（或）再分配引起的 V_s 的变化定义为表面光电压（该定义不适用于在没有 SCR 的材料中光照射下形成的光电压）。与 PL 光谱类似，可以分别绘制 SPV 与入射光波长和时间之间的稳态和瞬态表面光电压（SPV）光谱。根据该定义，SPV 光谱学可用于研究半导体的电荷转移特性。例如，磷烯/g-C$_3$N$_4$ 的 SPV 谱证实了 g-C$_3$N$_4$ 由于形成异质结构而改善电荷转移或抑制电荷重组，显示出比纯 g-C$_3$N$_4$ 更高的光电压（图 2-20）。此外，热电子从金纳米粒子（30～35nm）转移到含氧空位的 BiOCl 上，也得到了稳态和瞬态 SPV 光谱的显著增强。

当将半导体用作工作电极并形成闭合电路时，可以测量载流子的数量以及通过用光照射半导体而产生的光电流。例如，图 2-20 显示了在可见光照射下，在 g-C$_3$N$_4$ 和 g-C$_3$N$_4$/磷烯电极中产生的光电流。g-C$_3$N$_4$/磷酸盐比 g-C$_3$N$_4$ 具有更高的光电流密度（定义为光电流/电极表面积比），这一发现与之前讨论的 SPV 光谱数据相一致。有趣的是，随着时间的推移而测量的光电流（一种被称为时安培法的技术）甚至被用来测试半导体作为电极的稳定性——光电流通常会随时间下降或保持不变。

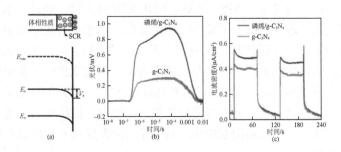

图 2-20　（a）半导体的表面空间电荷区域和表面电位图；瞬态 SPV 光谱（b）和 g-C$_3$N$_4$ 和磷烯/g-C$_3$N$_4$ 的瞬态光电流响应（c）

④电化学阻抗谱学：电荷在半导体电极和电极/电解质界面上的转移，可以由电阻-电容（RC）电路表示，如果需要，通常在光照射下通过电化学阻抗谱（EIS）进行研究。测量的阻抗谱也可以用相位图表示，它表示了相位角（即施加于 RC 电路的电压与合成电流之间的相位差度）与交流频率之间的关系。波德相图已被发现对估计半导体电极中载流子的寿命是有用的。

2.2.3　表面吸附及光催化中的自由基表征

虽然半导体光催化已经被广泛研究了几十年，但它仍然是一个流行的研究领域，这可能部分归因于不断出现的应用，包括降解污染物（如各种有机染料、有毒分子/离子等）。从早期阶段，到能量转换，以及最近的细菌失活等。这一研究领域的长期流行导致了许多半导体及其异质结构作为光催化剂的发现或创造。

半导体光催化剂的给定性质通常可以用多种技术来表征。除了正确选择一种技术外，在某种程度上使用多个方法已经成为标准，从而提高了结果的准确性和可靠性。例如，EDX 通常与 XPS 耦合用于元素分析，因为这两种技术都只给出了样品的部分区域的元素组成——前者的选择区域，后者的材料表面。近年来，原位和操作（指操作或工作）光谱、散射和微观技术以及利用同步辐射源提高时空分辨率的发展得到了极大的关注。原位性和操作性在概念上的区别在于，前者侧重于研究模型或真实反应条件下的催化剂，后者涉及同时研究催化剂及其在实际反应中的性能。利用这些方法不仅有助于将光催化剂的表征结果与其催化性能联系起来，而且可以揭示新的现象。

总的来说，可以利用 XPS、XAS、FTIR、Raman、SEM、TEM 和 XRD 等原位技术监测其合成过程中的化学成分、结构和结晶度等性质的变化来开发光催化剂，以及异质结中电荷输运的研究[16]。XPS 和 XAS 能够通过比较该材料中一个组成元素的氧化态来确定异质结中两个或多个组分之间的电荷输运。在原位 XPS 和 XAS 实验中，则是通过记录异质结被光照射后组成元素的氧化态变化，来直接观察电荷输运。通过原位 XPS、XAS、FTIR 和拉曼光谱，通过与水、氧、二氧化碳和许多其他普遍存在的分子反应，产生缺陷，产生新的化学成分。通过原位 XPS/UPS 在含有溶剂的操作环境中测定光催化剂的带边，该方法考虑了由于不等的光催化剂和溶剂之间的电子转移导致的带弯曲。利用原位电子显微镜直接观察光催化剂的反应诱导运动，这对微/纳米电机的研究具有潜在的意义。这种运动可以通过在反应位点不均匀分布的光催化剂的某些点来提供动力。通过分析自由基和分子等中间体，以及利用 ESR 和 FTIR 等原位表征技术形成的产物，研究光催化反应的机理。

参 考 文 献

[1] Zachman M J, Hachtel J A, Idrobo J C, et al. Emerging electron microscopy techniques for probing functional interfaces in energy materials. Angewandte Chemie International Edition, 2020, 59 (4): 1384-1396.

[2] Zheng B, Ma C, Li D, et al. Band alignment engineering in two-dimensional lateral heterostructures. Journal of the American Chemical Society, 2018, 140 (36): 11193-11197.

[3] Zhang Z, Jiang X, Liu B, et al. IR-driven ultrafast transfer of plasmonic hot electrons in nonmetallic branched heterostructures for enhanced H_2 generation. Advanced Materials, 2018, 30 (9): 1705221.

[4] Hou J, Wu Y, Cao S, et al. *In situ* phase-induced spatial charge separation in core-shell

oxynitride nanocube heterojunctions realizing robust solar water splitting. Advanced Energy Materials, 2017, 7 (17): 1700171.

[5] Cho Y, Kim S, Park B, et al. Multiple heterojunction in single titanium dioxide nanoparticles for novel metal-free photocatalysis. Nano Letters, 2018, 18 (7): 4257-4262.

[6] Sahu P, Prusty G, Guria A K, et al. Modulated triple-material nano-heterostructures: where gold influenced the chemical activity of silver in nanocrystals. Small, 2018, 14 (33): 1801598.

[7] Ida S, Sato K, Nagata T, et al. A cocatalyst that stabilizes a hydride intermediate during photocatalytic hydrogen evolution over a rhodium-doped TiO_2 nanosheet. Angewandte Chemie International Edition, 2018, 57 (29): 9073-9077.

[8] Zhang L, Ghimire P, Phuriragpitikhon J, et al. Facile formation of metallic bismuth/bismuth oxide heterojunction on porous carbon with enhanced photocatalytic activity. Journal of Colloid and Interface Science, 2018, 513: 82-91.

[9] Gao H, Yang H, Xu J, et al. Strongly coupled g-C_3N_4 nanosheets-Co_3O_4 quantum dots as 2D/0D heterostructure composite for peroxymonosulfate activation. Small, 2018, 14 (31): 1801353.

[10] Ran J, Guo W, Wang H, et al. Metal-free 2D/2D phosphorene/g-C_3N_4 van der Waals heterojunction for highly enhanced visible-light photocatalytic H_2 production. Advanced Materials, 2018, 30 (25): 1800128.

[11] Liu Y, Su Y, Guan J, et al. 2D heterostructure membranes with sunlight-driven self-cleaning ability for highly efficient oil-water separation. Advanced Functional Materials, 2018, 28 (13): 1706545.

[12] Cao S, Shen B, Tong T, et al. 2D/2D heterojunction of ultrathin MXene/Bi_2WO_6 nanosheets for improved photocatalytic CO_2 reduction. Advanced Functional Materials, 2018, 28 (21): 1800136.

[13] Li J, Wu X, Pan W, et al. Vacancy-rich monolayer BiO_{2-x} as a highly efficient UV, visible, and near-infrared responsive photocatalyst. Angewandte Chemie International Edition, 2018, 57 (2): 491-495.

[14] Zhang N, Jalil A, Wu D, et al. Refining defect states in $W_{18}O_{49}$ by Mo doping: a strategy for tuning N_2 activation towards solar-driven nitrogen fixation. Journal of the American Chemical Society, 2018, 140 (30): 9434-9443.

[15] Wang S, Guan B Y, Lou X W. Construction of $ZnIn_2S_4$-In_2O_3 hierarchical tubular heterostructures for efficient CO_2 photoreduction. Journal of the American Chemical Society, 2018, 140 (15): 5037-5040.

[16] Zhang L, Jaroniec M. Toward designing semiconductor-semiconductor heterojunctions for photocatalytic applications. Applied Surface Science, 2018, 430: 2-17.

[17] Meirer F, Weckhuysen B M. Spatial and temporal exploration of heterogeneous catalysts with synchrotron radiation. Nature Reviews Materials, 2018, 3 (9): 324-340.

[18] Liu D, Shadike Z, Lin R, et al. Review of recent development of *in situ*/operando characterization techniques for lithium battery research. Advanced Materials, 2019, 31

（28）：1806620.

[19] Armaroli N, Balzani V. Solar Electricity and solar fuels：status and perspectives in the context of the energy transition. Chemistry-A European Journal, 2016, 22：32-57.

[20] Wang Q, Domen K. Particulate photocatalysts for light-driven water splitting：mechanisms, challenges, and design strategies. Chemical Society Reviews, 2020, 120 （2）：919-985.

第3章　半导体光催化剂的合成

3.1　固态反应

3.1.1　室温固相球磨

通过固相反应路线进行的材料合成也称为机械化学合成，在直接吸收机械能的粉磨过程中发生化学反应[1]。奥斯特瓦尔德将机械力化学定义为化学的一个分支学科，与热化学、电化学和光化学一样，基于不同类型的能量输入[2]。研磨是通过研磨介质（球或玛瑙砂浆）之间的碰撞进行的，通常会因粉碎或粒度减小而被丢弃，这会引起化学/物理性质的改变。此外，球磨可以改善缺陷和表面能，并可能促进结构转变和（或）化学反应[3]。与有机溶剂中的合成相比，机械力化学合成提供了一种环境友好和快速的过程，可以扩大到工业规模[4]。机械力化学合成已发展成为一种流行的材料合成方法，并已成为一种具有工业应用潜力的技术。近年来，机械力化学方法被成功地用于制备铋基光催化剂。例如，Akhavan 团队应用机械力化学方法，通过在搅拌机中研磨 $Bi(NO_3)_3 \cdot 5H_2O$ 和 KBr_3 来制备 $BiOBr_2$[5]。随着球磨时间从 15min 增加到 60min，$BiOBr$ 的形貌由焊接的片状转变为均匀的、分离的纳米片状。以硝酸铋和 KI 为原料，采用简单的室温固相反应法制备了介孔 BiOI 纳米片。Liang 等展示了一种快速的无溶剂研磨方法，用于环保地合成层次化的花状 $BIOX$（X=Cl、Br 和 I）纳米结构。

一些铋基化合物由固态研磨直接合成，而另一些在固态研磨后的水洗过程中实际产生[5-7]。例如在之前的工作发现，通过研磨 $Bi(NO_3)_3 \cdot 5H_2O$ 和 NaAc 的混合物，无须水洗即可生成均匀的氧化铋甲酸盐（$BiOCO_2H$）纳米片[8]。球磨法制备 $BiOBr_{0.5}Cl_{0.5}$ 固溶体的主要中间产物为 $KBr_{0.5}Cl_{0.5}$。目标产物 $BiOBr_{0.5}Cl_{0.5}$ 在随后的水洗过程中产生。尽管如此，球磨可以减小产物的粒度。由相同前驱体直接水溶液反应制备的 $BiOBr_{0.5}Cl_{0.5}$ 具有较大的厚度和较低的光催化活性。在另一项工作中也证实了球磨法得到的 AgI 的粒度比溶液法制得的 AgI 要小得多。因此，制备的 AgI 可以紧密地附着在 I-BiOAc 表面，从而改善了异质结光催化剂的界面效应[9]。在本书编者课题组用研磨法[10]制备碱式硝酸铋（BBN）Bi_6O_5 $(OH)_3 (NO_3)_5 \cdot 3H_2O$ 的工作中，BBN 不是在研磨过程中生成的，而是在水洗过程中由 $Bi(NO_3)_3 \cdot 5H_2O$ 随后的水解生成。然而，研磨有利于形成具有高度暴露的活性小面的 BBN 矩形平板，从而导致更高的光催化活性。研磨并不总是导致目标产物，但它可以通过形成中间产物来改变产物的尺寸和形貌[36]。在研磨 $Bi_2NO_3 \cdot 5H_2O$ 和 KI 的混合物时，中间产物为 BiI_3，通过 BiI_3 在水中的水解反应，得到了分级结构的 BiOI。

通过固相反应制备光催化剂，实际上，目标产物在随后的水洗或水处理过程中形成[11]。然而，由于机械能的吸收，球磨可能会减小前驱体的粒度，诱导中间体的形成，或者导致固体中的缺陷，从而形成结晶良好的纳米核心。这些因素中的每一个或组合都可能导致产物具有更高的物化性能和光催化性能。因此，可以称之为助磨固相反应。

除了在单相中制备铋基化合物外，还可以通过球磨或球磨辅助路线制备异质结和固溶体。例如，通过以适当的摩尔比研磨 $Bi(NO_3)_3 \cdot 5H_2O$、聚乙二醇 400、KCl 和 KI 的混合物 20min[11]，得到了花状的 $BiOCl_xI_{1-x}$ 固溶体。以氧化铋（Bi_2O_3）和 BiX_3（X = F、Cl、Br 或 I）为前驱体，采用一步研磨法制备了 BiOI/BIOX 异质结。这是通过使用行星球磨机完成的。罐内样品直接作为产品回收，而不需要任何进一步的处理。该反应为纯固相反应，实验过程中无液体或废气排放。

与直接用水溶液反应得到的产物相比，产物的光催化活性有所提高。一般情况下，利用特殊的高能研磨机进行转化和反应是可能的，从而制备出粒径更小、光催化性能更好的铋基光催化剂。制备过程绿色环保，没有复杂的制备步骤和苛刻的实验条件。此外，不需要进行溶剂处理，而且研磨设施中的工艺比传统工厂中的工艺更简单。因此，球磨法制备铋基光催化剂是一种高效、简便的规模化制备方法。

3.1.2 高温固相法

高温固相反应对于那些热力学和动力学上不利于在室温下完成的反应，需要加热，称为高温固相反应。根据反应机理和生成的光催化剂的种类，固相反应可分为三类：

①前驱体的完全热分解，最终产物为简单氧化物；

②高温固相反应，通常用于掺杂、空位等复合材料的制备；

③部分热分解，形成界面合金化良好的异质结光催化剂。

例如，对于 Bi_2O_3 的合成，一种简单、低成本、绿色的方法是原料的热分解。直接可得的前驱体是 $Bi(NO_3)_3 \cdot 5H_2O$，它在 550℃ 以上的温度下分解。随着焙烧温度的升高，$\beta\text{-}Bi_2O_3$、$\alpha/\beta\text{-}Bi_2O_3$ 和 $\alpha\text{-}Bi_2O_3$ 逐渐生成。制得的 Bi_2O_3 团聚严重，光反应性能较差。有研究报道了用羧酸铋代替五水合硝酸铋作为铋的来源，不仅可以降低分解温度，而且可以抑制产物颗粒的团聚。有研究报道了用柠檬酸铋在空气中 350℃ 焙烧的方法制备了尺寸约为 30nm 的 $\beta\text{-}Bi_2O_3$ 纳米球[12]。

特别是，由于大量未燃烧的碳在暴露于空气中时的二次燃烧，在氮气气氛中，α-Bi_2O_3 在低至 300℃ 的热处理温度下生成。未燃烧的碳可以将 Bi_2O_3 还原成金属铋。剩余碳和铋纳米粒子的存在可以提高 α-Bi_2O_3 的可见光吸收和电子迁移效率。为了进一步改善 Bi_2O_3 的微观结构，在柠檬酸铋中加入 BiOAc 作为前驱体，在 350℃ 的空气中焙烧，得到了 β-Bi_2O_3 空心球[13]。如果将大量尿素与柠檬酸铋（质量比：100/1）作为前驱体，在 500℃ 下焙烧 2h，由于尿素分解产生的大量 CO_2 阻止了 Bi_2O_3 的形成，形成了 $Bi_2O_2CO_3$/g-C_3N_4 异质结。

Mishchenko 等研究了草甲酸铋（BIO）HCOO、$BiOCH_3COO$ 和氧富马酸铋 $(BIO)_2H_2C_4O_4$ 的热分解行为[14]。结果表明，（BiO）HCOO 在 200℃ 下分解，形成 β-Bi_2O_3 纳米片（图 3-1）。

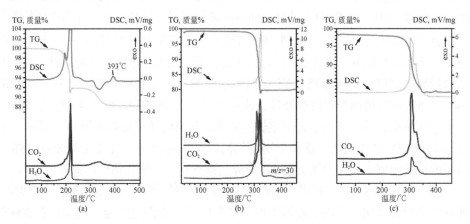

图 3-1　所制备的前体 (a)（BiO）HCOO、(b)（BiO）CH_3COO 和
(c)$(BiO)_2H_2C_4O_4$ 的 TG-DSC 曲线

然而，大多数有机铋前驱体无法在商业上获得，需要在焙烧之前进行制备。据报道，有机–无机杂化材料 $[Bi_{38}O_{45}(OMC)_{24}(DMSO)_9] \cdot 2DMSO \cdot 7H_2O$（OMC$=O_2CC_3H_5$）和 $(H_2O)_{0.75}Bi_2(CH_3COO)(NO_3)_{1.12}$ 等前驱体分别采用湿化学法和溶剂热法合成。它们在 380℃ 和 350℃ 下分解，分别形成 β-Bi_2O_3 球形纳米颗粒和均匀的花状球形颗粒（图 3-2）。

此外，采用溶剂热–焙烧法制备了铋基光催化剂，得到了良好的形貌和微观结构。一般情况下，通过溶剂热处理得到的前驱体的组成没有得到表征。例如，通过在苯甲醇溶液中进行溶剂热处理，然后在 300℃[15] 下焙烧，可以制备出 α/β-Bi_2O_3 纳米线异质结。采用无模板法分别在 350℃ 和 270℃ 下合成了均匀的 α 和 β-Bi_2O_3 型空心微球，前驱体是在甘油和乙醇的混合溶液中进行溶剂热处理得到的。在溶剂热过程中，Bi^{3+} 离子与甘油反应生成 Bi_2（CH_2O-CHO-CH_2O）络合

(a)   (b)   (c)   (d)

图 3-2　前驱体 (a, b) 和制备的 β-Bi_2O_3 (c, d) 的 SEM 图像

物，有利于 Bi_2O_3 中空微球的形成。NaN 研究小组报道了通过在乙二醇 (EG) 溶液中对 $Bi(NO_3)_3$、β-$_5H_2O$ 和 D-fructose 进行溶剂热处理，然后在 300℃ 下焙烧来制备 Bi_2O_3 纳米球[16]。Choi 等通过将前驱体乙二醇铋 ($C_2H_4O_2$—) 络合物在 250℃[55] 下焙烧制备了多孔 β-Bi_2O_3 纳米板。为了提高 Bi_2O_3 光催化活性，Lee 团队通过静电纺丝聚乙烯吡咯烷酮和硝酸铋的 N, N-二甲基甲酰胺溶液，然后在 300~375℃ 进行精确控制的热处理，成功制备了 α/β 相异质结纳米纤维。此外，在还原气氛中，前驱体的不完全燃烧生成碳，从而将铋氧化物还原为金属铋，生成 C/Bi/Bi_2O_3 光催化剂。碳和金属铋的同时存在可以增加可见光的吸收，提高电子的迁移效率。再加上铋的 LSPR 效应，都有利于光催化活性的提高。

除了单相 Bi_2O_3 外，还可以通过热分解反应制备异质结光催化剂，由于热处理导致界面合金化，异质结光催化剂表现出良好的光催化性能。例如，在 300℃ 下焙烧 $Bi_2O_2CO_3$，得到的 β-Bi_2O_3/$Bi_2O_2CO_3$ 异质结对邻苯基苯酚的光催化降解活性高于 β-Bi_2O_3、$Bi_2O_2CO_3$ 和 α-Bi_2O_3 光催化活性。除了单源前驱体的热分解外，双源前驱体的焙烧还可以得到异质结构的光催化剂。例如，通过焙烧 $Bi_2O_2CO_3$-$Bi(OHC_2O_4)\cdot2H_2O$ 得到 Bi_2O_3-$Bi_2O_{2.33}$ 异质结。

3.2　水热合成方法

水/溶剂热法已被证明是制备半导体纳米材料的最佳方法之一。虽然，使用特殊的高压反应釜，导致生产时间长和批次特性，从而导致水热法生产率低的明显缺点[17]。但是在水热法的合成过程中，通过调节溶剂、反应温度、陈化时间、pH 和添加剂，可以很好地控制产物的晶相、粒径和形貌。它也是合成具有暴露的活性表面、表面缺陷和三维分层微结构的光催化剂的主要方法。总的来说，水/溶剂热法制备的光催化剂比其他方法制备的光催化剂具有更好的性能，更适合于专业应用。

　　水热法是在封闭的环境中（温度超过 100℃ 和压力高于常压的条件下）将低溶解度的结晶溶解，再利用溶液中不同物质的反应合成化合物。曾秋花[18]用 $SnCl_4 \cdot 5H_2O$ 为原料，氨水为沉淀剂制备出 SnO_2 的前驱体，然后在 160℃ 下水热 12h 得到 SnO_2，通过分析发现，随着晶化温度的升高或晶化时间的延长，SnO_2 的禁带宽度会减小，但粒径会增大。张战营等[22]以 $SnCl_4 \cdot 5H_2O$ 为原料，水和乙醇混合液为溶剂，氨水为沉淀剂，制备出 2.8~5.3nm 的 SnO_2 纳米粉体，且颗粒尺寸均匀、分散性好。

　　水热法需要在高温高压的环境中进行，水热处理后的前驱体能够控制其在高温焙烧过程中晶粒尺寸的增大，且制备出的 SnO_2 粒子尺寸均匀、分布规则，烧结活性较高。但该方法生成 SnO_2 粒子时杂质离子包裹其中，难以洗涤，纯度受限。

　　Luo 等使用简单的水热法合成了 PdAu 双金属合金催化剂，在 180℃ 下使用 P123 作为还原剂和稳定剂。PdAu NPs 的形态可以通过改变 Pd∶Au 原子比例和反应温度来很好地比例和反应温度。PdAu 纳米催化剂具有特殊的纳米链结构，显示出一种纳米花 Pd@Au 核壳结构。

　　此外，还报道了水热反应条件对光催化剂组成和微观结构的影响。例如，将前驱体 $NaBiO_3$ 在 180℃ 的氢氧化钠水溶液中水热处理 18h，即可制备出富含空位的层状 BiO_{2-x}。以 $NaBiO_3 \cdot 2H_2O$ 为前驱体，在 180℃ 下加热 6h，得到了单斜晶系的 Bi_2O_4。然而，如果在 120℃ 的 KOH 溶液中进行水热反应 12h，则产物为纳米片状管状 BiO_2 分级结构。Zhang 团队报告了在 160℃ 下通过简单的水热路线小面可控地合成 BiOCl 单晶纳米片[11]。在没有 NaOH（pH=1）的情况下，H^+ 离子与 [001] 面氧原子之间的强结合作用抑制了晶体沿 c 轴的生长，并导致了以 [001] 面为主的 BiOCl 纳米片生成。NaOH（pH=6）的加入会降低 H^+ 离子的浓度，减弱这种结合作用，加速 [001] 方向的生长，从而导致 [010] 面暴露 BiOCl 纳米片。由于表面原子结构和合适的内部电场之间的协同作用，[001] 面占主导地位的 BiOCl 纳米片在紫外光下表现出更高的半导体光激发污染物降解活性。而具有暴露的 [010] 晶面的化合物由于具有更大的比表面积和开放的沟道特性，在可见光下具有更好的间接光敏化降解活性。有报道称，通过用氨水调节溶液 pH 分别为 6 和 10，可以制备出 [001] 和 [010] 面暴露的 Bi_2MoO_6[19]。

　　在水热条件下，OH^- 离子的存在不仅会影响 Sillén-type 型 BiOX 的刻面曝光率，还会改变其化学组成。随着碱度的不断增加，晶相由 BiOX 逐渐转变为 $Bi_{12}O_{15}X_6$、$Bi_{24}O_{31}X_{10}$、Bi_3O_4X、$Bi_{12}O_{17}X_2$，最后转变为 Bi_2O_3。因此，可以调整频带边缘以满足不同的需求。而在不添加任何添加剂的情况下，水热法制得的产物大多由 0D 纳米颗粒、1D 纳米棒或纳米带和 2D 纳米片组成。与三维层次结构相比，这种微观结构不具有易于回收使用的催化剂和高效利用入射光的特性。多元醇等有机溶剂具有与 Bi^{3+} 的配位能力、高黏度和软模板作用，从而可能诱导核的定向生长和初级纳米颗粒的三维分层结构组装。因此，有机溶剂基溶剂热途径常用于制备铋基光催化剂[20]。

3.3　溶胶-凝胶合成方法

溶胶-凝胶法是将含强化学活性组分的化合物通过溶液、溶胶、凝胶的过程发生固化，再经高温煅烧而成氧化物或其他化合物固体的方法。在制备过程中，常以金属醇盐和部分无机盐为前驱体，将前驱体溶于水或者有机溶剂中，形成均匀的溶液，接着发生水解产物缩合聚集，形成水溶胶，然后进一步聚集形成凝胶，最后对干凝胶适当加热引发自燃烧，燃烧过程中形成产物。该方法生成的二氧化钛样品具有纯度高、均匀性高、结晶度高、粒子体积小等优点，反应过程容易控制。

Li 等[21]采用溶胶-凝胶法成功合成了 $NaYF_4$：Yb、Ho/TiO_2、$NaYF_4$：Yb、Tm/TiO_2 复合气凝胶。具有高比表面积的 UCNP/TiO_2 复合气凝胶不仅可以利用近红外区域的光进行光催化反应，而且可以通过产生大量的光生成孔来获取更多的溶液离子，从而提高光催化性能。朱雁风等采用柠檬酸作为络合剂，$Fe(NO_3)_3$ ·$9H_2O$ 作为原料，先采用溶胶-凝胶法制备前驱体，然后再低温燃烧反应，凝胶燃烧完成后在500℃煅烧1min，可以得到尺寸大小在 40 ~ 50nm 的高分散纳米 α-Fe_2O_3 粉体。制备出的纳米 α-Fe_2O_3 粉体具有优异的光催化性能。

首先通过醇盐法制备出浓度高的氢氧化物溶胶，分离溶剂之后使溶胶凝聚，煅烧前驱体即可制得 SnO_2。金属醇盐法采用含 Sn 的有机醇盐，进行水解制备二氧化锡。Zahid 等[13]用无水 $SnCl_4$ 为原料，将苯和异丙醇混合试剂作为体相溶液，在0℃下通入氨气进行充分反应。反应完过滤出氯化铵，用沸水将滤液水解得到溶胶；Takenaka 等通过煅烧含有硬脂酸（STA）的前驱体制备出孔径可控的介孔 SnO_2，而且减少了 SnO_2 的团聚。无机盐法直接利用 $SnCl_2$ 或 $SnCl_4$ 水解得到溶胶。Seye 等[22]利用 $SnCl_4$ 在 pH=9 的环境下制得白色凝胶 Sn(OH)$_4$，焙烧后得到纳米 SnO_2 粉末。此外，在合成 SnO_2 的过程中添加稳定剂，有利于改善产物的品质。张建荣等在 Sn 和 HNO_3 的反应制备偏锡酸的过程中加入柠檬酸来降低水解的速率，稳定了前驱体；Zheng 等[23]用聚羧酸钠盐型分散剂（SN-5040），可以使纳米 SnO_2 的粒径减小5%，且分散效果比较理想。前驱体的煅烧过程对最终得到的 SnO_2 粒子形态有较大影响，温度较高时会出现晶粒长大、比表面积减小等现象。Li 等[24]分别在不同的温度（300℃、400℃、500℃、600℃、700℃）下烧结 Sn(OH)$_4$，发现当煅烧温度为600℃时，SnO_2 的平均粒度为50nm，且分散性较好；Jung 等[25]以 $SnCl_4$ 为原料制备了超细 SnO_2，颗粒形状为类球型，粒径约 80nm，有局部团聚的现象。Lian 等[26]分析了晶粒生长的动力学机理，指出晶粒变大不仅与边界原子扩散相关，还与在烧结过程中 O—Sn—O 离子键受热形变有关。

　　溶胶-凝胶法的过程简单、反应时间较短，粒度容易掌控，所用原料与设备简单，产率较高，便于实验室操作，但是该方法制备凝胶耗时较长，且凝胶难以洗涤。

参 考 文 献

[1] Boldyreva E. Mechanochemistry of inorganic and organic systems：what is similar, what is different？. Chemical Society Reviews, 2013, 42：7719-7738.

[2] Takacs L. The historical development of mechanochemistry. Chemical Society Reviews, 2013, 42：7649-7659.

[3] Kumar N, Shukla A, Kumar N, et al. Effects of milling time on structural, electrical and ferroelectric features of mechanothermally synthesized multi-doped bismuth ferrite. Applied Physics A, 2020, 126：1-15.

[4] James S L, Adams C J, Bolm C, et al. Mechanochemistry：opportunities for new and cleaner synthesis. Chemical Society Reviews, 2012, 41：413-447.

[5] Bijanzad K, Tadjarodi A, Akhavan O, et al. Solid state preparation and photocatalytic activity of bismuth oxybromide nanoplates. Research on Chemical Intermediates, 2016, 42：2429-2447.

[6] Navale S T, Huang Q, Cao P, et al. Room temperature solid-state synthesis of mesoporous BiOI nanoflakes for the application of chemiresistive gas sensors. Materials Chemistry and Physics, 2020, 241：122293.

[7] Long Y, Han Q, Yang Z, et al. A novel solvent-free strategy for the synthesis of bismuth oxyhalides. Journal of Materials Chemistry A, 2018, 6：13005-13011.

[8] Peng M, Han Q, Liu W, et al. One-pot grinding method to BiO $(HCOO)_x I_{1-x}$ solid solution with enhanced visible-light photocatalytic activity. Journal of colloid and interface science, 2019, 554：66-73.

[9] Jia X, Han Q, Zheng M, et al. One pot milling route to fabricate step-scheme AgI/I-BiOAc photocatalyst：energy band structure optimized by the formation of solid solution. Applied Surface Science, 2019, 489：409-419.

[10] Zheng M, Han Q, Jia X, et al. Grinding-assistant synthesis to basic bismuth nitrates and their photocatalytic properties. Materials Science in Semiconductor Processing, 2019, 101：183-190.

[11] Han Q. Advances in preparation methods of bismuth-based photocatalysts. Chemical Engineering Journal, 2021, 414：127877.

[12] Ma Y, Han Q, Chiu T W, et al. Simple thermal decomposition of bismuth citrate to Bi/C/α-Bi_2O_3 with enhanced photocatalytic performance and adsorptive ability. Catalysis Today, 2020,

340: 40-48.

[13] Zahid A H, Zheng M, Peng M, et al. Addition of bismuth subacetate into bismuth citrate as co-precursors to improve the photocatalytic performance of Bi_2O_3. Materials Letters, 2019, 256: 126642.

[14] Mishchenko K V, Gerasimov K B, Yukhin Y M. Thermal decomposition of some bismuth oxocarboxylates with formation of β-Bi_2O_3. Materials Today: Proceedings, 2020, 25: 391-394.

[15] Hou J, Yang C, Wang Z, et al. *In situ* synthesis of α-β phase heterojunction on Bi_2O_3 nanowires with exceptional visible-light photocatalytic performance. Applied Catalysis B: Environmental, 2013, 142: 504-511.

[16] Xiao X, Hu R, Liu C, et al. Facile large-scale synthesis of β-Bi_2O_3 nanospheres as a highly efficient photocatalyst for the degradation of acetaminophen under visible light irradiation. Applied Catalysis B: Environmental, 2013, 140: 433-443.

[17] Xu M, Yang J, Sun C, et al. Performance enhancement strategies of Bi-based photocatalysts: a review on recent progress. Chemical Engineering Journal, 2020, 389: 124402.

[18] Hou D, Luo W, Huang Y, et al. Synthesis of porous $Bi_4Ti_3O_{12}$ nanofibers by electrospinning and their enhanced visible-light-driven photocatalytic properties. Nanoscale, 2013, 5: 2028-2035.

[19] Xu X, Yang N, Wang P, et al. Highly intensified molecular oxygen activation on Bi@ Bi_2MoO_6 via a metallic Bi-coordinated facet-dependent effect. ACS applied materials & interfaces, 2019, 12: 1867-1876.

[20] Di J, Xia J, Li H, et al. Bismuth oxyhalide layered materials for energy and environmental applications. Nano Energy, 2017, 41: 172-192.

[21] Li F C, Kitamoto Y. Fabrication of $UCNPs/TiO_2$ aerogel photocatalyst to improve photocatalytic performance. In AIP Conference Proceedings, 2017, 1: 1807.

[22] Seye D, Diop M B. Synthesis, infrared and Mössbauer characterization of some chloridestannate (IV) inorganic-organic hybrid complexes: Sn-Ph bonds cleavage. American Journal of Heterocyclic Chemistry, 2019, 5: 81-85, 23.

[23] Zheng S, Xu Y, Shen Q, et al. Preparation of thermochromic coatings and their energy saving analysis. Solar Energy, 2015, 112: 263-271.

[24] Li K, Zeng X, Gao S, et al. Ultrasonic-assisted pyrolyzation fabrication of reduced SnO_2-x/g-C_3N_4 heterojunctions: enhance photoelectrochemical and photocatalytic activity under visible LED light irradiation. Nano Research, 2016, 9: 1969-1982.

[25] Jung C Y, Hah H J, et al. Preparation of tin oxide-based metal oxide particles. Journal of Sol-Gel Science and Technology, 2005, 33: 81-85.

[26] Lian Y, Huang X, Gu M. A study on the weak ferromagnetism of nanocrystalline stannous oxide induced by L-shaped O—Sn—O vacancies. The Journal of Physical Chemistry C, 2018, 123: 719-724.

第4章　半导体光催化分解水

4.1　半导体光催化分解水概述

1972 年，Fujishima 等[1]用 TiO$_2$ 光电极分解水的研究极大地推动了光催化的迅速发展。经过近 30 年的研究，光催化已形成了两大主要分支：环境光催化和太阳能转化光催化（主要是光催化分解水制氢）。环境光催化是目前光催化研究的热点，是一种消除污染的环境友好先进技术。光催化处理水中的氯化芳烃、表面活性剂、染料、除草剂、杀虫剂以及无机污染物 CN$^-$、CrO$_4^{2-}$ 等均有很好的效果，且不会产生二次污染。有关这方面的研究，国内外已有很多综述报道。与消除有机污染物相反，光催化也可应用于有机合成，如烟酰胺衍生物的还原等。光催化对生命的起源化学进化也起了作用，用 CH$_4$、NH$_3$、KCN、H$_2$O 等小分子可以合成氨基酸、核酸碱，用氨基酸可以合成低聚肽。

太阳能是取之不尽、用之不竭的一次能源，是通过绿色植物和光合微生物的光合作用，将太阳能转化为化学能的。目前人类面临煤、石油等化石能源日趋枯竭的危机，寻找新的能源受到广泛重视。把太阳能转化为可储存的电能、化学能是人们最感兴趣的研究课题。氢是一种易于储存、运输和可再生的清洁能源。太阳能分解水制氢是利用太阳能的最好方法之一。通过光电过程利用太阳能分解水的途径有：①光电化学法，通过光半导体材料吸收光能产生电子-空穴对，分别在两电极电解水；②均相光助络合法，利用金属配合物组成的氧化还原体系吸收光分解水；③半导体光催化法。其中以半导体光催化法分解水制氢的方法最经济、清洁、实用，是一种有前途的方法。本章主要介绍半导体光催化分解水反应研究的新进展。

4.1.1　光催化分解水原理

光催化反应以半导体粒子吸收光子产生电子-空穴引发。图 4-1 给出了半导体在吸收光子能量等于或大于禁带宽度能量后发生的反应历程。

其中，步骤Ⓐ、Ⓑ为去激化过程，对光催化反应无效；步骤Ⓒ、Ⓓ是在半导体表面的氧化剂和还原剂分别发生还原和氧化过程而引发的光催化反应。为了阻止半导体粒子表面和体相的电子再结合（步骤Ⓐ、Ⓑ），反应物种须预先吸附在其表面上。要使水完全分解，热力学要求半导体的导带电位比氢电极电位 EH$^+$/

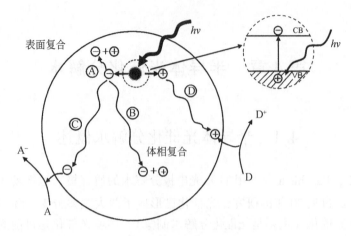

图 4-1　半导体光催化反应历程

H_2 稍负，而价带电位则应比氧电极电位 EO_2/H_2O 稍正。理论上，半导体禁带宽度 >1.23eV 就能进行光解水。由于存在过电位，最合适的禁带宽度为 1.8eV。通常窄禁带宽度的半导体容易发生光腐蚀（如 CdS），而禁带宽度大且稳定的半导体（如 TiO_2）只能部分利用或不能利用太阳能，从而需要人工光源。

　　半导体光催化剂的能带位置和带隙决定了其响应太阳光谱的范围，带隙越窄，能响应的太阳光谱的范围就越宽，而导带和价带的位置决定了半导体材料能参加的光催化反应种类，如图 4-2 所示。

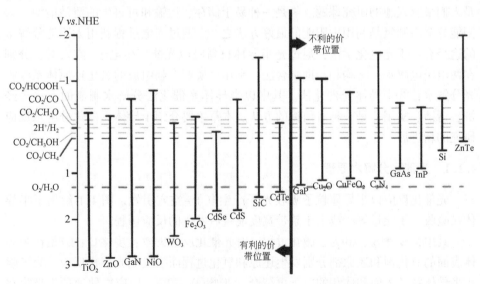

图 4-2　常见半导体光催化剂的导带和价带位置与光解水的氧化还原电位的关系

完全的光催化分解水应能放出化学计量的氢和氧，但通常对于氧化物或硫化物半导体，在光解水时产生的氧小于化学计量。对 TiO_2 负载 Pt 催化剂的研究表明，在光解水过程中，半导体吸收氧产生过氧化物。进一步研究表明，Pt-TiO_2 在无牺牲剂存在下光照 600h 后，即使再加入电子给体也不再有放氢活性。这表明电子给体对于维持光催化剂活性为必要条件。CdS 也会发生光吸收氧的光腐蚀反应，在放氢的同时不能放氧[1]。因此，严格意义上的循环体系光解水难以实现。通常，只能在电子给体存在下放氢，或在电子受体存在下放氧。由于光解水的主要目的是制氢，选择廉价电子给体构建光解水反应体系，有可能使光解水产氢向应用研究阶段发展。

4.1.2　光催化分解水反应速率

光催化反应效率通常以光催化反应的量子效率来度量。为了确定量子效率，必须把电子-空穴所有经历途径的概率考虑在内。对于一个简化的理想体系，只考虑体相和表面的电子-空穴再结合和电荷转移引发光催化反应。光催化分解水反应的效率，可用每吸收 2 个光子产生的氢分子数的量子效率来衡量。显然，电子和空穴的再结合对半导体光催化分解水十分不利。为了在光催化剂表面上有效地转移电荷引发光解水反应，必须抑制或消除光激发电子和空穴的再结合。

与释放能量的光催化消除污染物的不可逆反应不同，光催化分解水是一个耗能的反应，逆反应易进行。水在半导体光催化剂上光解时，产生氢和氧的逆反应结合途径包括：①半导体负载铂等金属上产生的氢原子，通过"溢流"作用和表面产生的氧原子反应；②在半导体表面已形成的分子氧和氢，以气泡形式留在催化剂上，当它们脱离时，气泡相互结合产生逆反应；③已进入气相的氢和氧，在催化剂表面上再吸附并反应。通常，反应①并不很明显，否则就观察不到 Pt/TiO_2 光解水的活性。再结合方式②通常会对光解水的效率产生较大的影响，氢和氧在催化剂上的重新结合与溶液层厚度有关，减小液膜厚度可以获得很高的量子效率。方式③再结合也是相当显著的，可通过除去生成的气相产物抑制逆反应。

由于存在电子和空穴再结合和逆反应，在没有牺牲剂存在下半导体光催化分解水反应效率通常都不高。

4.2　分解水光催化剂的重要体系

现今广泛使用的半导体光催化剂主要是过渡金属氧化物和硫化物。其中对 TiO_2 光催化剂研究得最多。CdS 也是研究较多的催化剂，它的禁带宽度只有 2.4eV，可利用太阳能，且有很好的析氢活性，但由于易发生光腐蚀而受到限制。这里仅介绍一些新近研究的催化剂和反应体系。

1. 特殊结构光催化剂

1) 离子交换层状铌酸盐

$A_4Nb_6O_7$（A＝K、Rb）光催化剂层状结构氧化物与以 TiO_2 为代表的体相型光催化剂相比，具有一些优点，其中突出的特点是能利用层状空间作为合适的反应点以控制逆反应，提高反应效率。此类化合物目前仍是研究的热点，已有许多研究报道。

$K_4Nb_6O_{17}$ 由 NbO_6 八面体单元经氧原子形成二维层状结构。这种由 NbO_6 构成的层带负电荷，由于电荷的平衡需要带正电荷的 K^+ 出现在层与层之间的空间（间）。$K_4Nb_6O_{17}$ 结构上最特别的是交替出现两种不同的层空间——层间 I 和层间 II。层间 I 中 K^+ 可被 Li^+、Na^+ 和一些多价阳离子所替代；而在层间 II 中的 K^+，仅能被 Li^+、Na^+ 等一价阳离子交换。另外一个特征是，$K_4Nb_6O_{17}$ 的层空间能自发地发生水合作用，在高湿度的空气和水溶液中容易发生水合，表明在光催化反应中，反应物分子水容易进入层状空间。

无负载 $K_4Nb_6O_{17}$ 在紫外光照射下（E_g 约为 3.3eV）能使纯水发生光解，但此反应产生的氧少于化学计量。当负载 Ni 后，它分解水的活性显著提高。通过 XPS、TEM 和 EXAFS 等方法对 Ni（0.1%）- $K_4Nb_6O_{17}$ 的研究表明，该催化剂经过 773K 氢还原和 443K 氧氧化后，镍以超细粒子（大约 0.5nm）负载在层间 I 内。氢产生的活性点在层间 I 的超细镍上，而层间 II 是氧产生活性点。具有类似结构的 $Rb_4Nb_4O_{17}$ 负载 NiO_x 后，在紫外光照射下也有较高的分解水的活性。$A_4Nb_6O_7$（A＝K^+、Rb^+）仅能吸收紫外光。曾企图将它的吸收光扩展到可见光范围，如通过离子交换将 CdS 沉积在层间 I，在有亚硫酸钠水溶液中实现了可见光放氢，但活性不高。

2) 离子交换层状钙钛矿型光催化剂

分子组成通式为 $A[M_{n-1}Nb_nO_{3n+1}]$（A＝K、Rb、Cs；M＝Ca、Sr、Na、Nb 等；$n＝2～4$）的钙钛矿型铌酸盐光催化剂，由带负电荷的钙钛复合氧化物层和带正电荷的层间金属离子组成。它们的禁带宽度为 3.2～3.5eV。这类层状化合物以原始状态存在时不能发生水合作用，但当层间的碱金属阳离子被质子交换后就能水合。对于这类催化剂，即使负载助催化剂也不能光解水的同时放氢放氧，而需要牺牲剂。但该类催化剂交换 H^+ 和负载金属铂后，能显著提高光解水放氢的效率。值得注意的是，这类层状化合物的有些同系物具有可见光响应特性，$RbPb_2Nb_3O_{10}$ 就是其中的一种，它只有当 Rb^+ 为质子交换后才有水合作用。其吸收光的阈值为 500nm，在转化为 H^+ 型后，在甲醇水溶液中有放氢活性。

另一类能自发水合的层状钙钛矿光催化剂的通式为：$A_{2-x}La_2Ti_{3-x}Nb_xO_{10}$（A

=K、Rb、Cs；$x=0$、0.5、1.0），其能分解水生成氢和氧。$A_{2-x}La_2Ti_{3-x}Nb_xO_{10}$ 也是由层间碱金属阳离子和带负电荷的二维层状氧化物构成。与前一类层状化合物不同的是，后者能自发水合。这类催化剂的禁带宽度约为 3.4～3.5eV。镍（Ni、NiO）修饰的 $K_2La_2Ti_3O_{10}$ 在负载的镍粒子上光解水产生氢，而氧则在层间产生。

3）隧道结构光催化剂

$BaTi_4O_9$ 催化剂有五边形棱柱隧道结构，它在负载 RuO_2 后能有效地催化光解水产生氢和氧。研究表明，TiO_6 在五边形棱柱结构中，通过钛偏离 6 个氧中心产生两种变形的八面体对光分解水起了本质作用。这些变形八面体产生的偶极矩（5.7D、4.1D）能有效分离光激发产生的电荷。它的隧道结构能使 RuO_2 粒子分散，RuO_2 粒子和周围的 TiO_6 八面体相互作用，促进了电子和空穴向吸附在催化剂上的物种转移。

2. 可见光催化剂

利用太阳能是光催化分解水的最终目标。目前所用的可见光催化体系均需要牺牲剂。最近，Hara 等发现，用波长大于 460nm 的可见光照射，实现 Cu_2O 催化纯水分解为氢和氧，且光照 1900h 后活性仍无明显变化，但氢氧量不是化学计量比。Cu_2O 是一种 p 型半导体，禁带宽度为 2.0～2.2eV，其导带和价带电位均适合于水的还原和氧化，用波长小于 600nm 的光就能激发它。进一步研究表明，除了光催化对反应放氢放氧起主要作用外，还发现在搅拌下暗反应放氢放氧，这是将机械能转化为化学能的结果。类似地，NiO、Co_3O_4、Fe_3O_4 在搅拌下的暗反应也有相同的效应。从电化学看，Cu_2O 在水中不稳定。但研究表明，多晶 Cu_2O 电极能长时间稳定，可用于光解水。具有层状结构的铜铁矿型 $CuFeO_2$ 也可催化可见光分解纯水为氢和氧，但活性低于 Cu_2O。该化合物具有线性的—O—CuI—O—链，Cu_2O 也具有这种线性结构。这类含 CuI 物质有希望成为潜在的太阳能新材料。

3. Z 型光催化剂体系

Sayama 等以 WO_3、Fe^{3+}/Fe^{2+} 组成两步激发的光催化分解水悬浮体系（图4-3）。Fe^{2+} 吸收紫外光产生的 Fe^{2+} 和 H^+ 作用放出氢，生成的 Fe^{3+} 则被光激发 WO_3 导带电子还原为 Fe^{2+}，而光激发价带空穴则把水氧化成氧，该体系类似于光合作用 "Z" 模型，只是激发 Fe^{2+} 需要紫外光。

4. 氧化物

由于氧化物材料合成方法较简单、物理化学性质稳定，因而在所有已经报道

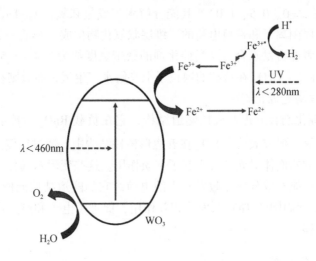

图 4-3　WO_3、Fe^{3+}/Fe^{2+} 体系分解水机理

的半导体光催化剂中占有最大的数量。从简单金属氧化物到复杂金属氧化物，已经开发了不同成分和结构的氧化物半导体光催化分解水材料。

TiO_2 是一个典型的用于光催化分解水的简单氧化物。由于 TiO_2 的导带位置与 H^+/H_2 的电极电位比较接近，在光催化分解水时一般需要担载 Pt。Ta_2O_5 具有光催化分解水的活性，带隙较宽，有比较高的导带位置，因而可从含有甲醇的水溶液中析出氢气，并且在没有负载任何助催化剂时也能分解纯水析出氢气和氧气；在担载 NiO 助催化剂后，光催化分解水效率得到较大提高。ZrO_2 也是一种能光催化分解水的简单氧化物，化学性能稳定，但禁带很宽，吸收太阳光的能力差。

Domen 等较早研究了担载 NiO_x 的 $SrTiO_3$ 光催化分解水蒸气或水，发现了用 $NiO_x/SrTiO_3$ 光催化剂能完全分解水析出氢气和氧气。随后在光催化领域对不同氧化物材料进行了研究，主要集中在钛酸盐、铌酸盐和钽酸盐等过渡金属氧化物。这些光催化剂存在网状、层状、孔道结构或含有 NbO_6、TaO_6 八面体结构。这些结构可提供合适的反应点和促进电子与空穴的分离，提高光催化分解水的效率。这些光催化剂如 $BaTi_4O_9$、$Na_2Ti_6O_{13}$、$K_4Nb_6O_{17}$、$Rb_4Ta_6O_{17}$、$Rb_4Nb_6O_{17}$、$Sr_2M_2O_7$（M = Nb、Ta）、$AgMO_3$（M = Nb、Ta）、$K_2La_2Ti_3O_{10}$、$K_3Ta_3Si_2O_{13}$、$Cs_2Nb_4O_{11}$（同时含有 NbO_6 和 NbO_4）、$PbBi_2Nb_2O_9$、$A_mB_mO_{3m+2}$（$m=4$，5；A = Ca、Sr、La；B = Nb、Ti）、插层氧化物 $H_2La_{2/3}Ta_2O_7$、$M_3V_2O_8$（M = Mg、Ni、Zn）、$BaCr_2O_4$、$M_{2.5}VMoO_8$（M=Mg、Zn）等，在此不再详述。

Kudo 等对含 Ta 的几十种氧化物进行了系统的研究，发现了许多高活性的 Ta 的氧化物光催化剂，并在此基础上进行了较深入的研究。

　　有一些氧化物光催化剂具有很高的光催化分解水活性，但由于禁带宽度太宽，只能吸收部分紫外光，而紫外光（$\lambda < 400\text{nm}$）所含的能量仅占太阳能的不足 5%，因此它们不是理想的分解水的光催化剂。

　　Inoue 等避开过渡金属元素，采用 p 区元素与 p 区元素、p 区元素与 s 区元素构成化合物的设计方法，开发了一些光催化剂，通过担载 RuO_2 助催化剂，能够实现纯水分解，如 MIn_2O_4（M = Ca、Sr、Ba）、Sr_2SnO_4、$NaSbO_3$、$ZnGa_2O_4$、Zn_2GeO_4、$LiInGeO_4$、$M_2Sb_2O_7$（M = Ca、Sr）、$CaSb_2O_6$、$LnInO_3$（Ln = La、Nd）和 $AInO_2$（A = Li、Na），拓展了光催化剂的发展领域。

　　殷江等研究了系列钙钛矿铌酸盐和钽酸盐的光催化活性，初步探讨了光生电子的转移过程，如 $BaM_{13}N_{23}O_3$（M = Ni、Zn；N = Nb、Ta）、$MIn_{0.5}Nb_{0.5}O_3$（M = Ca、Sr、Ba）、$MCo_{13}Nb_{23}O_3$（M = Ca、Sr、Ba）等。

　　邹志刚等研究了 Bi_2MNbO_7（M = Al、Ga、In、Y）、$BiMO_4$（M = Nb、Ta）、$InTaO_4$ 光催化分解水的性能，结果表明这些化合物有可见光催化分解水的活性。

　　5. 硫化物和磷化物

　　由于 S 的 3p 价带位置较高，硫化物吸收可见光的范围较宽。过去用于分解水的硫化物光催化剂主要是 ZnS。其他一些已经报道的硫化物光催化剂为 WS_2、$(AgIn)_xZn_{2(1-x)}S_2$、RuS_2、$Ln_2Ti_2S_2O_5$（Ln = 稀土元素）、$Sm_2Ti_2S_2O_5$、$Zn_{1-x}Cu_xS$。雷志斌等以 $ZnIn_2S_4$ 为光催化剂，在 $Na_2S + Na_2SO_3$ 的水溶液中进行析氢研究，表明 $ZnIn_2S_4$ 具有较高的光催化分解水的活性。目前用于光催化分解水的磷化物有 InP，在以 Na_2SO_3 为牺牲剂时，表现出析氢活性。

4.2.1　金属氧化物

　　金属氧化物半导体材料是一类具有半导体特性的金属氧化物，一般具有良好的稳定性，在能源、材料和环境领域的应用前景受到了广泛关注。金属氧化物半导体根据其电学性质随环境气氛变化可分为 p 型、n 型和两性半导体，主要应用在晶体管、太阳能电池、超级电容器、气敏传感器和光催化等领域。与硫化物、氮化物和氮氧化物等光催化材料相比，金属氧化物半导体光催化剂，具有廉价、易制备、稳定和环境友好等诸多优势，是最有潜力实现大规模实际应用的一类光催化材料。金属氧化物光催化剂的发展主要经历了三个阶段的飞跃。

　　20 世纪 70 年代，日本东京大学的 Fujishima 和 Honda 首次发现了 TiO_2 单晶电极在紫外光照射下能够分解水产生氢气的现象，从而揭示了直接利用太阳能分解水产氢的可能性，开辟了金属氧化物半导体作为光催化剂实现光化学反应的道路。此后，TiO_2 作为一种高效光催化材料在光催化/光电催化制氢和去除环境有机污染物等领域的研究成为全世界科学家研究的热点。

随着 ZnO、WO₃、Fe₂O₃ 等 TiO₂ 以外的光催化剂的相继发现和纳米技术的飞速发展，兴起了以光催化方法实现分解水制氢、还原二氧化碳、降解环境有机污染物以及选择性有机合成等多种光化学反应的研究方向。但金属氧化物半导体光催化剂仍然受限于较宽的禁带宽度，往往只能利用紫外光进行光催化反应。1991年，Gratzel 等在 *Nature* 报道了以联吡啶钌染料敏化二氧化钛纳米晶组成的太阳能电池，实现了大于 7% 的光电转化效率，开辟了金属氧化物半导体利用太阳能的新途径。

2001 年，南京大学邹志刚教授首次开发出了利用可见光实现分解水制氢的 $In_{1-x}Ni_xTaO_4$ 多元金属氧化物光催化剂，开启了多元金属氧化物直接利用可见光实现光化学反应的道路。此后，$InVO_4$、$BiVO_4$、Bi_2WO_6 等可见光响应多元金属氧化物相继被开发出来，并应用到多种光催化应用中。然而，尽管目前金属氧化物半导体光催化剂在不断开发和改进，但其效率和光利用率仍然较低，难以满足实际应用要求。目前，开发具有实际应用前景的高效稳定金属氧化物光催化剂仍然是该领域研究的瓶颈所在，并亟待解决。

1. 二元金属氧化物（MO_x）半导体光催化剂

1）TiO_2 光催化剂

TiO_2 是目前为止应用最广泛的半导体光催化剂，主要有三种晶相：锐钛矿（anatase）、金红石（rutile）和板钛矿（brookite）。其中应用于光催化中较多的是锐钛矿和金红石相，以锐钛矿活性最高。TiO_2 晶相结构由相互连接的 Ti—O 八面体组成，其中每个 Ti 原子与六个氧原子相连组成八面体结构。金红石型 TiO_2 的 Ti—O 八面体呈斜方晶结构；锐钛矿 TiO_2 的 Ti—O 八面体结构呈明显的斜方晶畸变，其对称性低于金红石型 TiO_2。金红石型 TiO_2 中每个八面体与周围 10 个八面体相连，而锐钛矿型 TiO_2 中每个八面体与周围 8 个八面体相连，如图 4-4 所示。

TiO_2 光催化剂常见的制备方法有水热法与溶胶凝胶法，其能带间隙一般大于 3eV，光响应范围仅在紫外光区，因此开发具有可见光响应的 TiO_2 基光催化剂成为光催化研究的热点。2001 年，日本的 Asahi 等采用 RF 磁控溅射法首次制备出了具有可见光响应的 N 掺杂 TiO_2 光催化剂，成为开启二氧化钛光催化剂多种制备方法与改性手段研究的里程碑。2011 年，Chen 等采用高温氢气还原法制备出了氢化黑色 TiO_2 材料，TiO_2 吸收边扩展到 1000nm。目前，由于 TiO_2 具有无毒、廉价、高稳定性以及较强的氧化还原能力，对 TiO_2 基光催化剂的开放和研究仍是光催化领域研究的重点。

2）ZnO 光催化剂

ZnO 作为光催化剂的研究较早，1964 年 Filimonv 就报道了 ZnO 与 TiO_2 复合

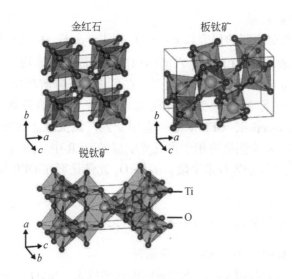

图 4-4　锐钛矿型、金红石型和板钛矿 TiO_2 的晶型结构

后对异丙醇的光催化氧化。通常情况下，具有多维结构和纳米结构及纳米尺寸的氧化锌材料有较好的光催化性能。ZnO 常温下一般为纤锌矿结构，由 Zn—O 四面体晶胞构成，如图 4-5 所示。

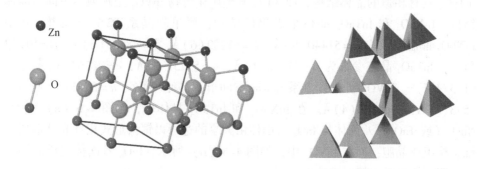

图 4-5　ZnO 的三维结构图

　　作为 n 型半导体材料，ZnO 的能带间隙通常大于 3.3eV，是一种紫外光响应的光催化剂，其能在光照条件下分解水中多种有机污染物。在环境有机污染物处理方面，ZnO 光催化剂的效果甚至常被认为高于 TiO_2 光催化剂。目前，关于 ZnO 光催化剂形貌和结构控制的研究较多。尺寸、形貌与结构的空间维度都对 ZnO 光催化剂的活性有较大的影响。然而，ZnO 不耐酸碱，光照条件下表面易于钝化，为 ZnO 光催化剂的实际应用增加了难度。

3）Fe_2O_3 光催化剂

Fe_2O_3 作为光催化剂的研究以 α-Fe_2O_3 为主。α-Fe_2O_3 是一种 n 型半导体，晶体结构为金刚砂结构，由 FeO_6 六面体构成，其能带间隙约为 2.2eV，是一种可见光响应的二元金属氧化物光催化剂，在可见光下降解环境污染物的研究较多。由于 Fe_2O_3 还原能力较强，其在光催化/光电化学分解水的析氧反应（oxygen evolution reaction，OER）中的应用受到广泛关注。1976 年，Haedee 和 Bard 首次将 α-Fe_2O_3 光阳极应用于可见光响应的 OER 中。随后，通过表面修饰和金属/非金属离子掺杂等技术手段，α-Fe_2O_3 光催化剂在 OER 反应中效率得到不断提高。

2. In/Bi 系多元金属氧化物半导体光催化剂

1）$InMO_4$（M=V、Ta、Nb）光催化剂

2011 年邹志刚教授报道 $In_{1-x}Ni_xTaO_4$ 催化剂以来，$InVO_4$、$InTaO_4$ 和 $InNbO_4$ 等可见光响应催化剂相继被报道出来。$InMO_4$（M=V、Ta、Nb）光催化剂利用 d 轨道过渡金属离子 V^{5+}、Nb^{5+}、Ta^{5+} 空的 3d、4d、5d 轨道构成导带，从而具有较低的能带间隙（约为 2.0eV），可见光实现光催化分解水反应。

$InMO_4$（M=V、Ta、Nb）光催化剂中，4d 和 5d 过渡金属化合物 $InNbO_4$ 和 $InTaO_4$ 具有相似的晶体结构，而 3d 过渡金属化合物 $InVO_4$ 呈现截然不同的晶体结构。$InNbO_4$ 和 $InTaO_4$ 晶体呈黑钨矿结构，属单斜晶系 $P2/c$ 空间群。其中 $InNbO_4$ 晶胞参数为 $a=51440(8)$ Å，$b=57709(6)$ Å，$c=48355(6)$ Å，$\beta=91.13(1)°$。$InTaO_4$ 晶胞参数为 $a=51552(1)$ Å，$b=57751(1)$ Å，$c=48264(1)$ Å，$\beta=91.373(I)°$。$InVO_4$ 属斜方晶系 $Cmcm$ 空间群，晶胞参数为 $a=5765(4)$ Å，$b=8543(5)$ Å，$c=6592(4)$ Å。在 $InNbO_4$ 和 $InTaO_4$ 晶体中，如图 4-6（a）所示，NbO_6（或 TaO_6）八面体与 InO_6 八面体由共享的边缘以锯齿形式相互联结形成三维结构组成晶胞；而在 $InVO_4$ 中，如图 4-6（b）所示，InO_6 八面体组成的链与 VO_4 四面体构成空间三维结构。

$InNbO_4$ 和 $InTaO_4$ 光催化剂制备较为困难，需要以 Nb、Ta 单质粉末（或 Nb_2O_5、Ta_2O_5）与 In_2O_3 均匀混合后在 1300℃ 下高温煅烧 3 天。另有报道通过化学气相沉积法可制备出 $InNbO_4$ 和 $InTaO_4$ 薄膜。2007 年，华中师范大学张利之等首次通过溶胶凝胶法在 200℃ 下制备出 $InNbO_4$ 纳米晶光催化剂的报道。相比而言，$InVO_4$ 光催化剂制备则相对容易，可通过水热、溶胶凝胶、共沉淀和微波等低温制备方法得到，形貌结构也相对易于控制。目前，$InMO_4$（M=V、Ta、Nb）光催化剂主要应用于可见光下光催化分解水制氢领域，其光催化效率仍然很低。然而，$InMO_4$（M=V、Ta、Nb）光催化剂拥有硫化物和氮化物光催化剂所无法

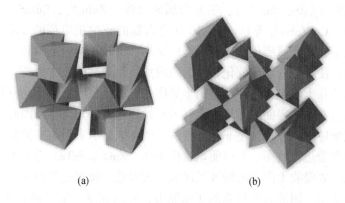

(a)　　　　　　　　　　　　　　　(b)

图 4-6　（a）InNbO$_4$、InTaO$_4$ 和（b）InVO$_4$ 的三维结构图

比拟的高化学稳定性，在实际应用中有较大潜力。因此，对 InMO$_4$（M = V、Ta、Nb）光催化剂的进一步改进与研究仍然具有重要意义。

2）BiVO$_4$ 和 Bi$_2$WO$_6$ 光催化剂

早在 1998 年，BiVO$_4$ 就被由日本的 Kudo 等发现可以在硝酸银溶液中实现光催化分解水的 OER 反应。随后 BiVO$_4$ 光催化剂在 OER 反应和降解水体环境有机污染物的研究被广泛关注。已报道的 BiVO$_4$ 光催化剂以单斜晶相为主，大多通过水热、溶胶凝胶、微波法制备。BiVO$_4$ 的氧化能力很强，能带间隙在 2.1 ~ 2.3eV，在可见光照射下产生 ·OH 自由基从而分解多种有机污染物。但是 BiVO$_4$ 光催化剂的还原能力较弱，无法实现分解水产氢的 HER 半反应。2004 年，Kudo 等将 BiVO$_4$ 作为 OER 半反应光催化剂与 Ru-SrTiO$_3$ 组成的 HER 半反应光催化剂结合起来，构成了 Z-scheme 体系，成功实现可见光下全分解水。此后，BiVO$_4$ 在全分解水的 Z-schcme 体系中作为一种稳定高效的 OER 半反应光催化剂被广泛应用。

Bi$_2$WO$_6$ 的光催化活性最早同样是由日本的 Kudo 等在硝酸银溶液中光催化分解水 OER 反应中发现。2004 年，邹志刚教授课题首次将 Bi$_2$WO$_6$ 光催化剂应用于可见光下降解有机物废水研究当中。Bi$_2$WO$_6$ 晶体结构属斜方晶系，常见制备方法有水热/溶剂热法、模板法、电纺法、溶胶凝胶法以及微波法。Bi$_2$WO$_6$ 光催化剂的能带间隙相较于 BiVO$_4$ 更宽，约为 2.7 ~ 2.8eV，光吸收阀值在 450nm 附近，具有较强的氧化还原能力，在紫外光与可见光下可快速降解水中的有机污染物。

4.2.2　硫化物

由 S 元素和一种或多种金属元素组成的金属硫化物，按元素组成一般分为二元金属硫化物（CdS、ZnS 等）、三元金属硫化物（$ZnIn_2S_4$、$CuInS_2$ 等）和多元金属硫化物（Cu_2ZnSnS_4 等）。由 S 3p 轨道占据的较少正电荷的 VB 和较小的有效质量载流子允许金属硫化物适宜的能带结构、宽的光响应范围和快速的电荷载流子动力学，使得分解水光催化转化为高附加值化学品的效率很高。

在过去的几十年里，各种类型的半导体材料已经被广泛用于光催化分解水产氢。太阳辐射在地球表面的能量主要以可见光和近红外光为主，因此对于开发可以在可见光响应的光催化剂是非常重要的。图 4-7 显示了当前主流的半导体材料的能带间隙和带边位置图。可以明显看出 TiO_2、ZnO 和 $SrTiO_3$ 等具有较大的能带间隙，因此主要吸收太阳光的紫外光区域。大多数金属硫化物由于其导带边位置比析氢电位更负，因此具有较强的还原能力，并且在众多的金属硫化物中，CdS 是最具吸引力的能在可见光范围响应（$E_g = 2.4eV$）的光催化材料之一，主要因为 CdS 制备工艺简单、成本低廉以及具有合适的析氢电位和析氧电位。然而，CdS 极易发生光腐蚀，因此稳定性较为欠缺。为了减缓 CdS 的光腐蚀并避免光生载流子过快地复合，通常将 CdS 与其他半导体光催化剂进行耦合，以获得更好的光催化活性和稳定性。ZnS 能带间隙过大（$E_g = 3.6eV$），不能在可见光范围下响应。但是 ZnS 具有较强氧化能力、化学性质较为稳定以及耐光腐蚀性。CdS 和 ZnS 的晶体结构、配位模式和原子半径相似，因此可以结合它们两者的优势，取长补短，从而可以制备出无限混溶的 $Cd_xZn_{1-x}S$ 固溶体在可见光范围下实现高效的光催化分解水制氢。

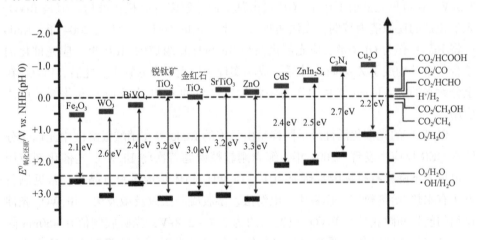

图 4-7　各种光催化剂的能带位置以及选定的氧化还原电位

$Cd_xZn_{1-x}S$ 作为一种三元硫化物固溶体，与单一组分的 CdS 和 ZnS 相比具有诸多优势，它同时兼顾了可见光的吸收能力与光生电荷的氧化还原能力。但是单一的 $Cd_xZn_{1-x}S$ 仍然存在一些不足之处，例如，光生载流子的复合率较高以及纳米颗粒容易发生团聚等，仍然是限制 $Cd_xZn_{1-x}S$ 固溶体走向大规模工业化生产的主要障碍。由于其 $Cd_xZn_{1-x}S$ 固溶体的特殊性质，科研工作者付出了巨大的努力，从各种不同的角度去提高 $Cd_xZn_{1-x}S$ 的光催化活性。研究者们通过对金属硫化物半导体光催化剂进行负载助催化剂、构建异质结、微观形貌调控和构建缺陷工程等方式，促进光生载流子的有效分离，从而提高了材料的光催化活性和稳定性。例如，Dai 等使用 Ni_2P 作为高效助催化剂，通过水热法成功修饰在 $Zn_{0.5}Cd_{0.5}S$ 上。当复合材料中加入 4mol% Ni_2P 时，$Ni_2P/Zn_{0.5}Cd_{0.5}S$ 在可见光照射下具有最优异的析氢活性达到 1173μmol/h（50mg 样品），比原始的 $Zn_{0.5}Cd_{0.5}S$ 高大约 13 倍，并且具有良好的稳定性。Shen 等利用成本低廉的金属 Ni_3C 与 $Zn_{0.5}Cd_{0.5}S$ 孪晶固溶体同质化结合，经过优化后的复合材料的光催化产氢速率达到 783μmol/h（50mg 样品），大约为原始 ZCS 的 2.88 倍。Gao 等通过缺陷和界面工程设计了一种具有高活性的、$Cd_{0.5}Zn_{0.5}S/CoPPi-M$ 复合光催化材料，通过富含缺陷的焦磷酸钴混合体（CoPPi-M）作为助催化剂修饰 $Cd_{0.5}Zn_{0.5}S$，极大地改善了 $Cd_{0.5}Zn_{0.5}S/CoPPi-M$ 材料的表面亲水性，并增加活性位点数量，使其加速了光生电荷分离和转移，从而提高了材料的光催化活性。优化后的 $Cd_{0.5}Zn_{0.5}S/CoPPi-M$ 复合光催化材料的产氢速率高达 6.87mmol/(h·g)，是原始 $Cd_{0.5}Zn_{0.5}S$ 的 2.46 倍。Zhang 等制备了一种单原子磷空位缺陷修饰的 CoP（CoP-Vp），利用水热-磷化-水热的策略与 $Cd_{0.5}Zn_{0.5}S$ 耦合，构建了一种 CoP-Vp@ $Cd_{0.5}Zn_{0.5}S$（CoP-Vp@ CZS）异质结光催化剂。

　　CoP-Vp@ CZS 催化剂具有独特的微观结构，可以促进光生载流子有效分离。优化后的 CoPVp@ CZS 复合材料在可见光照射下的产氢速率达到 2.05mmol/h（30mg 样品），比原始 ZCS 高 14.66 倍，并具有较高的稳定性。

4.2.3　二维异质结

　　半导体光催化剂虽然发展迅速，但仍存在光催化效率低、稳定性差、不能满足实际应用的要求。光催化反应过程中有三个关键步骤：光照下电子和空穴的产生，电荷分离和迁移到光催化剂表面，以及在表面活性位点发生的氧化还原反应。通常，光催化剂的光吸收效率低，电子和空穴的复合率高，活性位点的数量有限，导致光催化性能较差，阻碍了其在能源领域的应用和环境。为了提高光催化剂的光催化活性，人们采用了多种策略，如掺杂、结构设计、表面缺陷工程、与其他半导体或辅催化剂形成异质结等。其中，构建二维（2D）光催化材料被认为是提高光催化剂光催化活性的一种可行方法。二维光催化剂具有超薄结构，具有比表面积高、光吸收能力高、电荷迁移距离短、电子和空穴复合率低、活性位点暴露程度高等优点。基于这些优点，各种二维半导体已被开发和用于光催化领域，如二硫化钼、$g-C_3N_4$ 和硫化镉等。

　　与本体材料相比，二维材料具有丰富的活性位点和缩短的迁移距离，有利于光催化反应，为其在能源和环境方面的应用带来了潜在的应用前景。然而，在二维光催化剂中存在较大的激子效应和光生电子与空穴的表面重组，仍可能导致光催化反应的活性较低。二维/二维异质结具有较大的界面面积，丰富的活性位点和超薄的厚度，已被许多研究人员广泛研究，以应对与二维光催化剂相关的挑战。二维/二维异质结的形成可以提高电荷转移速率、光诱导电子和空穴的分离、光吸收和氧化还原功率。在过去的几年中，各种 2D/2D 异质结，如 I 型、II 型异质结、Z 方案和肖特基异质结，已经被开发出来并用于各种光催化反应。

4.2.4　硼酸盐体系

　　由硼氧阴离子组成的硼酸盐是无机化学中重要的研究对象，与其独特的光学性质如荧光和非线性光学性质高度相关。自然界中的硼酸盐种类足够丰富，再加上合成硼酸盐。现有的硼酸盐化合物有 3900 多种。合成硼酸盐的方法有很多，得到的样品在硼酸盐中含有零、一、二、三维结构，这在其他金属氧化物材料中很少见。结构决定了属性，硼酸盐丰富而独特的结构越来越多地被光学之外的其他研究所利用，如光催化。

　　1）硼酸盐光催化中光催化机理的基础

　　在光催化中，一种常见的解释是，半导体光催化剂在吸收了一个能量比其带隙宽度更显著的光谱后，会产生一个光电子-空穴对。光生电子空穴对分别有大量的还原和氧容量。当它们接触到相应的底物时，就会发生还原和氧化反应（图 4-8）。

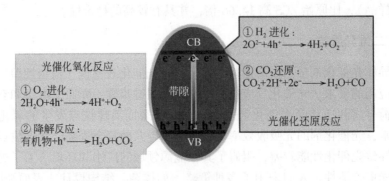

图 4-8　基于硼酸盐光催化剂可能发生的光催化氧化还原反应

　　析氢反应和降解反应方程如下：

$$H_2O \longrightarrow H_2 + 1/2O_2$$

$$染料或抗生素 + h\nu \longrightarrow 过渡态物质 \longrightarrow H_2O + CO_2$$

　　在这个过程中，有几个问题需要注意：第一是需要入射光的能量大于光催化剂的带隙。第二，光生电子空穴对具有较强的复合趋势，这也是光催化效率较低的主要原因。因此，在光催化过程中，已经提出了许多策略来提高光生载流子的分离效率。第三是所谓的基质，对应于不同情况下的不同术语。例如，在整体水裂解反应中，光生电子与质子作用产生氢，光生空穴与水分子作用产生氧气；在光催化产氢的半反应中，氢仍然通过光生电子和质子的行为产生，但需要一种空穴捕获剂来消耗光生空穴。最常用的空穴淬灭剂是甲醇。

2) 硼酸盐光催化分解水

①$K_3Ta_3B_2O_{12}$。在 2006 年初，Kudo 小组首次报道了 $K_3Ta_3B_2O_{12}$ 是通过固态法制备的。将碳酸钾、Ta_2O_5 和硼酸的混合物均匀地混合。然后，用铂坩埚在 1073～1173K 的空气中煅烧 10～20h，其带隙为 4.2eV。在没有共催化剂的情况下，柱状型样品在紫外光下也表现出优异的光催化性能。HER 和 OER 分别为 4780mmol/(h·g) 和 2420mmol/(h·g)。在 254nm 时，$K_3Ta_3B_2O_{12}$ 的表观量子产率（AQY）为 6.5%。2009 年，Kudo 和同事重新研究了通过水溶液法合成 $K_3Ta_3B_2O_{12}$，其光催化性能低于之前的报告。NiO 负载 $K_3Ta_3B_2O_{12}$ 样品的 HER 和 OER 分别为 784mmol/(h·g) 和 374mmol/(h·g)。然后，松本等用上述两种方法同时合成了 $K_3Ta_3B_2O_{12}$ 样品，并比较了它们对水分解的光催化性能。采用固态法和复合凝胶法对 $K_3Ta_3B_2O_{12}$ 的带隙分别为 4.1eV 和 4.0eV。$K_3Ta_3B_2O_{12}$-凝胶样品的 H_2 和 O_2 演化速率分别为 633.3mmol/(h·g) 和 333.3mmol/(h·g)。以 NiO 为共催化剂，$K_3Ta_3B_2O_{12}$-凝胶样品的 H_2 演化速率可达到 5.3mmol/(h·g)。结果表明，该样品具有光催化活性较低，这可以通过复合凝胶法获得的 $K_3Ta_3B_2O_{12}$ 的比表面积更大来解释。$K_3Ta_3B_2O_{12}$ 样品是硼酸盐的第一个光催化剂化合物，为探索新的光催化剂指明了新的方向。

②$InBO_3$。2010 年，Kudo 小组报道了通过固态和两步沉淀途径合成的方解石型 $InBO_3$，用于紫外光照射的水分裂研究。样品的能带隙为 5.3eV。在 NiO 的帮助下，$InBO_3$ 分别以 764μmol/(h·g) 和 404μmol/(h·g) H_2 和 O_2。煅烧温度和初始材料中硼酸的过量剂量影响了 $InBO_3$ 样品的粒径和结晶度，从而提高了光催化性能。

③$Ga_4B_2O_9$。2015 年，Yang 研究小组报道了 $Ga_4B_2O_9$ 作为一种新型的水裂解光催化剂，它是由水热（HY）、溶胶凝胶（SG）和高温固态反应（HTSSR）合成的预期光催化剂。得到的 HTSSR-$Ga_4B_2O_9$ 时长数百纳米，直线细棒状，直径小于 20nm [图 4-9 (a) 和 (b)]。计算得到的 $Ga_4B_2O_9$ 的能带结构显示其直接带隙为 2.16eV [图 4-9 (c)]，小于实验值。有价带（VB）顶部主要由 O2p 轨道贡献，导带（CB）底部由 Ga 4s 轨道贡献 [图 4-9 (d)]。

HY-、SG- 和 HTSSR-$Ga_4B_2O_9$ 的能带隙分别为 4.46eV、4.46eV 和 4.12eV [图 4-9 (e)]。在没有共催化剂的情况下，SG-$Ga_4B_2O_9$ 和 HTSSR-$Ga_4B_2O_9$ 在紫

外光作用下的 HER 分别为 47μmol/(h·g) 和 118μmol/(h·g)，OER 分别为 22μmol/(h·g) 和 58μmol/(h·g) [图 4-9 (f)]。

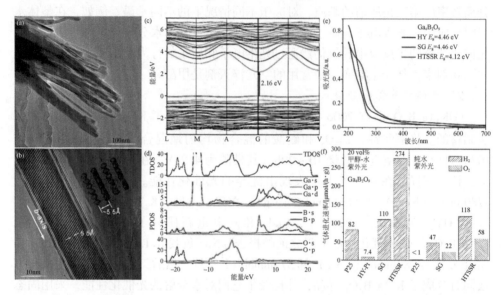

图 4-9 (a)、(b) HTSSR-$Ga_4B_2O_9$ 的 TEM 图像；(c)、(d) $Ga_4B_2O_9$ 的能带结构和态密度；(e) 用不同方法合成的 $Ga_4B_2O_9$ 的能带隙；(f) $Ga_4B_2O_9$ 的光催化性能

④Ga-PKU-1。2015 年，Yang 重新研究了 $Ga_9B_{18}O_{33}(OH)_{15}·H_3B_3O_6·H_3BO_3$ 样品的光催化水分解，简单可命名为 Ga-PKU-1。Ga-PKU-1 通过 GaO_6 连接一个三维的开放框架建筑。在 220℃的密闭反应器中，采用硼酸熔融法合成了样品，样品的带隙为 4.8eV。在 Ga-PKU-1 上装载了 RuO_x 和 Pt 的双共催化剂，使水在化学计量学上分为 H_2 和 O_2。改良后的 Ga-PKU-1 的 HER 和 OER 分别为 28.4μmol/(h·g) 和 14.5μmol/(h·g)。

⑤$Cd_{12}Ge_{17}B_8O_{58}$。2016 年，杨课题组报道了一种散装硼酸盐材料 $Cd_{12}Ge_{17}$ B_8O_{58} 作为纯水生成 H_2 的新型光催化剂。样品在 825℃下通过烧结 900min 的固态路线合成，并通过精细的 X 射线衍射图样进行鉴定 [图 4-10 (a)]。从图 4-10 (b)、(c) 可以看出，$Cd_{12}Ge_{17}B_8O_{58}$ 样品的粒径较大，带隙为 4.27eV。图 4-10 (d) 显示，$Cd_{12}Ge_{17}B_8O_{58}$ 在非中心对称空间群 P4 中结晶，具有复杂的骨架结构，其中 Ge^{4+}，无论是八面体还是四面体，通过共享共同的氧原子结合。利用理论研究对 $Cd_{12}Ge_{17}B_8O_{58}$ 的能带结构进行了解，发现样品的间接带隙为 2.18eV，CB 底部具有较大的曲率半径。

理论结果表明，$Cd_{12}Ge_{17}B_8O_{58}$ 可用于光催化反应。图 4-10 (f) 为不同助催化剂 $Cd_{12}Ge_{17}B_8O_{58}$ 在纯水中紫外光作用下的析氢速率。负载 NiO_x-$Cd_{12}Ge_{17}B_8O_{58}$

样品的氢气析出速率最高，为 163μmol/(h·g)。

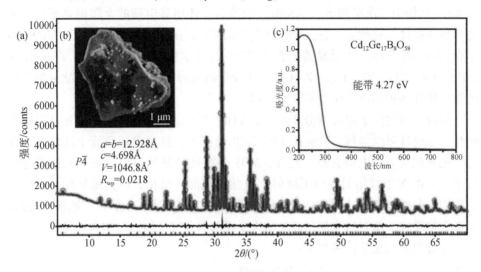

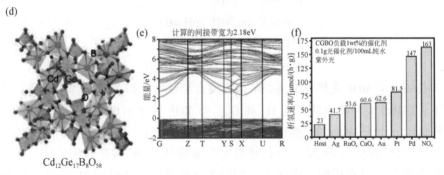

图 4-10　（a）XRD 图像；（b）SEM 图像；（c）带隙；（d）晶体结构；
（e）能带结构；（f）$Cd_{12}Ge_{17}B_8O_{58}$ 样品的光催化活性

4.2.5　MOF 结构

金属有机骨架（MOF）由金属氧化物团簇组成，通过有机连接体三维连接，可以形成具有无限拓扑结构的开放骨架。事实上，MOF 的混合性质允许在不干扰结构类型的情况下同时调整 MOF 结构中的多变量组分，这是创造有前途的水分解光催化剂的关键因素，该水分解光催化剂需要高度功能性特征才能获得合理的性能。

MOF 光催化剂采用符合上述标准的性能。事实上，由 N 基和（或）O 基供体连接体和无机金属簇产生的强共价键确保了 MOF 的结构稳健性和骨架稳定性。关于 MOF 的热力学稳定性可能不足以驱动水分解的上坡反应的说法是不正确的。

MOF 的化学稳定性可以通过多种策略进行合理的设计和提高。主要的方法是提高 MOF 结构中二次结构单元（SBU）的价态：使用高电荷的金属阳离子或复杂的有机连接体，这种方法在一定程度上得到了广泛的使用和实现。这种方法增强了金属–阳离子键，从而显著增强了 MOF 的化学稳健性。特别是，许多由 Fe（III）、Cr（III）、Ti（IV）、Zr（IV）团簇等组成的 MOF 和基于唑酸酯或酚化物的连接体在各种情况下保持不变的结构。

同时，通过向下修饰到分子水平，MOF 中的骨架或金属结构单元可以被官能化，以设计带隙能量，其包括 VB 或 CB 的能级，提高电荷载流子迁移率和促进可见光照射下的电荷分离。此外，MOF 是高度结晶的材料，可以通过先进的技术（单晶 X 射线衍射或中子衍射）直接研究晶体结构，以揭示催化活性位点的作用。此外，MOF 上的 PSM 也可以通过各种方法实现：金属化、连接体交换、骨架上的反应。所有这些都允许对结构工程的水分解应用进行深入研究。

总分水量的化学计量如下：

$$2H^+ + 2e^- \longrightarrow H_2$$

$$E = 0(V)\,vs.\,NHE(pH=0)$$

$$2H_2O + 4h^+ \longrightarrow O_2 + 4H^+$$

$$E = 1.23(V)\,vs.\,NHE(pH=0)$$

必须确定 MOF 光催化剂是否可以在没有牺牲剂（即发生整体水分解）的情况下，以化学计量将水降解为 H_2 和 O_2。与 MOF 催化剂相比，少量产氢的数据值得怀疑。由于 MOF 的光催化活性通常在实验室规模上进行测试，因此产量很小。在这种情况下，重复实验和对照实验来确认 MOF 的光催化性能，而不是 MOF 的降解，是有用的。实际上，如果可能的话，应该使用 H_2O^{18} 作为起始材料，以确认是否发生了整体的水分裂，或者 O_2 产物来自被分解的 MOF 的基实体（金属氧化物簇和羧酸盐部分）。

4.3　光催化分解水制氢

目前，发展清洁和可持续的绿色能源如氢能、太阳能等至关重要。氢作为一种能源载体，能量密度高，燃烧后唯一产物是水，不污染环境。因此，氢能被认为是今后理想的无污染可再生替代能源。而太阳能储量无限，取之不尽，用之不竭。但由于太阳能的能流密度低，其强度受多个因素制约，使得在当前很难对其进行大规模开发利用。因此，如能把太阳能高效、无污染、低成本地转化为氢能具有重要的社会和经济效益[2-6]。

目前，利用太阳能分解水制氢被视为理想地解决能源问题的一种方式，也就是利用特定的技术将太阳能转化并储存为化学能。太阳能是太阳发出的一系列电磁波，通过辐射的方式，一部分能量穿过浩瀚星空和大气层，遍撒到地球上。如果将太阳光中一系列的电磁波，按照波长大小进行排列，就会得到太阳能图谱，如图 4-11 所示。

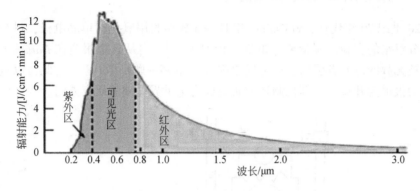

图 4-11　太阳辐射中各种辐射的波长范围

从图 4-11 可知，太阳辐射的波长范围大约在 0.15 ~ 4μm，在这段波长范围内，又可分为三个主要区域，即波长较短的紫外区、波长较长的红外区和介于二者之间的可见光区。太阳辐射的能量主要分布在可见光区和红外区，前者占太阳辐射总量的 46.43%，后者占 44.91%，紫外区只占能量的 8.02%。因此，对太阳光谱中波长为 400 ~ 780nm 的可见光的利用率至关重要。表 4-1 列出了太阳辐射的光谱段及占总辐射能的百分比。

表 4-1　太阳辐射能量按波长分布

光谱段		波长范围/μm	辐射强度 / (W/m²)	占总辐射能的百分比/%	
				分区	总计
紫外线	紫外-A	0.20 ~ 0.28	7.864×10^{0}	0.57	
	紫外-B	0.28 ~ 0.32	2.122×10^{1}	1.55	8.02
	紫外-C	0.32 ~ 0.40	8.073×10^{1}	5.90	
可见光	可见-A	0.40 ~ 0.52	2.240×10^{2}	16.39	
	可见-B	0.52 ~ 0.62	1.827×10^{2}	13.36	46.43
	可见-C	0.62 ~ 0.78	2.280×10^{2}	16.68	
红外光	红外-A	0.78 ~ 1.40	4.125×10^{2}	30.18	
	红外-B	1.40 ~ 3.00	1.836×10^{2}	13.43	44.91
	红外-C	3.00 ~ 100.00	2.637×10^{1}	0.93	

光催化制氢技术的关键是研制高效稳定、环境友好及来源丰富的光催化剂。理想的分解水光催化剂应满足的条件有：较窄带隙保证高效的可见光吸收、合适的能带位置用于水氧化和质子还原、良好的稳定性和高的量子效率[7-12]。

4.3.1　光催化分解水制氢的发展历程

20世纪70年代初，Fujishima 和 Honda 成功利用氧化钛单晶电极，进行了光电解分解水的实验，实验装置如图4-12 所示[13]。自从这篇报道在 *Nature* 上刊登后，被无数的研究者引用。这种现象称为"本多—藤岛效应"，自此，以这篇里程碑的报道为开端，光催化制氢的研究成为全世界关注的研究方向。

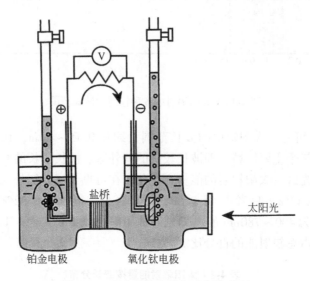

图 4-12　氧化钛电解分解水制氢装置

到目前为止，世界各国科学家在利用太阳能光催化分解水制氢这一领域做了大量研究，取得了系列重要研究进展。简单来说，光催化分解水的发展历程如图4-13所示[14-20]。

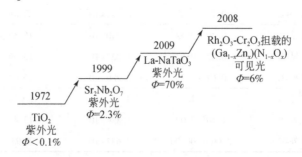

图 4-13　光催化分解水制氢的发展历程

4.3.2　光催化分解水制氢的基本原理

光催化剂是光催化反应的能量转化载体，由多类无机或有机半导体材料来充当。图 4-14 给出了太阳光激发下，催化剂分解水时其表面和内部发生的基本过程。要理解光催化分解水的基本原理，需要利用半导体的能带理论来解释。

由于电子–空穴对被库仑力束缚，半导体中光催化的发生依赖于激子的产生，也就是吸收能量至少为禁带宽度带隙减去激子结合能 E_{exc} 的光子而产生。如图 4-14 的步骤①所示，E_{exc} 由光催化剂的本征电子结构决定。对于具有固体光催化剂而言，光激发下电子可以从价带（VB）或最高占据分子轨道（HOMO）跃迁到导带（CB）或最低未占据分子轨道（LUMO）（步骤②）。虽然在缺陷处，产生的电子–空穴对可以发生非辐射的复合和去激发，但仍然有足够多的激子衰变为自由载流子，这个关键的电荷分离过程能产生独立运动的光生电子和空穴，（步骤③）。如果在催化剂内具有足够长的平均自由程（步骤④），这些电荷载流子最终可迁移到催化剂的表面触发光催化氧化（步骤⑤）或还原反应（步骤⑥）。电荷载流子以皮秒时间的尺度向表面扩散，需要一定的浓度梯度来使之充分移动。而光催化反应通过较长的时间尺度来发生相应的氧化–还原反应，以消耗残存的电荷载流子。由于在自发发射、激子产生、电荷载流子扩散和化学反应之间在时间尺度上的不对称，导致了电荷载流子的积累，从而导致了载流子比较强的复合损失，即体相复合（步骤⑦）和表面复合（步骤⑧）[21-24]。

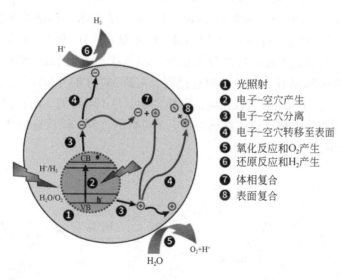

图 4-14　光催化分解水时，催化剂中发生的各基本过程示意图

对于半导体的光催化活性，催化剂的多个参数可对其产生影响。例如，固体

表面缺陷、结晶度、掺杂、带边位置、颗粒直径和形貌。因此，在理解光催化反应的热力学和动力学的基础上，调变合适的光催化材料特征以建立合理的策略，对新一代的光催化剂的开发具有重要的作用。

对于水来说，其在光催化剂分解的具体过程可由下列方程式来表示：

电子–空穴产生：　　　　光催化剂 $\xrightarrow{2h\nu}$ $2e^- + 2h^+$

水中还原反应：　　　　　$2H^+ + 2e^- \longrightarrow H_2$

水中氧化反应：　　　　　$OH^- + 2h^+ \longrightarrow \frac{1}{2}O_2 + H^+$

水分解总反应：　　　　　$H_2O \xrightarrow[2h\nu]{\text{光催化剂}} \frac{1}{2}O_2 + H_2$

实际上，在以上光催化分解水的过程中，各步骤所涉及的时间维度差距巨大。一些化学反应过程进行时间较长，如催化剂表面上的氧化还原反应的时间尺度处于 ms 级别，但它往往是整个过程的速度控制步骤。而一些光物理过程，如光生载流子的产生、分离和转移，则在极短的时间内发生，时间间隔处于几飞秒至几纳秒之内。因此，熟悉光催化反应的主要控制因素，重点解决光催化反应过程的控制步骤是提高反应效率的必要条件。光分解水制氢过程中涉及控制的主要步骤，可参考 [25-29]。

4.3.3　光催化水分解反应的热力学

从热力学上分析，在 298K 时和 $p^{\ominus}$ 状态下，液态水的标准摩尔生成吉布斯自由能为 $\Delta_f G_m^{\ominus}$ (H_2O, l) = -237kJ/mol。也就是说，H_2 和 O_2 化合为水是一个自然界自发的过程，而逆反应的分解过程，即该状态下把 1mol 液态水完全分解为 1mol H_2 和 0.5mol O_2，则为不可逆过程，需要 237kJ 的外来能量。从该角度上说，水分解为 H_2 和 O_2 为上坡反应，在热力学上是不可行的。而逆过程的气体结合为水的过程则为下坡反应，在热力学上是可行的过程。该反应的热力学可行性如图 4-15 所示。

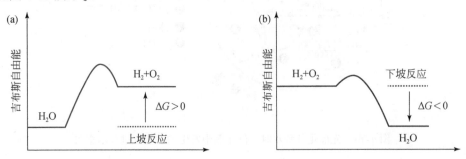

图 4-15　反应的热力学可行性

由于激发态的电子转移和热力学上的限制，若水能连续不断地进行分解，其必须满足一定的要求。对于水来说，其分解的配对电对，H^+/H_2 标准还原电位为 $-0.42eV$，而 O_2/H_2O 的标准还原电位为 $0.81eV$。也就是说，若使水分解反应发生，该反应的最小电压为 $1.23eV$。从能量上说，激发禁带宽度为 $1.23eV$ 的光子所对应的波长约为 $1000nm$ 左右，但由于超电势的存在，禁带宽度往往需要大于 $1.8eV$[30-36]。根据光吸收阈值和禁带宽度的关系，可以得出其禁带宽度要小于 $3.1eV$[37-39]。根据以上讨论，光催化剂上完全分解水的能级关系如图 4-16 所示。

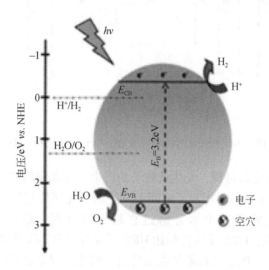

图 4-16　光催化剂分解水的能量限制示意图

同时，光激发的产生的电子和空穴也必须具有足够的氧化和还原能力；在光催化反应中，光子的能量也须大于或等于此理论能量限制（$1.32eV$），半导体的导带底能级比质子还原电位更负 $[H^+/H_2;\ 0 \sim 0.059\ pH,\ V\ vs.\ RHE（标准氢电极）]$，而价带顶能级比睡的氧化电位更正（$H_2O/O_2;\ 1.23 \sim 0.059\ pH,\ V\ vs.\ RHE$）[40-45]。也就是说，光催化剂必须同时具备氧化半电位大于 $1.23eV$（$pH=0$，NHE）和还原半电位小于 $0eV$（$pH=0$，NHE）的条件。图 4-17 列出了常见的无机半导体的能带结构以及对水分解电位的对应关系。

4.3.4　光催化水分解反应的动力学

除了热力学的限制之外，光催化分解水在动力学上也存在诸多要求。对于动力学上的限制，主要表现为：①较慢的表面反应对较快的物理过程的阻滞；②光分解逆反应的发生；③H_2 在电极上的具有很高的超电势；④光催化材料的稳定性等问题。

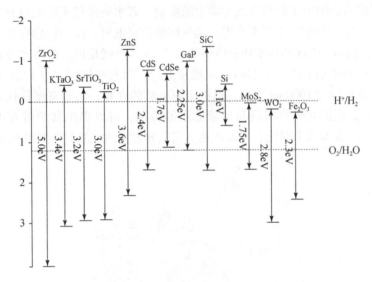

图 4-17　不同光催化剂的能带结构及对水分解电位的对应关系

首先，对于光物理过程，光生载流子的产生、分离和转移，通常发生的时间很短（几飞秒～几纳秒）。但对于表面上发生的氧化还原过程，则需要很长的时间（微秒级），通常是整个水分解过程最慢的过程，是整个反应的控制步骤[46-51]。具体来说，OER 反应往往比 HER 反应慢得多，缓慢的 OER 是光催化分解水效率低的重要原因。该现象可能主要由下面几个因素造成的。①由于存在空穴的有效质量远大于电子，导致其转移比电子慢得多。②OER 需要 4 个空穴的参与，导致比 HER 大得多的超电势和更缓慢的反应动力学。③大多数光催化剂表面具有更高的氧亲和力和低的氢亲和力，加之 O_2 质量更大，扩散比 H_2 慢得多，导致氧分子更难从光催化剂表面逃逸[52-57]。

其次，生成的 H_2 和 O_2 在水中有一定的溶解度，在反应条件下，富含溶解 H_2 和 O_2 的水中会通过逆向反应结合为水，引起光催化剂效率的损失。尤其是，光催化剂上的助催化剂可以有效促进逆向反应的发生。例如光催化剂上的金属 Pt 是分解水产氢有效的助催化剂，根据微观可逆原理，金属 Pt 也是有效的氢氧结合的催化剂。更为重要的是，当连续产生 H_2 和 O_2 时，随着水中 H_2 和 O_2 浓度的增加，导致逆向反应加剧。因此，要充分认识助催化剂在光催化中的作用，使之达到最好的效果。具体来说，在光解水的反应系统，逆向反应可以如图 4-18（a）所示的 4 种形式来发生[58-65]。

图 4-18 中途径①为水中溶解的 H_2 和溶解 O_2 在助催化剂 Pt 表面相互接触并相互反应；途径②为水中溶解的 H_2 与吸附 O_2 在助催化剂表面 O_2 进行反应；途径③为水中溶解的 O_2 与表面吸附 H_2 在助催化剂表面接触并进行反应；途径

④为催化剂上吸附的 H_2 和 O_2 的活性足够接近时，吸附的 H_2 和 O_2 在催化剂表面接触并结合为 H_2O[66-73]。以上 4 种可能的逆向反应途径构成了分解 $\rightleftharpoons$ 化合的循环，导致了光生载流子的浪费。此外，溶解氧也从另一个方面影响 H_2 的产生，即氧也可以与电子结合形成超氧自由基 $\cdot O_2^-$，该自由基最终转变为 H_2O_2 或 H_2O，如图 4-18（b）所示。从原理可知，该竞争反应也从另一方面对 H_2 的生成产生了较大的负面作用[74-77]。

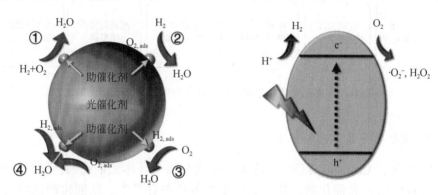

图 4-18　（a）光解水的逆向反应；（b）原理示意图

在电极反应中，氢在阴极上的产生往往具有较高的超电势，迟缓放电导致氢气的产生具有较大的迟滞性。为了降低这种极化现象，往往在光催化剂上采用对氢超电势比较低的金属[78-80]。例如贵金属中的 Pd、Pt、Rh 等。此类共催化剂可有效降低反应阻力，催化剂活性最高。也有为了降低成本，采用具有中等超电势的金属，如 Fe、Co、Ni，其活性次之[81-83]。

禁带宽度比较小的光催化剂可以吸收太阳光中波长较长的光波，因此提高太阳光的利用率。一些硫化物和硒化物半导体，就属于此类材料。该类半导体在光谱选择上虽然匹配了太阳光，但在水溶液中存在严重的光腐蚀现象，光催化剂不稳定而难以进行应用[84,85]。

总之，影响光催化分解水的因素是多方面的，欲让产氢速率能够达到一定的速率，还需在热力学上和动力学上对产氢的各项影响因素进行改进和优化。图 4-19 给出了提高反应产氢效率的多项总体策略，很好地引导着催化工作者对产氢效率的不懈追求[86-88]。

4.3.5　光催化分解水制氢材料

目前，光催化剂分解水制氢的核心是开发具有高活性制氢的材料。近年来，文献报道了数量可观的半导体材料，其具有不同的元素成分和晶体结构。现举例进行说明。

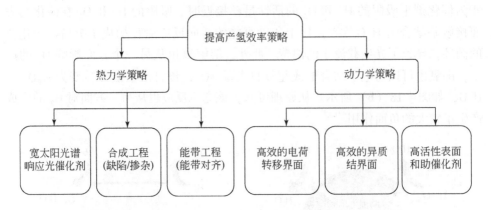

图 4-19　提高光催化分解水制氢效率的热力学和动力学策略

1. 聚合物半导体光催化剂

2009 年，Antonietti 课题组合成了一种聚合物半导体光催化剂，即石墨型氮化碳（g-C_3N_4）光催化剂，其带隙位于 2.7eV 左右[89,90]。该催化剂比较稳定，能在可见光下从水体系中产生氢气[91]。图 4-20 为不同单体来源经过热聚合获得石墨型氮化碳的示意图，合成获得 g-C_3N_4 具有较大变化的不同比表面积，带宽大致在 2.65~2.90eV 变动。不同前驱体制备的 g-C_3N_4 显示出不同的光催化析氢活性，由尿素衍生的 g-C_3N_4 的催化活性远高于任何纯 g-C_3N_4 光催化剂。

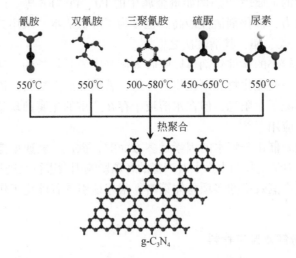

图 4-20　不同单体来源经过热聚合获得石墨型氮化碳的示意图

　　然而，纯 g-C$_3$N$_4$ 的活性并不是很显著。若在原子水平上对该半导体进行改性（例如元素掺杂），g-C$_3$N$_4$ 的能带结构会发生较大的改变，也就是说元素掺杂可以有效地对 g-C$_3$N$_4$ 的电子结构进行了调节。非金属掺杂通过 C 或 N 原子的取代发生，这会影响半导体相应的导带和价带。而金属掺杂则通过插入 g-C$_3$N$_4$ 的骨架中，获得带隙来扩展光吸收能力。例如，有研究将 B 元素引入 g-C$_3$N$_4$ 中形成 C-NB2 或 2C-NB 基团，引起能带降低[92]。另一些研究认为，g-C$_3$N$_4$ 具有良好的捕获阳离子的能力，可将金属离子引入 g-C$_3$N$_4$ 中，从而有效地提高载流子迁移率，减小带隙增强光吸收。例如，过渡金属阳离子如 Fe^{3+}、Mn^{3+}、Co^{3+}、Ni^{3+} 和 Cu^{2+} 进入 g-C$_3$N$_4$ 骨架中可以用于扩展光吸收到更长的波长，并减少光生电子和空穴的复合。碱金属离子如 Li$^+$、Na$^+$ 和 K$^+$ 和 Cl$^-$ 一起配位到 g-C$_3$N$_4$ 骨架中时，导致在不同的嵌入区域中诱导空间电荷载流子分布。图 4-21 是对 C$_3$N$_4$ 进行各种改性后的能带结构图[93]。

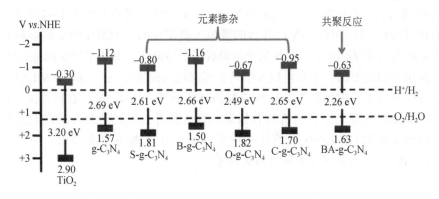

图 4-21　对 C$_3$N$_4$ 进行各种改性后的能带结构图

　　另一个能带调节策略是构建复合半导体形成异质结，从而通过促进光诱导电子和空穴的分离以提高光催化活性。C$_3$N$_4$ 具有弹性的聚合物结构，可与各种半导体形成异质结[94]。例如，TiO$_2$、ZnO、CuInS$_2$、BiOI 等物质。图 4-22 为 ZnO/C$_3$N$_4$ 形成的核–壳结构纳米片结构，以及形成的基于异质结结构中的电荷分离过程。

2. 固溶体光催化剂

　　元素掺杂可以调节光催化剂的能带带隙，是拓展光催化相应区间的重要手段。但掺杂同时带来一些缺点，如杂原子会导致半导体的内部电荷分布不平衡，容易产生光电子和空穴复合的缺陷；再如，掺杂元素在催化剂中容易形成孤立的能级，因此阻碍光电子和空穴的快速移动。居于此，科学家采用取代策略，合成

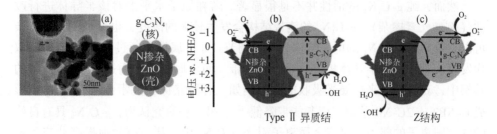

图 4-22   ZnO/C₃N₄ 形成的核-壳结构纳米片结构，以及形成的
基于异质结结构中的电荷分离过程

固溶体来克服上述缺陷。如 Domen 课题组合成了具有纤维锌矿结构的 GaN 和 ZnO 固溶体 $(Ga_{1-x}Zn_x)(N_{1-x}O_x)$，利用 RuO_2 作为助催化剂，该固溶体在可见光下将水全分解为氢气和氧气[95]。其采用的合成体系为在 NH_3 气流中加热 Ga_2O_3 和 ZnO 混合物，合成的 $(Ga_{1-x}Zn_x)(N_{1-x}O_x)$ 固溶体的带隙大约 2.4 ~ 2.8eV，小于 GaN（3eV）和 ZnO（3eV）各自的带隙。研究表明，固溶体的光谱响应拓展到可见区得益于 Zn 在引入 GaN 的价带形成了受体能级，减小了能带间隙所致。

采用类似的方法，上海科技大学马贵军课题组使用 Ga_2O_3、Zn 和 NH_4Cl 作为前驱体，合成了带隙仅有 2.3eV 的 GaN-ZnO 固溶体（图4-23）。在牺牲试剂存在下，该催化剂表现出很高的析氢和析氧活性。另外，通过辅助合适的双助催化剂，这种窄带隙 GaN-ZnO 固溶体不仅实现了一步光激发全水分解，而且可与 $SrTiO_3$：Rh 一起构建整体水分解的 Z 体系[96,97]。

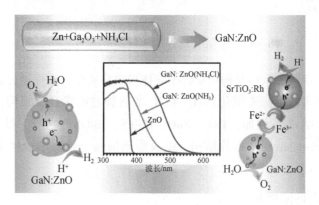

图 4-23   GaN-ZnO 固溶体体系

3. 钙钛矿类氧化物（ABO_3）型光催化剂

钙钛矿的结构涉及许多无机晶体材料，深入了解钙钛矿的结构及其变化情

况，对研究和开发该类光催化剂起到重大的作用。钙钛矿（$CaTiO_3$）的结构比较简单，它的结构可看作是 Ca^{2+} 和 O^{2-} 一起做 *fcc* 堆积，Ca^{2+} 位于顶角，O^{2-} 位于面心，Ti^{4+} 位于体心，如图 4-24（a）所示。Ca^{2+}、Ti^{4+} 和 O^{2-} 配位数分别为 12、6 和 6，Ti^{4+} 占据 1/4 八面体空隙，而［TiO_6］八面体共顶点连接形成三维结构，如图 4-24（b）所示。

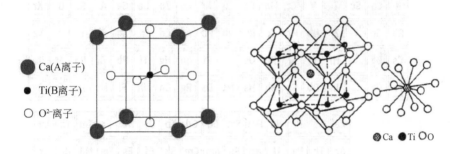

图 4-24 ABO_3 型钙钛矿结构示意图（a）晶胞结构；（b）钙钛矿型晶体结构中［TiO_6］八面体连接

需要注意的是，只有 A 离子（如 Ca^{2+}）与 O^{2-} 大小相近或比其稍大，且 B 离子（如 Ti^{4+}）配位数为 6 时，这种结构才稳定。Goldschmidt 提供了一个假设，根据容差因子（t）估计与理想钙钛矿结构的偏差：

$$t=(r_A+r_O)/\sqrt{2}\,(r_B+r_O)$$

式中，r_A、r_B 和 r_O 分别为 A 位离子、B 位离子和 O 离子的半径，其极限半径要求为 $r_A>0.09\text{nm}$ 和 $r_B>0.051\text{nm}$。t 值是钙钛矿对称性的度量，钙钛矿的 t 值大致处于 0.76 和 1.13 之间。

用其他元素替换或掺杂在 A 和 B 位点的阳离子能引起成分和对称性的变化，导致形成氧空位，从而极大地影响钙钛矿的能带结构、光吸收和光催化性能。此外，O 处掺杂位点也可以改变带隙，从而改变光学钙钛矿材料的性能。在钙钛矿的结构中，层状钙钛矿氧化物占有特殊的地位，它是一类很重要的半导体材料，目前已被应用于能源和环境中。该结构中，相邻的层之间通过弱静电相互作用相互连接。结构中较弱的层间相互作用允许容易的剥离和杂原子取代，从而导致了表面积的增加、更宽的光吸收和更好的电荷传输特性。图 4-25 列出了具有光催化活性的钙钛矿所具有的不同 A 位和 B 位阳离子[98,99]。

图 4-26 为原始和掺杂钙钛矿氧化物的能带结构，这为其在光催化应用的适用性提供了很好的思路[100]。例如，碱土金属钛酸盐由于具有比 TiO_2 更负的导带电势，而表现出更高的光解水产氢效率。有文献报道了 La、Cr 共掺杂的空心 $CaTiO_3$ 光催化 H_2 的产出。在牺牲剂的存在下，且使用负载 1wt% Pt 作为助催化

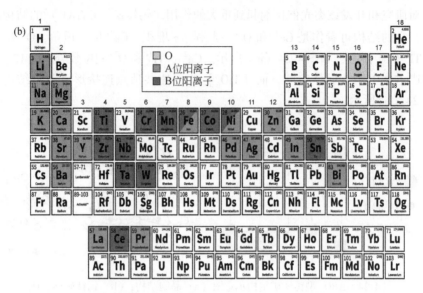

图 4-25　具有光催化活性的钙钛矿所具有的不同 A 位和 B 位阳离子

剂。实验发现，掺杂 5% La/Cr 的空心 $CaTiO_3$ 显示出更高的 H_2 产出性能（49.51 μmol/h）。掺杂空心立方体的较高活性归因于光子物质相互作用和增强的电荷转移所导致的有效光吸收。密度泛函理论（DFT）计算表明，Cr 掺杂导致带隙减小。

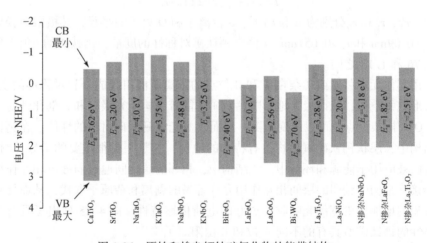

图 4-26　原始和掺杂钙钛矿氧化物的能带结构

　　总的来说，运用半导体光催化技术将太阳能高效转化为氢能是当前国际研究的热点和前沿方向，具有深远的战略意义。虽然各国的科学家已经在这个领域进行了多年的努力，但仍面临极大的技术壁垒和挑战，在可见光下分解水制氢的效率依然有待提高，离实际应用还有非常大的难题有待解决。有学者指出，为了将光解水制氢应用于实践中，需要制备一种在 600nm 可见光下量子效率为 30% 的稳定的光催化系统。目前，在这个领域的最高水平离目标还非常遥远。因此，开发更加高效的光催化剂依然十分必要。

参 考 文 献

[1] 潘珺怡，周涵. 半导体光催化全分解水的最新研究进展. 材料导报 A：综述篇，2013，27 (8)：19-24.

[2] Arifin K, Yunus R M, Minggu L J, et al. Improvement of TiO_2 nanotubes for photoelectrochemical water splitting. International Journal of Hydrogen Energy, 2021, 46 (7)：4998-5024.

[3] Singla S, Sharma S, Basu S, et al. Photocatalytic water splitting hydrogen production via environmental benign carbon based nanomaterials. International Journal of Hydrogen Energy, 2021, 46 (68)：33696-33717.

[4] Lianos P. Review of recent trends in photoelectrocatalytic conversion of solar energy to electricity and hydrogen. Applied Catalysis B：Environmental, 2017, 210：235-254.

[5] Yang Q, Luo M, Liu K, et al. Covalent organic frameworks for photocatalytic applications. Applied Catalysis B：Environmental, 2020, 276：119174.

[6] Malik R, Tomer V K. State-of-the-art review of morphological advancements in graphitic carbon nitride for sustainable hydrogen production. Renewable and Sustainable Energy Reviews, 2021, 135：110235.

[7] Yi J, El-Alami W, Song Y, et al. Emerging surface strategies on graphitic carbon nitride for solar driven water splitting. Chemical Engineering Journal, 2020, 382：122812.

[8] Tayyab M, Liu Y, Liu Z, et al. A new breakthrough in photocatalytic hydrogen evolution by amorphous and chalcogenide enriched cocatalysts. Chemical Engineering Journal, 2023, 455：140601.

[9] Cao S, Yu J. Carbon-based H_2-production photocatalytic materials. Journal of Photochemistry and Photobiology C：Photochemistry Reviews, 2016, 27：72-99.

[10] Hou W, Cronin S B. A review of surface plasmon resonance-enhanced photocatalysis. Advanced Functional Materials, 2013, 23 (13)：1612-1619.

[11] Kumar A, Krishnan V. Vacancy engineering in semiconductor photocatalysts：implications in hydrogen evolution and nitrogen fixation applications. Advanced Functional Materials, 2021, 31 (28)：2009807.

[12] Zhou P, Yu J, Jaroniec M. All-solid-state Z-scheme photocatalytic systems. Advanced Materials, 2014, 26 (29)：4920-4935.

[13] Cao S, Low J, Yu J, et al. Polymeric photocatalysts based on graphitic carbon nitride. Advanced Materials, 2015, 27 (13)：2150-2176.

[14] Zhang P, Wang T, Gong J. Mechanistic understanding of the plasmonic enhancement for solar

water splitting. Advanced Materials, 2015, 27 (36): 5328-5342.

[15] Yu H, Shi R, Zhao Y, et al. Smart utilization of carbon dots in semiconductor photocatalysis. Advanced Materials, 2016, 28 (43): 9454-9477.

[16] Wu H, Tan H L, Toe C Y, et al. Photocatalytic and photoelectrochemical systems: similarities and differences. Advanced Materials, 2020, 32 (18): 1904717.

[17] Zhang P, Lou X W. Design of heterostructured hollow photocatalysts for solar-to-chemical energy conversion. Advanced Materials, 2019, 31 (29): 1900281.

[18] Feng C, Wu Z P, Huang K W, et al. Surface modification of 2D photocatalysts for solar energy conversion. Advanced Materials, 2022, 34 (23): 2200180.

[19] Zhu Q, Xu Q, Du M, et al. Recent progress of metal sulfide photocatalysts for solar energy conversion. Advanced Materials, 2022, 34 (45): 2202929.

[20] Ge M, Li Q, Cao C, et al. One-dimensional TiO_2 nanotube photocatalysts for solar water splitting. Advanced Science, 2017, 4 (1): 1600152.

[21] Li H, Tu W, Zhou Y, et al. Z-scheme photocatalytic systems for promoting photocatalytic performance: recent progress and future challenges. Advanced Science, 2016, 3 (11): 1500389.

[22] Tee S Y, Win K Y, Teo W S, et al. Recent progress in energy-driven water splitting. Advanced Science, 2017, 4 (5): 1600337.

[23] Wang W, Xu X, Zhou W, et al. Recent progress in metal-organic frameworks for applications in electrocatalytic and photocatalytic water splitting. Advanced Science, 2017, 4 (4): 1600371.

[24] Zhang Y C, Afzal N, Pan L, et al. Structure-activity relationship of defective metal-based photocatalysts for water splitting: experimental and theoretical perspectives. Advanced Science, 2019, 6 (10): 1900053.

[25] Lin S, Huang H, Ma T, et al. Photocatalytic oxygen evolution from water splitting. Advanced Science, 2021, 8 (1): 2002458.

[26] Ng B J, Putri L K, Kong X Y, et al. Z-scheme photocatalytic systems for solar water splitting. Advanced Science, 2020, 7 (7): 1903171.

[27] Hussain M Z, Yang Z, Huang Z, et al. Recent advances in metal-organic frameworks derived nanocomposites for photocatalytic applications in energy and environment. Advanced Science, 2021, 8 (14): 2100625.

[28] Yang Y, Zhang C, Lai C, et al. BiOX (X = Cl, Br, I) photocatalytic nanomaterials: applications for fuels and environmental management. Advances in Colloid and Interface Science, 2018, 254: 76-93.

[29] Xiang Q, Cheng B, Yu J. Graphene-based photocatalysts for solar-fuel generation. Angewandte Chemie International Edition, 2015, 54 (39): 11350-11366.

[30] Zheng Y, Lin L, Wang B, et al. Graphitic carbon nitride polymers toward sustainable photoredox catalysis. Angewandte Chemie International Edition, 2015, 54 (44): 12868-12884.

[31] Zhang G, Lan Z A, Wang X. Conjugated polymers: catalysts for photocatalytic hydrogen evolution. Angewandte Chemie International Edition, 2016, 55 (51): 15712-15727.

［32］ Li H, Li J, Ai Z, et al. Oxygen vacancy- mediated photocatalysis of BiOCl: reactivity, selectivity, and perspectives. Angewandte Chemie International Edition, 2018, 57 (1): 122-138.

［33］ Lin L, Yu Z, Wang X. Crystalline carbon nitride semiconductors for photocatalytic water splitting. Angewandte Chemie, 2019, 131 (19): 6225-6236.

［34］ Wang W, Xu M, Xu X, et al. Perovskite oxide based electrodes for high-performance photoelectrochemical water splitting. Angewandte Chemie International Edition, 2020, 59 (1): 136-152.

［35］ Hu C, Tu S, Tian N, et al. Photocatalysis enhanced by external fields. Angewandte Chemie International Edition, 2021, 60 (30): 16309-16328.

［36］ Sun K, Qian Y, Jiang H L. Metal-organic frameworks for photocatalytic water splitting and CO_2 reduction. Angewandte Chemie International Edition, 2023, 62 (15): e202217565.

［37］ Osterloh F E. Inorganic nanostructures for photoelectrochemical and photocatalytic water splitting. Chemical Society Reviews, 2013, 42 (6): 2294-2320.

［38］ Ran J, Zhang J, Yu J, et al. Earth-abundant cocatalysts for semiconductor-based photocatalytic water splitting. Chemical Society Reviews, 2014, 43 (22): 7787-7812.

［39］ Mohapatra L, Parida K. A review on the recent progress, challenges and perspective of layered double hydroxides as promising photocatalysts. Journal of Materials Chemistry A, 2016, 4 (28): 10744-10766.

［40］ Zhang P, Zhang J, Gong J. 2014. Tantalum-based semiconductors for solar water splitting. Chemical Society Reviews, 43 (13): 4395-4422.

［41］ Li L, Salvador P A, Rohrer G S. Photocatalysts with internal electric fields. Nanoscale, 2014, 6 (1): 24-42.

［42］ Zou X, Zhang Y. Noble metal-free hydrogen evolution catalysts for water splitting. Chemical Society Reviews, 2015, 44 (15): 5148-5180.

［43］ Yuan Y P, Ruan L W, Barber J, et al. Hetero-nanostructured suspended photocatalysts for solar-to-fuel conversion. Energy & Environmental Science, 2014, 7 (12): 3934-3951.

［44］ Huang Z F, Pan L, Zou J J, et al. Nanostructured bismuth vanadate-based materials for solar-energy-driven water oxidation: a review on recent progress. Nanoscale, 2014, 6 (23): 14044-14063.

［45］ Gholipour M R, Dinh C T, Béland F, et al. Nanocomposite heterojunctions as sunlight-driven photocatalysts for hydrogen production from water splitting. Nanoscale, 2015, 7 (18): 8187-8208.

［46］ Wang F, Shifa T A, Zhan X, et al. Recent advances in transition-metal dichalcogenide based nanomaterials for water splitting. Nanoscale, 2015, 7 (47): 19764-19788.

［47］ Zhang X, Peng T, Song S. Recent advances in dye-sensitized semiconductor systems for photocatalytic hydrogen production. Journal of Materials Chemistry A, 2016, 4 (7): 2365-2402.

[48] Dong P, Hou G, Xi X, et al. WO₃-based photocatalysts: morphology control, activity enhancement and multifunctional applications. Environmental Science: Nano, 2017, 4 (3): 539-557.

[49] Mohapatra L, Parida K. A review on the recent progress, challenges and perspective of layered double hydroxides as promising photocatalysts. Journal of Materials Chemistry A, 2016, 4 (28): 10744-10766.

[50] Wang Z, Li C, Domen K. Recent developments in heterogeneous photocatalysts for solar-driven overall water splitting. Chemical Society Reviews, 2019, 48 (7): 2109-2125.

[51] Chandrasekaran S, Yao L, Deng L, et al. Recent advances in metal sulfides: from controlled fabrication to electrocatalytic, photocatalytic and photoelectrochemical water splitting and beyond. Chemical Society Reviews, 2019, 48 (15): 4178-4280.

[52] Kim J H, Hansora D, Sharma P, et al. Toward practical solar hydrogen production—an artificial photosynthetic leaf-to-farm challenge. Chemical Society Reviews, 2019, 48 (7): 1908-1971.

[53] Yang W, Prabhakar R R, Tan J, et al. Strategies for enhancing the photocurrent, photovoltage, and stability of photoelectrodes for photoelectrochemical water splitting. Chemical Society Reviews, 2019, 48 (19): 4979-5015.

[54] Faraji M, Yousefi M, Yousefzadeh S, et al. Two-dimensional materials in semiconductor photo-electrocatalytic systems for water splitting. Energy & Environmental Science, 2019, 12 (1): 59-95.

[55] Yuan Y J, Chen D, Yu Z T, et al. Cadmium sulfide-based nanomaterials for photocatalytic hydrogen production. Journal of Materials Chemistry A, 2018, 6 (25): 11606-11630.

[56] Liras M, Barawi M. Hybrid materials based on conjugated polymers and inorganic semiconductors as photocatalysts: from environmental to energy applications. Chemical Society Reviews, 2019, 48 (22): 5454-5487.

[57] Dai C, Liu B. Conjugated polymers for visible-light-driven photocatalysis. Energy & Environmental Science, 2020, 13 (1): 24-52.

[58] Zhan X, Si C, Zhou J, et al. MXene and MXene-based composites: synthesis, properties and environment-related applications. Nanoscale Horizons, 2020, 5 (2): 235-258.

[59] Ning X, Lu G. Photocorrosion inhibition of CdS-based catalysts for photocatalytic overall water splitting. Nanoscale, 2020, 12 (3): 1213-1223.

[60] Chen S, Huang D, Xu P, et al. Semiconductor-based photocatalysts for photocatalytic and photoelectrochemical water splitting: will we stop with photocorrosion? Journal of Materials Chemistry A, 2020, 8 (5): 2286-2322.

[61] Wang L, Wang D, Li Y. Single-atom catalysis for carbon neutrality. Carbon Energy, 2022, 4 (6): 1021-1079.

[62] Su H, Wang W, Shi R, et al. Recent advances in quantum dot catalysts for hydrogen evolution: synthesis, characterization, and photocatalytic application. Carbon Energy, 2023, 5

(9)：e280.

[63] Bie C, Wang L, Yu J. Challenges for photocatalytic overall water splitting. Chem, 2022, 8 (6)：1567-1574.

[64] Samanta B, Morales-García Á, Illas F, et al. Challenges of modeling nanostructured materials for photocatalytic water splitting. Chemical Society Reviews, 2022, 51 (9)：3794-3818.

[65] Christoforidis K C, Fornasiero P. Photocatalytic hydrogen production：a rift into the future energy supply. ChemCatChem, 2017, 9 (9)：1523-1544.

[66] Huang D, Chen S, Zeng G, et al. Artificial Z-scheme photocatalytic system：What have been done and where to go?. Coordination Chemistry Reviews, 2019, 385：44-80.

[67] Liu Y, Huang D, Cheng M, et al. Metal sulfide/MOF-based composites as visible-light-driven photocatalysts for enhanced hydrogen production from water splitting. Coordination Chemistry Reviews, 2020, 409：213220.

[68] Ray A, Sultana S, Paramanik L, et al. Recent advances in phase, size, and morphology-oriented nanostructured nickel phosphide for overall water splitting. Journal of Materials Chemistry A, 2020, 8 (37)：19196-19245.

[69] Nasir J A, ur Rehman Z, Shah S N A, et al. Recent developments and perspectives in CdS-based photocatalysts for water splitting. Journal of Materials Chemistry A, 2020, 8 (40)：20752-20780.

[70] Tao X, Zhao Y, Wang S, et al. Recent advances and perspectives for solar-driven water splitting using particulate photocatalysts. Chemical Society Reviews, 2022, 51 (9)：3561-3608.

[71] Gao R, Zhu J, Yan D. Transition metal-based layered double hydroxides for photo (electro) chemical water splitting：a mini review. Nanoscale, 2021, 13 (32)：13593-13603.

[72] He J, Liu P, Ran R, et al. Single-atom catalysts for high-efficiency photocatalytic and photo-electrochemical water splitting：distinctive roles, unique fabrication methods and specific design strategies. Journal of Materials Chemistry A, 2022, 10 (13)：6835-6871.

[73] Han B, Hu Y H. MoS_2 as a co-catalyst for photocatalytic hydrogen production from water. Energy Science & Engineering, 2016, 4 (5)：285-304.

[74] Fang Y, Hou Y, Fu X, et al. Semiconducting polymers for oxygen evolution reaction under light illumination. Chemical Reviews, 2022, 122 (3)：4204-4256.

[75] Fernando K A S, Sahu S, Liu Y, et al. Carbon quantum dots and applications in photocatalytic energy conversion. ACS Applied Materials & Interfaces, 2015, 7 (16)：8363-8376.

[76] Singh R, Dutta S. A review on H_2 production through photocatalytic reactions using TiO_2/TiO_2-assisted catalysts. Fuel, 2018, 220：607-620.

[77] Ganguly P, Harb M, Cao Z, et al. 2D nanomaterials for photocatalytic hydrogen production. ACS Energy Letters, 2019, 4 (7)：1687-1709.

[78] Huang H, Pradhan B, Hofkens J, et al. Solar-driven metal halide perovskite photocatalysis：design, stability, and performance. ACS Energy Letters, 2020, 5 (4)：1107-1123.

［79］ Ge M, Cai J, Iocozzia J, et al. A review of TiO$_2$ nanostructured catalysts for sustainable H$_2$ generation. International Journal of Hydrogen Energy, 2017, 42 (12): 8418-8449.

［80］ Fajrina N, Tahir M. A critical review in strategies to improve photocatalytic water splitting towards hydrogen production. International Journal of Hydrogen Energy, 2019, 44 (2): 540-577.

［81］ Yang Y, Zheng X, Song Y, et al. CuInS$_2$-based photocatalysts for photocatalytic hydrogen evolution via water splitting. International Journal of Hydrogen Energy, 2023, 48 (10): 3791-3806.

［82］ Acar C, Dincer I, Naterer G F. Review of photocatalytic water-splitting methods for sustainable hydrogen production. International Journal of Energy Research, 2016, 40 (11): 1449-1473.

［83］ Boumeriame H, Da Silva E S, Cherevan A S, et al. Layered double hydroxide (LDH) -based materials: a mini-review on strategies to improve the performance for photocatalytic water splitting. Journal of Energy Chemistry, 2022, 64: 406-431.

［84］ Kumar A, Kumar A, Krishnan V. Perovskite oxide based materials for energy and environment-oriented photocatalysis. ACS Catalysis, 2020, 10 (17): 10253-10315.

［85］ Maeda K. Z-scheme water splitting using two different semiconductor photocatalysts. ACS Catalysis, 2013, 3 (7): 1486-1503.

［86］ Murali G, Reddy Modigunta J K, Park Y H, et al. A review on MXene synthesis, stability, and photocatalytic applications. ACS Nano, 2022, 16 (9): 13370-13429.

［87］ Chen S, Takata T, Domen K. Particulate photocatalysts for overall water splitting. Nature Reviews Materials, 2017, 2 (10): 1-17.

［88］ Yuan L, Han C, Yang M Q, et al. Photocatalytic water splitting for solar hydrogen generation: fundamentals and recent advancements. International Reviews in Physical Chemistry, 2016, 35 (1): 1-36.

［89］ Zhang J, Hu W, Cao S, et al. Recent progress for hydrogen production by photocatalytic natural or simulated seawater splitting. Nano Research, 2020, 13: 2313-2322.

［90］ Sayed M, Yu J, Liu G, et al. Non-noble plasmonic metal-based photocatalysts [J]. Chemical Reviews, 2022, 122 (11): 10484-10537.

［91］ Yu H, Jiang L, Wang H, et al. 2019. Modulation of Bi$_2$MoO$_6$-based materials for photocatalytic water splitting and environmental application: a critical review. Small, 15 (23): 1901008.

［92］ Zhi Y, Wang Z, Zhang H L, et al. Recent progress in metal-free covalent organic frameworks as heterogeneous catalysts. Small, 2020, 16 (24): 2001070.

［93］ Xiao J D, Li R, Jiang H L. Metal-organic framework-based photocatalysis for solar fuel production. Small Methods, 2023, 7 (1): 2201258.

［94］ Ismael M. A review and recent advances in solar-to-hydrogen energy conversion based on photocatalytic water splitting over doped-TiO$_2$ nanoparticles. Solar Energy, 2020, 211: 522-546.

［95］ Stolarczyk J K, Bhattacharyya S, Polavarapu L, et al. Challenges and prospects in solar water splitting and CO$_2$ reduction with inorganic and hybrid nanostructures. ACS Catalysis, 2018, 8

(4): 3602-3635.

[96] Takanabe K. Photocatalytic water splitting: quantitative approaches toward photocatalyst by design. ACS Catalysis, 2017, 7 (11): 8006-8022.

[97] Wang S, Zhang J, Li B, et al. Engineered graphitic carbon nitride-based photocatalysts for visible-light-driven water splitting: a review. Energy & Fuels, 2021, 35 (8): 6504-6526.

[98] Hisatomi T, Kubota J, Domen K. Recent advances in semiconductors for photocatalytic and photoelectrochemical water splitting. Chemical Society Reviews, 2014, 43 (22): 7520-7535.

[99] Ng K H, Lai S Y, Cheng C K, et al. Photocatalytic water splitting for solving energy crisis: myth, fact or busted?. Chemical Engineering Journal, 2021, 417: 128847.

[100] Yang J, Wang D, Han H, et al. Roles of cocatalysts in photocatalysis and photoelectrocatalysis. Accounts of chemical research, 2013, 46 (8): 1900-1909.

第5章 半导体光催化水处理

5.1 半导体光催化水处理概述

在过去的一个世纪里，全球淡水的使用量增加了6倍，这主要是由于消费模式的转变、经济发展和人口增长。面临缺水压力有超过20亿人，每年至少有一个月严重缺水的地区居住着大约40亿人。此外，气候变化可能进一步加剧当前和潜在缺水地区的严重程度。

在全球范围内，工业和市政排放的废水中大约80%未经处理就排放到环境中。废水处理、回收和再利用是解决这些问题的有效解决方案，这需要应用技术上可行和可持续的技术。环境合作委员会报告称，低收入国家的工业用水量占总用水量的8%，而高收入国家的工业用水量约占59%[1]。

工业废水造成的水污染对水生生物和人类健康有害。例如，当重金属工业将废水排放到附近的湖泊和河流时，可能会导致出生缺陷、癌症、免疫抑制和急性中毒。同样，工业中使用微生物会造成污染，从而增加霍乱和伤寒等疾病的风险，进而增加婴儿死亡率。许多公司的生产工艺，包括酿酒、油漆和制药行业，都参与减少水体中的氧气，这对水生生物和人类健康产生负面影响。它们还会减少进入水中的阳光比例，从而阻碍光合植物和微生物的发育[2]。由于废水产生量大且各行业的特性各异，工业废水的处理尤其具有挑战性。

最近，工业中使用的化学品发生了转变，增加了废水中不可生物降解的难降解污染物。传统的混凝絮凝和生物处理水处理方法由于主要离子的竞争吸附、高盐基质中生物活性低、难降解化合物的生物降解性低等多种限制，只能对难降解污染物进行有限的处理。许多新兴技术，包括电氧化、高级氧化和膜工艺，已被用于克服了传统废水处理方法的缺点。许多方法，包括生物氧化、电化学氧化、高级氧化过程（AOP）和物理化学过程，被用于修复工业废水。AOP可以真正消除有毒化合物，而不是像传统处理系统那样只是将它们从一个阶段转移到另一个阶段。因此，AOP擅长消除工业废水中的有机和无机污染物[3]。AOP产生的羟基自由基（·OH）具有极高的氧化电位，可以很容易地将难降解的化合物降解为 CO_2 和 H_2O 等良性化合物，并且不会产生任何二次污染，例如传统处理过程中产生的污泥[4]。

AOP包括光催化、芬顿氧化、空化、声光催化、Sono-Fenton 和 Hetero-

Fenton。由于涉及多种不同的过程，它们以非常复杂的方式进行分类。然而，根据所使用的催化剂的相，AOP 可以分为均相过程或非均相过程。这些方法尽管用于废水处理，但仍存在许多缺点，例如需要先进的设备、臭氧半衰期短、吸收紫外线辐射、污染物部分矿化以及成本高。此外，大多数 AOP 需要使用额外的化学品作为氧化剂和能源，这使得能源危机更加严重。

除了基于半导体的光催化之外，其余的高级氧化工艺都具有实际限制，例如 H_2O_2 运输和存储、昂贵的氧化剂合成和污泥产生。其中，由于具有成本效益的光催化剂的潜在效率和可用性，现在正在考虑光催化而不是基于化学的 AOP。光催化已被证明是一种高效、环保、节能的废水处理技术。此外，它是迄今为止最优越和最有前途的环境净化技术之一，不仅因为它可以利用太阳光分子氧（作为氧化剂），而且因为它可以将持久性有害污染物降解为二氧化碳、水和无机矿物[5]。

传统上，光催化用于处理纺织废水，这些废水具有高色度，因此 COD 浓度也高。然而，光催化在高 COD 浓度废水上的其他应用正在萌芽，例如制药废水、农业废水、制革废水、石化废水甚至污水。TiO_2 因其较高的光催化效率而成为常用的光催化剂。氧化锌目前也正在寻找多种应用。尽管 TiO_2 和 ZnO 都具有较高的污染物去除效率，但它们较高的能源需求是需要解决的主要挑战。研究人员目前正在探索更新的潜在催化剂，其消耗的能量更少[6]。然而，能源消耗和污染物去除效率之间存在权衡。人们正在尝试通过使用异质结来最小化这种权衡。检查这种权衡对于确定即将推出的材料的光催化效率的稳健性至关重要。检查催化材料对实际废水的可操作性和稳健性也同样重要。大多数研究评估了实验室制备的合成废水的工艺和催化剂的效率。然而，这种方法有一些限制。实际废水是多种化学物质和污染物的复杂基质的混合物。此外，真实废水基质中可能存在某些离子和悬浮固体，而合成废水中不存在这些离子和悬浮固体，它们可能会干扰污染物并阻碍污染物的完全降解[10]。除此之外，合成废水和实际废水的操作条件可能有所不同。因此，合成废水中单一难降解污染物的污染物去除效率、降解所需时间、最佳 pH、流量和催化剂剂量等参数可能与实际废水中的参数不同，这使得在实际水基质中建模和优化污染物降解变得困难[7]。

5.1.1　光催化机理

光催化剂是在紫外线（UV）或可见光照射下能够产生电子–空穴（e^-/h^+）对的材料。当能量高于光催化剂带隙的光子入射到其上时，能量被光催化剂吸收，从而将电子（e^-）从其价带激发到导带，这会在光催化剂中产生 e^-/h^+ 对。如果由此产生的空穴（h^+）的氧化电位高于 ·OH/H^+、H_2O 电势的电位，即 pH $=0$ 时 $2.31V/NHE$（标准氢电极），则 h^+ 有能力将水氧化成 ·OH 和 H^+ 离子。类似地，如果激发的 e^- 的还原电位低于 $\cdot O_2^-$ 中氧的还原电位，即 pH＝0 时的 0.92V/NHE，则 e^- 具有将 O_2 还原为 $\cdot O_2^-$ 的能力。

由此产生的 $\cdot OH$ 具有足够的氧化电位来破坏有机化合物中的 C—C 共价键。另一方面，$\cdot O_2^-$ 具有足以将水还原成过氧化氢（H_2O_2）的还原电位。在光的照射下，这会进一步分解成 $2\cdot OH$，并使难熔化合物矿化。

光催化剂通常是半导体材料。TiO_2 和 ZnO 由于其高光催化活性和稳定性而仍然是最广泛使用的光催化剂。然而，TiO_2 和 ZnO 的一个主要缺点是它们具有较大的带隙，因此只能在紫外范围内工作。与可见光相比，产生紫外线不仅成本昂贵，而且对人类的健康危害更大。此外，太阳光仅包含 5% 的紫外线，而可见光的比例则大于 43%。因此，目前可见光活性光催化剂正在积极研究，这为利用太阳光光催化废水处理提供了巨大的潜力。

可见光响应性光催化剂可以是具有低带隙能量的半导体材料，其能够吸收低能量可见光。然而，由于带隙较低，可见光活性光催化剂中 e^-/h^+ 对的重组较高，这可能会抑制污染物的矿化[8]。因此，为了保持光催化剂的效率，必须减少 e^-/h^+ 复合。人们已经做出了大量努力来改进光催化剂，使其能够在可见光范围内有效工作，并产生足够的 e^-/h^+ 对。这些修改包括高带隙半导体和低带隙半导体的耦合、用高带隙材料掺杂金属或非金属、贵金属沉积、增加晶体缺陷和表面敏化等技术[9]。在某些情况下，光催化剂甚至可以仅通过太阳辐射的输入来产生 e^-/h^+ 对以矿化污染物，目前这也在探索中。

5.1.2　各种光催化剂及其应用

本节介绍各种悬浮和固定光催化剂在实际废水中的性能。

1. 纺织废水

表 5-1 总结了用于处理真实纺织废水的各种固定光催化剂的性能和操作条件。与悬浮催化剂相比，催化剂固定在表面上时光催化效率显著降低。ZnO/AC 异质结提供了最大的表面积，因此对纺织废水的 COD 去除效率最高。CuO/AC、MgO、MoS_2/WO_3 和 $rGO/CuFeS_2$ 等催化剂也能显著去除 TOC。

表 5-1　处理真实纺织废水的各种固定光催化剂的性能和操作条件

催化剂组成	光源	表面积 /(m²/g)	流速 /(mL/min)	剂量 /(g/L)	pH	时长 /min	除去率	初始浓度 /(mg/L)	可回收性
陶瓷亚克力板中的 ZnO/Zn_2SnO_4	太阳光	34	6.67		8.4	180	COD＝75%	COD＝465	

续表

催化剂组成	光源	表面积 /(m²/g)	流速 /(mL/min)	剂量 /(g/L)	pH	时长 /min	除去率	初始浓度 /(mg/L)	可回收性
TiO$_2$ 中的 CdS	350W 可见光紫外氙灯				6.8 ~ 7.5	360	TOC=10%	TOC=80	
TiO$_2$ 中的 ZnO/CdS	350W 可见光紫外氙灯						TOC=55.9%		
废渣中的 CuO/ZnO	12W 可见光 (460nm 和 550nm 波长光)	12.85	2	0.89	4	90	COD=72%	COD=700	
刨床 (Ti) 中的 TiO$_2$				NA	6	360	COD=54%	COD=880	
闸板 (Ti) 中的 TiO$_2$				NA	6	360	COD=88%	10	

2. 制药废水

表 5-2 总结了用于处理实际制药废水的各种悬浮光催化剂的性能和操作条件。可以看出，在已评估的光催化剂中，FeTiO$_3$、AgIn$_5$S$_8$/rGO、SnFe$_2$O$_4$/ZnFe$_2$O$_4$ 和 rGO/CuInS$_2$ 等催化剂对于去除制药废水中的 COD 最为有效。在一些研究中，对添加和不添加 H$_2$O$_2$ 作为氧化剂的 COD 去除率进行了评估。可以看出，添加 H$_2$O$_2$ 后 COD 去除效率显著增加。使用固定在 g-C$_3$N$_4$ 纳米片上的 SnO$_2$ 可以显著去除制药废水中的 COD、BOD 和总硬度。

3. 农业废水

表 5-3 总结了用于处理实际农业废水的各种悬浮光催化剂的性能和操作条件。可以看出，在去除 COD 和 BOD 的同时，Pt-BiFeO$_3$ 还可以有效地去除农业废水中的主要污染物 NH$_3$-N。此外，TiO$_2$ 对农业废水中的农药具有非常高的降解作用。

4. 制革废水

表 5-4 总结了用于处理实际制革废水的各种悬浮光催化剂的性能和操作条件。通过光催化工艺，制革废水中的污染物得到了显著的去除。据观察，MgO 不仅可以去除 COD，还可以去除 TDS、TSS 和重金属等。表 5-5 总结了用于处理真实制革废水的固定光催化剂的性能和操作条件。例如，悬浮的 ZnO 纳米催化剂可

去除制革废水中超过 97% 的 COD。然而，当固定在玻璃球上时，效率会降低至 70%。

5. 石化废水

表 5-6 总结了用于处理实际石化废水的各种悬浮光催化剂的性能和操作条件。可以看出，rGO/ZnO/MoS$_2$ 对于去除石化废水中的 COD 和 TOC 最为有效。

表 5-7 总结了用于处理实际石化废水的可漂浮固定光催化剂的性能和操作条件。

6. 城市废水

表 5-8 总结了用于处理实际城市废水的各种悬浮光催化剂的性能和操作条件。尽管对大多数催化剂去除城市废水中的有机污染物进行了评估，但 BOD 和 COD 的去除将是光催化效率的更好指标。表 5-9 总结了用于处理真实城市废水的各种固定光催化剂的性能和操作条件。可以看出，固定在聚苯乙烯球上的 N 掺杂 TiO$_2$ 对大肠杆菌的灭活效果显著。可结，除了工业废水之外，光催化在城市废水中也可能具有潜在的应用，需要进一步探索。

7. 其他/杂项工业废水

很少有更多的非常规催化剂被探索用于处理来自其他/杂项行业的废水。表 5-10 包含用于相同用途的各种悬浮光催化剂的性能和操作条件的总结。表 5-11 总结了用于处理一些其他/杂项工业废水的晶体光催化剂的性能和操作条件。表 5-12 总结了用于处理一些其他/杂项工业废水的固定光催化剂的性能和操作条件。

光催化氧化被证明可以有效去除废水中的顽固化合物。尽管正在探索在可见光和太阳光下工作的光催化剂，但通常使用紫外线光源可以获得更高的效率。这是因为与可见光（1.8~3.1eV）和太阳光（约 43% 可见光和约 5% 紫外线）相比，紫外线由于波长较短而提供更高的能量（3~124eV）

由于 TiO$_2$ 和 ZnO 的污染物去除效率无与伦比，因此人们对它们进行了探索，并为纺织、制药、农业、制革、石化和其他废水等广泛应用提供了良好的去除效率。此外，一些其他材料也正在出现多种应用。MgO 已针对纺织、制革和石化废水进行了测试，尽管在紫外线下具有最佳效率，但在纺织和制革废水中也可在阳光下提供可比的光催化效率。MoS$_2$ 异质结还分别利用阳光和可见光能源对纺织废水和石化废水提供了良好的污染物去除效率。另一方面，CdS 异质结已分别使用可见光和紫外可见光源在制药和纺织废水中进行了测试。

表 5-2　处理实际制药废水的各种悬浮光催化剂的性能和操作条件

催化剂组合	光照	表面积/(m²/g)	流速/(mL/min)	剂量/(g/L)	pH	时间/min	移除	初始浓度/(mg/L)	回收
$FeTiO_3$（钛铁矿）	150W UV 中压汞灯	6	2.33	1	3	300	TOC (30℃) =74% TOC (50℃) =83% COD (30℃) =76%	TOC=110 COD=365	3
$AgIn_5S_8$/rGO	300W 可见光 400nm 氙气灯	83.4	0.83	0.4	4	120	COD (40℃) =80% COD (50℃) =83% COD=76%=89%（H_2O_2）	COD=31500	4
$g\text{-}C_3N_4/Bi_2MoO_6$	300W 可见光氙气灯	76.4	0.15	0.5		660	COD=71.40%	COD=82769	5
$SnFe_2O_4/ZnFe_2O_4$	可见光		0.14	0.30		720	COD=77.5%	COD=32160	
$CdS/CuInS_2$	300W 可见光 420nm 氙气灯		0.19	0.20		780	COD=54.9% =66.4%（H_2O_2）		5
$CdS/SnIn_4S_8$	300W 可见光 420nm 氙气灯	32.1	0.09	0.20		1080	COD=35%		
$rGO/CuInS_2$	300W 可见光 420nm 氙气灯	17.8	0.15	0.20		660	COD=86.5%	COD=41250	4
$SnIn_4S_8/AgInS_2$	300W 可见光 420nm 氙气灯	36.3	0.14	0.20		720	COD=59.09% =65.98%（H_2O_2）	COD=634	5

表 5-3　处理实际农业废水的各种悬浮光催化剂的性能和操作条件

催化剂组合	光照	表面积/(m²/g)	流速/(mL/min)	剂量/(g/L)	pH	时间/min	移除	初始浓度/(mg/L)	回收
$Pt\text{-}BiFeO_3$	可见光		0.42	1	5.9	240	COD=78.1% BOD_5=64.5% NH_3-N=76.8%	COD=1578 BOD_5=756 NH_3-N=5.6	
TiO_2	太阳光						农药降解>99.5% >99.85%，$Na_2S_2O_8$ DOC=79% COD=52%	DOC=8.1 和7.8	
Ag_3PO_4/纤维素	可见光	204	0.42	1		60			5

表 5-4　处理实际制革废水的各种悬浮光催化剂的性能和操作条件

催化剂组合	光源	表面积 /(m²/g)	流速 /(mL/min)	剂量 /(g/L)	pH	时间 /min	去离子化	初始浓度 /(mg/L)	可回收性
ZnO	UV 汞蒸气灯		0.63	1	8	240	COD=97.68% BOD₅=99.77% TS=99.34%	COD=15023 BOD=4374	
ZnO/ZnFe₂O₄/AC	500W 可见卤素灯		0.83	1	9	30 120	BOD₅=80% BOD₅=91%	BOD₅=650	
MgO	太阳光		0.56	1	5.5	180	COD=97.4%　TDS=80.7% TSS=94.3%　Co=63.4% Pb=72.7%　Cd=74.1% Ni=70.8%　Cr=94.2%	COD=755±3.5　TDS=1470±4.3 TSS=8825±4.9　Co=2.31±0.1 Pb=1.43±0.06　Cd=0.54±0.02 Ni=2.93±0.01　Cr=788±3.5	

表 5-5　处理真实制革废水的固定光催化剂的性能和操作条件

催化剂组合	光源	表面积 /(m²/g)	流速 /(mL/min)	剂量 /(g/L)	pH	时间 /min	去离子化	初始浓度 /(mg/L)	可回收性
ZnO 固定在玻璃球上	32W UV 365nm		0.33	833	6.5	180	COD=70%	COD=11000	多种
柔性陶瓷网上的花状 ZnO 空心微球	500W UV		0.28	2.0cm×3.0cm	5	180	BOD₅=32.4% COD=32% TOC=30% Cr（VI）=86%	BOD₅=290 COD=1716 TOC=1277 Cr（VI）=246	4

表 5-6 处理实际石化废水的各种悬浮光催化剂的性能和操作条件

催化剂组合	光源	表面积/(m²/g)	流速/(mL/min)	剂量/(g/L)	pH	时间/min	去离子化	初始浓度/(mg/L)	可回收性
TiO_2/Fe-ZSM-5	8W UV 280~400nm 汞灯	304.6	4.17	3	4	120	COD>80%	COD=602±30	5
TiO_2/Fe-ZSM-5	8W UV 汞灯 太阳光	304.6	1.04 1.04	2.1 2.1	4 4	240 240	COD=81.24% COD>70%	COD=602±30	5
rGO/ZnO/MoS_2	100W 可见 LED 灯	59.94	0.23	0.7	4	440	COD=100% TOC=93%	COD=1110 TOC=1005	5
AC/TiO_2/CeO_2	25W UV		0.56	10	8	180	COD=49.23% TDS=36.85% Phenol=53.76% NH_3-N=52.86%	COD=975±8.97 TDS=4770±16.72 Phenol=763±2.98 NH_3-N=568±6.42	
		356.76	0.83	0.005	8.5	120	NH_3-N=65.83% Phenol=50.91%	NH_3-N=568±6.42 Phenol=763±2.98	3
TiO_2 P25	36W UV 200~430nm 荧光灯	50	44.44	8	5.5	90	SOG=88% Phenol=76%	SOG=4000±23 Phenol=300±7	

表 5-7 处理实际石化废水的可漂浮固定光催化剂的性能和操作条件

催化剂组合	光源	表面积/(m²/g)	流速/(mL/min)	剂量/(g/L)	pH	时间/min	去除	初始浓度/(mg/L)	可循环性
氧化锌-碳化橡木	UV	15.063	4.17	2	9	240	COD=58% BOD_5=36% TH=53.4% $CaCO_3$=72% 氯化物=28.5% 硫酸盐=46% NH_4^+-N=86.70%	COD=1610 BOD_5=75 TH=440 $CaCO_3$=75 氯化物=1280 硫酸盐=320 NH_4^+-N=310	

表 5-8 处理实际城市废水的各种悬浮光催化剂的性能和操作条件

催化剂组合	光源	表面积/(m²/g)	流速/(mL/min)	剂量/(g/L)	pH	时间/min	去除	初始浓度/(mg/L)	可循环性
TiO_2	太阳光			0.1	7	300	$DOC=10\%\sim15\%$ $H_2O_2=13\%\sim19\%$ $Curvularia$ sp. 灭活$=41.2\%$	$DOC=25$ $Curvularia$ sp. $=103CFU/mL$	
TiO_2 P25	17W UV 汞弧灯	50					有机污染物$=9\%\sim87\%$		
TiO_2 P25	1500W 太阳光 320~700nm 氙灯						有机污染物$=87\%\sim99\%$		
TiO_2 单壁碳纳米管	17W UV 汞弧灯						有机污染物$=9\%\sim96\%$		
TiO_2 单壁碳纳米管	1500W Solar 320~700nm 氙灯						有机污染物$=11\%\sim98\%$		
$Cu/ZnO/rGO$	可见光		0.83	2	10	120	NH_4^+-N$=78.5\%$	NH_4^+-N$=43.5$	

表 5-9 处理真实城市废水的各种固定光催化剂的性能和操作条件

催化剂组合	光源	表面积/(m²/g)	流速/(mL/min)	剂量/(g/L)	pH	时间/min	去除	初始浓度/(mg/L)	可循环性
TiO_2-聚苯乙烯微球	81.2W 可见光 400~800nmLED灯	30	6.3~7.4	0.65		120	激活的大肠杆菌$=92.6\%$	激活的大肠杆菌$=$ (300 ± 30) CFU/mL	
	太阳光		625	0.36		120	激活的大肠杆菌$=87\%$		4
TiO_2-不锈钢网	30W UV 200~280nm		2000	2		240	$BOD_5=89\%$	$BOD_5=416\pm18.12$	2
TiO_2-玻璃管	太阳光		1	1.94cm²/mL		100	$COD=60\%$ PhACs>40% 除卡巴西平和阿替洛尔外	$COD=526.12$	
			1.25	1.94cm²/mL		360	PhACs>60% 除卡巴西平和阿替洛尔外		

表 5-10　用于相同用途的各种悬浮光催化剂的性能和操作条件的总结

催化剂组合	光源	表面积/(m²/g)	流速/(mL/min)	剂量/(g/L)	pH	时间/min	去除	初始浓度/(mg/L)	可循环性
Ag/TiO₂/Fe₂O₃	45W UV 254nm	178.48	–	0.48	4.7	180	TOC=9.78%	TOC=11126.5	
MoS₂/MoSe₂	太阳光		0.21	0.08	7	240	COD=65% TOC=51.5%	COD=1950	
W/TiO₂	72W 可见 荧光灯		0.074	2	6.6	2040	COD=46%	COD=600	
PANI/BiOCl/碳 蛋壳膜	300W 可见光 氙灯	24.97	0.167	0.625		480	COD=73%		4
PANI/TiO₂	8W UV 245nm			0.15g	7	150	苯=100%		
	8W 太阳光			0.15g	7	140	苯=100%		
ZnO QDs	太阳光	113.37	0.83	2	7	120	COD≈87%~88%	COD=4985~6867	10
g-C₃N₄/rGO/TiO₂	可见光			1	9.5	240	NH₃-N=93.90%，86.23%和90.73%，硝酸根=6.93%，7.85%和7.06%		
TiO₂	80W UV 210nm	9.73	0.11	1		7200	COD=85%	COD=1270	
TiO₂	240W UV 210nm		55.56	0.1		2880	COD=93%	COD=3800	
TiO₂	800W UV 210nm		694.44	0.1		2880	COD=92%	COD=3000~5000	

表 5-11　处理一些其他/杂项工业废水的晶体光催化剂的性能和操作条件

催化剂组合	光源	表面积/(m²/g)	流速/(mL/min)	剂量/(g/L)	pH	时间/min	移除	初始浓度/(mg/L)	回收能力
MoS_2/g-C_3N_4	可见光			0.4	5~7	110	COD=48.54% TOC=42.8%	COD=1920	

表 5-12　处理一些其他/杂项工业废水的固定光催化剂的性能和操作条件

催化剂组合	光源	表面积/(m²/g)	流速/(mL/min)	pH	时间/min	移除	初始浓度/(mg/L)	回收能力
TiO_2 玻璃板	125W UV 365nm 中压水银灯	50		8.7	300	COD=77.9%	COD=420	5

尽管与紫外光源相比，这些光源所需的能量较少，但它们的光催化氧化效率（50%~60%）有所下降。因此，为了做出最佳的材料选择，分析并在能源效率权衡与所需处理程度之间取得平衡至关重要。到目前为止，很少有研究评估该过程的能耗，这是评估该过程的真实成本的先决条件。除此之外，其他材料的异质结，例如 SnO_2、CuO、WO_3、$BiFeO_3$、CuFeS 等，具有相当好的去除效率，主要仅针对单一应用进行测试。显然，制备催化剂材料与其他催化剂或载体材料的异质结可显著提高性能。然而，确定催化剂的稳健性至关重要。pH、初始浓度、降解所需时间和催化剂剂量等操作条件可能会随着污染物基质的变化而变化，这可能导致光催化氧化效率的变化。因此，需要测试这些材料的其他应用，并揭示它们作为有效光催化剂的全部潜力。除纺织工业外，染料（耐火化合物）还用于其他各种工业，例如食品、造纸、油漆、洗涤剂和化妆品[11]。这意味着光催化氧化也有可能应用于这些行业的废水，并且是一个可能的研究领域。

主要考虑了 COD 去除，仅在非常有限的研究中评估了 BOD、TOC、重金属、氮和磷去除等参数。其中一些研究表明 BOD 和 TOC 的去除率相当高。必须考虑去除这些参数，以全面了解所需的处理程度、废水质量，并随后优化处理成本。这对于确定该工艺作为生物处理前或生物处理后的适用性也极其重要。

尽管这些研究是针对真实废水进行的，但大多数研究都是以批量模式和实验室规模进行的。系统的可扩展性可能会影响光催化氧化效率。因此，对于实际应用，需要以连续模式将系统分阶段放大到中试规模，以评估催化剂的效率，并通过识别和解决相关挑战来建立系统的稳健性。因此，可以得出结论，我们在建立光催化氧化作为一种有效方法方面已经取得了很大进展；尽管如此，还需要更多的研究来全面实际应用并评估利用太阳光的潜力。

5.2　水处理光催化剂的重要体系

5.2.1　金属氧化物

经过全面研究，TiO_2 已被确定为废水处理最重要的半导体光催化剂。这可以归因于 TiO_2 的各种优点，如高氧化性、高强度、廉价、生物相容性、无毒、高光催化性和光稳定性。然而，由于其电荷迁移率低和带隙宽，它不能利用太阳辐射进行光催化，需要紫外光源进行激活。克服这些缺点的方法有两个。首先，可以使用金属离子［如掺杂锌的 TiO_2（Zn_xTiO_2）］或氮形成的氮氧化物（TiO_xN_y）等材料来进行掺杂或耦合。其次，可以用不同的材料（即碳基材料、金属氧化物、MOF[12]、金属硫化物或某些非金属）创建异质结或复合材料。异质结有助于显著减少电荷复合并延长可见光的吸收。

ZnO 材料具有较高的催化效率。此外，材料的无毒、低成本和高化学稳定性使 ZnO 成为用作光催化剂的合适选择。与 TiO_2 一样，ZnO 的大带隙使其无法在可见光照射下有效工作。因此，ZnO 的工业应用受到限制。对于 ZnO，载流子的重组也很快。此外，在紫外线照射下，ZnO 可能会发生光腐蚀，从而降低其光催化活性[23]。

TiO_2 和 ZnO 具有相似的光催化降解污染物的反应机制。然而，据观察，为此目的，ZnO 比 TiO_2 具有更好的效率。相反，Souza 等发现 ZnO 的动力学和热力学效率较低，这表明由于 ZnO 的表面积较小和孔径较大，其光催化活性低于 TiO_2。这一矛盾可归因于光催化降解效率不仅取决于催化材料，还取决于其形貌和合成方法。与 ZnO 纳米颗粒相比，一维 ZnO 纳米棒具有更大的表面积，因此已被证明前者更有效。

人们正在严格研究 ZnO 与其他材料的组合，以克服其缺点。CuO/ZnO、$ZnO/ZnSn_2O_4$ 和 ZnO/CdS/CuS[13]等异质结已被证明比纯 ZnO 效率更高。

MgO 是一种特别适合光催化剂的半导体，因为它具有独特的化学、机械、光学和电学特性、大能带隙、稳定性、经济性、无毒性且活性更高。MgO 纳米粒子具有抗菌特性。由于能量消耗过多以及只有利用 UV 才能产生令人满意的结果等缺点，MgO 与其他半导体不相容。因此，仅使用基于氧化镁的光催化方法来处理实际废水并不是一种实用的替代方案。

CuO 是一种 p 型半导体，具有良好的光催化能力，带隙为 2.17eV[14]。它具有很强的 PDS 活化能力，可降解有机污染物。

WO_3 带隙窄，为 2.7eV，价带势高，对波长 ≤480nm 的太阳光有较强的吸收能力。此外，它是一种热稳定且具有成本效益的无害材料，其单斜相具有很高的光催化活性，并且在常温下稳定。此外，其简便的合成方法和强大的空穴氧化性能使 WO_3 成为一种潜在的光催化剂。然而，其吸收有限范围的光的能力、e^-/h^+ 对的快速重组、较小的表面积和低溶解度被证明不利于作为光催化剂[14]。

Nb_2O_5 光催化剂具有与 TiO_2 相当的半导体性。此外，它在良好的晶粒尺寸和良好的化学稳定性下具有高光活性。除此之外，其无毒性和商业可用性有利于用作光催化剂的材料[15]。

锡酸锌（$ZnSnO_4$）是一种三元氧化物半导体，已被用作有机污染物降解的光催化剂。它具有约 3.6eV 的宽带隙。其作为光催化剂的能力归因于其高电子迁移率和化学稳定性。

$BiVO_4$ 由于其带隙小（2.4eV），单斜白钨矿钒酸铋（$BiVO_4$）近年来已成为一种有前景的创新型可见光驱动光催化剂。然而，由于 e^-/h^+ 对分离率低和光利用能力低，导致其光催化活性弱，限制了其实际工业化。为了解决这些问题，需要更多的研究。

Bi_2MoO_6（BMO）由于其低成本、无毒以及 2.3 ~ 2.7eV 的窄带隙能量而引起了广泛的研究兴趣。由于每种组分都具有积极的特性，含 BMO 的三元复合材料在光催化活性方面优于纯 BMO 或基于 BMO 的二元复合材料。

特别是，通过开发三元异质结，如 BMO/碳纳米管（CNT）/石墨氮化碳（g-C_3N_4）、g-C_3N_4 量子点，可以极大地支持 BMO 界面上 e^-/h^+ 对的分离并减少复合。为了消除有机污染物，Huang 等证明 CDs/BMO/GNFs 复合材料可以提高光催化活性。

SnO_2 由于其尺寸、较高的氧化电位、耐腐蚀性、尺寸、3.6eV 的高带隙、化学惰性、良好的光化学稳定性、光学性能和经济的价格，氧化锡（SnO_2）纳米粒子（NP）已成为卓越的光催化剂。SnO_2 NPs 显示出多种几何形态，包括球形颗粒、空心微球、花朵和纳米带。它们具有最好的胶体稳定性、球形、最高的结晶度、最高的分散性和最大的光催化表面积。植物介导的 SnO_2 NP 的能隙较低，为 2.93eV。

由于其高还原电位，放置在 g-C_3N_4 片中的 SnO_2 NP 改善了可见光光催化过程，并且可以作为出色的电子受体。g-C_3N_4 纳米片与 SnO_2 纳米粒子结合可以实现更好的电荷分离；然而，需要多种技术来增强这种材料的制造。CeO_2 当与各种材料结合形成异质结时，CeO_2 被证明是一种优异的光催化剂。

Fe_2O_3/CeO_2 复合材料改善了载流子分离，并且由于两种材料之间的紧密相互作用而降低了催化剂的带隙能量。此外，Co_3O_4/CeO_2 形成的中空微结构通过降低带隙能而表现出良好的光催化活性。由于结界面处形成的氧空位，该复合材料还具有出色的可重复使用性。CeO_2 具有独特的 Ce（III）/Ce（IV）耦合相互作用，使其能够利用可见光进行光催化降解。此外，CeO_2 还表现出抗菌特性，因为它能够轻松地从还原态转变为氧化态，反之亦然。据报道，Pd/CeO₂ 光催化剂在降解染料化合物方面具有卓越的功效[16]。

目前，大于 10nm 的纳米分子或微米分子无法与金属氧化物量子点（MOQD）独特的光致发光和物理化学特性相匹配。对于废水的光催化处理，氧化锌量子点（ZOQD）似乎是一种有前途的催化剂。ZOQD 的物理化学和光致发光特性取决于量子尺寸效应，由于 ZOQD 的限制结构和3D 限制能而得到增强。此外，"盒中粒子"量子化思想将电子结构的变化与粒子的大小联系起来，由于 e⁻ 和 h⁺ 的空间限制以及形成，可以看到光吸收的明显频率变化离散能级[17]。

5.2.2　Bi 基材料

1. 卤氧化铋

卤氧化铋化合物 BiOX（X = Cl、Br、I）因其独特的结构以及优异的物理化学和光学性能而被证实具有出色的光催化活性。它们具有四方斜铁矿结构，这是一种［Bi₂O₂］²⁺板的层状结构，由某些卤素原子的双板交织而成，如图 5-1 所示。从［Bi₂O₂］²⁺到卤化物的内部静电场，阴离子可以促进光生电子和空穴的有效分离，从而增强光催化活性。利用基于密度泛函理论（DFT）的第一原理计算了 BiOX 的电子结构，如图 5-2 所示。Zhao 等证明价带最大值（VBM）主要贡献于 O 2p 和 X np 态（对于 X = Cl、Br 和 I，n = 3 ~ 5），而导带最小值（CBM）主要由 Bi 6p 态组成[18]。

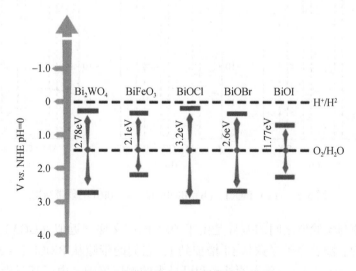

图 5-1　典型铋基复合氧化物的能带位置

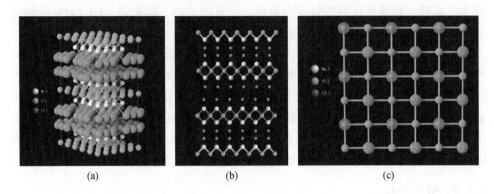

图 5-2　BiOI 晶体模型结构示意图

（a）三维投影；（b）{110} 面；（c）{001} 面

理论计算的带隙分别确定为 2.50eV、2.10eV 和 1.59eV。实验估计的 BiOCl、BiOBr 和 BiOI 的带隙分别为 3.22eV、2.64eV 和 1.77eV，如图 5-3 所示。

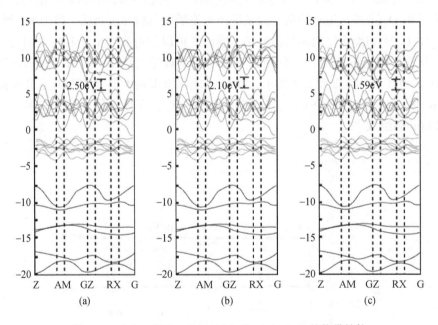

图 5-3　（a）BiOCl、（b）BiOBr 和（c）BiOI 的能带结构

理论值与实验值之间的差异是由于 DFT 的广义梯度近似（GGA）方法的局限性造成的。随着原子序数从 Cl 增加到 I，它们的带隙从 BiOCl（~3.2eV）变窄到 BiOI（~1.7eV），落入紫外光和可见光的响应范围。由于其宽带隙，BiOCl 通常在紫外光激活下表现出优异的光催化活性。具有最窄带隙的纯 BiOI 可以在

可见光和近红外光下被激活，但通常会导致光催化活性较差，电子空穴对复合率较高。相比之下，具有合适带隙的 BiOBr 作为可见光响应催化剂引起了更多的关注并广泛应用于太阳能转换。

2. 铁酸铋钙钛矿

最近，铁酸铋钙钛矿（$BiFeO_3$）因其独特的铁电性和电性能而成为另一种新型可见光驱动光催化剂，用于降解水性有机污染物。钙钛矿化合物的基本化学式为 ABO_3。一般情况下，A 位填充有比 B 位尺寸更大的阳离子，一般为碱金属、碱土金属和稀土金属离子，位于由 12 个氧原子组成的十四面体的中心；B 位是一个小尺寸的过渡金属离子，位于由 6 个氧离子组成的八面体的中心。理想的 ABO_3 钙钛矿具有立方对称性，氧离子位于面的中心。

基本上，A 位离子不会直接参与反应。它可以调节作为活性组分的 B 位离子的价态和色散态，以维持晶胞的电中性和稳定性。然而，如果用另一种不同价态的离子代替，B 位离子的价态将相应改变，异常价态离子将变得稳定。此外，可能会出现晶格缺陷并导致晶格氧的化学位置的变化。此外，A 位离子与 O_2^- 的结合具有离子键的特征。当 A 位离子被更高价离子取代时，可以产生 A 离子空位或者可以降低 B 位离子的价态以满足电荷平衡。当 A 位离子被较低价离子取代时，会产生氧空位或 B 位价态升高，有利于光催化活性的增强。同时，ABO_3 钙钛矿的晶格畸变会导致不同晶相之间的转移，这也解释了光学和电子特性的变化。通过调整 A 和 B 离子的不同组合，设计具有满足光学和物理化学性质的最佳 ABO_3 钙钛矿有很大的空间。钙钛矿型光催化剂的催化活性取决于 B 位阳离子和 O_2^- 之间的能隙，该能隙是由于 B—O—B 之间的相互作用而形成的。因此，B 位阳离子的作用和选择至关重要。当 B 位离子被不同价态的离子取代时，会产生晶格空位或 B 位其他离子的价态变化，从而使催化剂表面吸附的氧显著增加或减少。此外，还会产生一些协同效应。当能隙变窄时，电子的迁移率就会增强，光催化活性也会增强。能隙的减小有利于可见光的吸收和太阳能的利用。

在所有 ABO_3 钙钛矿中，$BiFeO_3$ 作为光催化剂引起了广泛的关注，因为它具有响应可见光激发的窄带隙以及多铁性和磁性行为，这在实际光催化应用中是有利的。自 2007 年以来，由于其突出的光催化性能和化学稳定性，得到了广泛的研究。值得一提的是，$BiFeO_3$ 独特的铁电和压电特性可以导致很大的自发内部极化效应，从而导致能带弯曲和更有效地分离光生电子/空穴向相反方向迁移。然而，原始的 $BiFeO_3$ 不能通过水分解产生 H_2，因为其导带电势不够负，不足以将 H^+ 还原为 H_2。

3. 钨酸铋

对于钨酸铋（Bi_2WO_6）晶体，通常可以发现两个晶相：斜方晶相和单斜晶相。而大多数 Bi_2WO_6 结构属于斜方晶相，晶体结构表现为由 WO_6 八面体层与 $[Bi_2O_2]^{2+}$ 层交错组成的层状结构，就像三明治一样。显然，每个 W 原子被 6 个 O 原子包围，构成 WO_6 八面体。

由 6 种不同的 W/O 键长度证明的源自 W 和 Bi 离子的晶体畸变可以影响晶体的电子结构并进一步影响光催化活性。根据基于 DFT 的计算，Bi_2WO_6 被认为具有 2.75eV 的直接带隙。与 $BiVO_4$ 和 Bi_2MoW_6 相比，Bi_2WO_6 的价带电位预计更正，具有更强的光氧化能力，有利于有机污染物的光催化氧化和水分解产生 O_2。

Bi_2WO_6 带隙较宽，特征光吸收主要在紫外范围内。价带主要由 Bi 6s 和 O 2p 能级组成，而导带主要由 W 5d 能级组成。Bi 6s 孤对电子对于减小带隙和增强空穴电导率具有重要意义。因此，Bi 或 O 位点被认为是氧化位点，而 W 位点被认为充当还原位点。从其晶体结构和电子结构推断，Bi_2WO_6 可能有潜力作为一种有前景的光催化剂，用于在可见光照射下降解有机污染物和分解水产生氧气。

5.2.3　有机半导体

1. 引言

随着能源需求的不断增长，2050 年全球每小时能源消耗预计将达到 1.1×10^{21}J，有限的自然资源难以满足。当前全球能源供应仍然高度依赖不可再生能源（煤炭、石油、天然气），导致化石燃料中的杂质产生氮氧化物（NO_x）和硫氧化物（SO_x），以及二氧化碳。这些物种是造成当前环境问题的重要原因，包括空气污染和全球变暖。在这种背景下，科学家们正在寻找可再生能源，例如风能、太阳能和水力发电作为替代能源，并且已经进行了大量研究来开发新型能量存储和转换技术，例如燃料电池、电化学系统和光化学系统，用于环境修复和可持续能源生产。在各种替代能源中，太阳能是最具吸引力的选择。太阳提供免费且无限的能量，太阳光每小时到达地球的能量比人类全年活动所使用的能量还要多。因此，预计未来全球能源需求的很大一部分可以通过太阳能来满足。

通过光催化将太阳能转化为化学能作为满足可持续发展要求的一项强有力的新技术而出现，多年来一直受到人们的广泛关注。这一概念源于自然光合作用循环，其中绿色植物和某些生物体收获太阳光子来驱动多电子化学反应，并从 CO_2 和 H_2O 形成氧气和富含能量的碳水化合物。受这种光合作用过程的启发，光催化包括光催化析氢反应（HER）、析氧反应（OER）、CO_2 还原反应（CO_2RR）、

N_2 还原反应（NRR）、有机转化和污染物降解，引起了巨大的研究兴趣，并被认为是能源和环境危机的有效解决方案。半导体光催化剂具有太阳光吸收、电子-空穴对分离和迁移以及表面催化氧化还原反应等多种功能，是光催化的核心。迄今为止，各种无机半导体，如氧化物、硫化物、氮化物和异质结材料等得到了广泛的研究。不幸的是，这些光催化剂遇到了各种问题，例如效率低、带隙宽、电子-空穴对寿命短等，这极大地阻碍了它们的实际应用。随着研究的发展，人们对石墨氮化碳（$g\text{-}C_3N_4$）、金属有机骨架（MOF）和共价有机骨架（COF）等有机半导体的研究兴趣日益浓厚。其中，COF 因其独特的性能而成为一种有前途的光催化剂[19]。

作为多孔骨架材料的一个子类，COF 是通过共价键连接有机结构单元整合而成的。自 Yaghi 及其同事于 2005 年首次报道以来，COF 在过去十年中引起了研究人员的兴奋，人们在合理设计和精确合成方面付出了巨大努力，以建立 COF 领域的基础。它们具有各种拓扑的开放和无限结构赋予 COF 永久的孔隙率、长程有序和刚性骨架，并使其在气体存储和分离、能量存储和转换装置、药物输送、化学传感等广泛应用中具有潜在价值。在多相催化领域，COF 因其优异的物理化学性质而成为光催化系统的理想候选者。由于结构的可设计性，COF 可以实现与光催化相关的目标特性，从而实现改善的光吸收并促进电子-空穴的分离和转移。此外，COF 中的大表面积和多孔结构允许高催化位点暴露以及快速传质。最后但并非最不重要的一点是，COF 在恶劣的光催化条件下表现出优异的化学和热力学稳定性，这可归因于其结构中共价键的鲁棒性。这些令人着迷的固有特征使 COF 在光催化性能方面具有匹配甚至超过传统无机半导体的巨大潜力，目前的成就激发了研究人员对新型 COF 作为光催化剂的进一步探索。

在此，本书编者重点对基于 COF 的光催化的进展进行全面回顾。首先从光催化应用的材料要求的角度总结了 COF 在光催化方面的优势。随后，提出了COF 修饰以实现高效光催化的策略，包括拓扑和连接设计、孔结构调节、孔道修饰、骨架功能化、助催化剂掺入和混合构建。接下来，讨论了具有定制特性的COF 在各种光催化反应中的应用，包括光催化析氢、析氧、二氧化碳还原、有机转化和其他光催化反应。最后，概述了需要解决的关键挑战并指出了未来的前景，旨在建立 COF 和光催化之间的桥梁，并使研究界受益。

2. COF 光催化应用的基础知识

多相光催化是一种由丰富且取之不尽用之不竭的太阳能驱动的绿色可持续技术，为进一步的能源转换和环境修复提供了巨大的机遇。各种光催化反应，包括光催化水分解、二氧化碳的光还原、污染物的光降解以及其他光催化化学合成过程，引起了广泛的研究兴趣。然而，所有这些过程都依赖于半导体光催化剂，其中当光催化剂暴露于适当的光源时，光生电子被激发到导带（CB），而空穴则留在价带（VB）中。然后，电子-空穴对转移到光催化剂表面参与氧化还原反应。在这种背景下，合理制造高效光催化剂以获得特定反应的合适活性对于实际应用至关重要。

光是光催化反应的能量驱动因素，因此光催化剂的首要要求是光捕获能力。众所周知，地球表面接收到的太阳辐射光谱由 50% 可见光（$400nm < \lambda < 800nm$）、45% 红外光（$\lambda > 800nm$）组成，而只有 5% 处于紫外区（$\lambda < 400nm$）。尽管紫外光子具有较高的能量，但紫外光在太阳光谱中所占的比例却远低于其他两者。因此，开发在 $>400nm$ 波长下发挥作用的半导体光催化剂对于有效吸收太阳能至关重要。通过调节半导体的带隙，可以合理控制光吸收能力以匹配不同的应用。

将太阳能转化为化学能的另一个先决条件是光催化剂应具有适当的能带结构。从热力学角度来看，光生电子和空穴分别驱动的还原反应和氧化反应的电位必须位于光催化剂的 CB 电位和 VB 电位之间。具体来说，CB 电位应比还原反应所需的电位更负，而 VB 电位应比氧化反应所需的电位更正。然而，对于涉及多步基元反应的反应，仅通过每个基元反应的电势来确定它们是否可以发生是不够的，因为多电子转移途径在热力学上可能比单电子转移过程更有利。例如，氧、二氧化碳和氮的多电子还原反应，以及水的多电子氧化反应，由于反应电位较低，比单电子过程更容易发生。值得注意的是，半导体的 CB 位越负，VB 位越正，表明氧化还原反应的热力学驱动力越强。然而，这会同时加宽半导体的带隙，从而牺牲可见光吸收能力并导致太阳能转换效率降低。因此，由带隙决定的光吸收能力和由能带水平决定的氧化还原反应能力之间存在权衡。这些问题需要仔细优化，以实现合适的催化活性和效率。

理想的光催化剂还应该具有丰富且有效的反应物可接近的活性位点。在光催化反应过程中，光生电子和空穴迁移到表面，氧化还原反应发生在催化中心。一方面，活性位点的反应动力学是决定光催化活性的重要问题之一。特别是涉及能量上坡的多电子转移反应，如水分解、二氧化碳还原和氮还原反应，在热力学上是缓慢的，因此需要仔细设计和调整活性位点的电子特征，以有效降低能量势垒并促进吸附物质的化学活化过程。另一方面，一致认为，活性表面的传质也会显著影响整体光催化性能。扩大光催化剂的比表面积将为质量传输提供丰富的通道并增加活性位点的暴露，从而进一步加速反应动力学。为此，已经开发了几种策略来创建具有互连的分级孔的光催化剂，或赋予光催化剂粗糙且异质的表面。这不仅有利于反应物和产物的扩散并增强活性位点的可及性，而且由于入射光在结构内反射和散射而有利于光捕获能力。

此外，有效的载流子分离和电荷转移都是不可或缺的。卓越的光催化过程需要将光生电子和空穴有效且定向传输到各自的活性位点，而不是通过复合产生热能。事实上，电荷复合通常发生在体相或催化剂表面，这极大地阻碍了电荷的顺利迁移。光生电子–空穴对复合的动力学是如此之快，以至于它成为整体光催化效率最重要的限制之一。特别是对于反应动力学缓慢的多电子转移反应，电荷复合现象更加严重，因为瞬态电子和空穴更难被化学反应及时消耗。这对于光催化剂来说是一个不受欢迎的特性，因此人们提出了几种策略，例如在光催化剂中加入电子陷阱、采用电荷清除剂、构建异质结等，以实现更长时间的光催化反应，存在电荷载流子并促进光催化反应。

还应该提到的是，电荷分离能力与半导体的带隙有关。显然，电子跨越较小的带隙到达 CB 所需的能量和时间较少，这有利于光激发过程。而带隙越窄，电子–空穴复合的概率就越高。开发光催化剂时必须找到它们之间的平衡。最后，光催化剂还应具有优异的稳定性，以避免在不同反应条件下长期实际使用时发生劣化和光腐蚀。

所有上述因素已被证明会影响光催化的整体活性和效率。光催化剂作为光催化反应的基础和核心，应该经过精心设计，以应对不同阶段的挑战，例如增强光捕获能力、调节能带结构、创造有效的活性位点、促进传质和提高耐久性。当然，对光催化剂性能的具体要求主要取决于其各自的重点应用。

在过去的几十年里，各种半导体已被广泛开发作为不同反应的光催化剂。无机半导体，如金属氧化物、金属硫化物以及异质结材料等已占据主导地位。

然而，它们的应用距离实用还很远。宽带隙半导体的可见光吸收能力有限，导致量子效率不理想。对于那些具有适合可见光捕获的带隙的材料，它们通常含有重金属并遭受强烈的光腐蚀。同时，这些材料的精确设计和调节具有挑战性，使其难以满足特定应用。近年来，石墨氮化碳、MOF、COF 等有机半导体在光催化领域受到广泛关注。石墨氮化碳作为一种聚合物半导体，表现出良好的稳定性和适当的能带结构，但缺乏结构多样性，这极大地限制了其进一步的功能化。相比之下，COF 和 MOF 具有灵活且可调节的结构，这为功能化和将动态纳入骨架提供了更大的机会。不幸的是，由于金属节点和有机配体通过配位构建的 MOF 的化学性质，它们大多数不够稳定，无法应对光催化反应条件和长期运行。相比之下，COF 为克服光催化剂层面的上述瓶颈提供了很好的机会，其在光催化方面的优势总结如下。

结构多样性和可定制性是 COF 最有趣的特征。通过选择构件和连接，可以实现主链结构明确的 COF 的合成。在半导体 COF 中，带隙定义为最高占据分子轨道（HOMO）和最低未占据分子轨道（LUMO）能级之间的能隙，分别对应无机半导体中的 VB 和 CB。COF 的光吸收能力、反应活性以及电荷分离能力在很大程度上取决于 HOMO 和 LUMO 能级。通过在分子水平上进行合理的预先设计，可以通过整合适当的结构单元和具有适当连接的官能团来很好地控制它们，以适应各种反应条件。另一方面，与其他光催化剂相比，COF 的另一个独特优势是它们能够实现 π 共轭阵列的排列。π 共轭结构可以在面内或层堆叠方向上延伸，这极大地有利于光生电荷迁移，减少电荷复合，并扩大了光吸收范围。同时，可以很容易地将电子供体-受体单元纳入 COF 的共轭框架中。推拉效应促进了电子从供体到受体的转移，这可以进一步提高电子-空穴对的分离效率。

COF 的另一个吸引人的特性是高孔隙率和比表面积。受益于有机化合物所保持的有序结构，COF 具有开放且延伸的孔隙，从而创造了更容易接近的活性位点，并极大地有利于通过多孔通道的质量传输。COF 的晶体结构还降低了缺陷引起的电荷俘获的可能性，从而限制了电子-空穴对复合。值得注意的是，COF 的形貌对于光催化应用具有重要意义。有机建筑单元和联系的多样性导致了各种拓扑图，如六边形、四边形、菱形和三角形拓扑等。这使得能够构建具有从 2D 分层结构到 3D 互穿的不同空间结构的骨架。COF 的孔径也很灵活，可以从微孔到介孔设计。通过合理的设计，COF 不仅可以表现出优异的催化活性，而且可以产生反应物吸附以促进传质。

COF 还具有较高的化学稳定性和热稳定性，因为它们可构建单元之间的共价键连接。COF 的稳健结构允许在骨架上进行各种反应，同时保持其结晶度和孔隙率，并赋予 COF 在严酷的酸性和（或）碱性条件下运行的能力。因此，COF 骨架中的活性单元更有可能避免初期光腐蚀，从而提高激发态的寿命。上述令人着迷的固有优点使 COF 超越了大多数传统的光催化半导体，赋予了 COF 在光催化应用中的巨大潜力。

在过去的几十年里，将取之不尽的太阳光转化为化学能的可持续光催化技术已被广泛研究，以实现各种反应。正如所讨论的，COF 由于其独特的优势已成为开发先进光催化剂的研究热点。本节系统总结了 COF 基材料光催化应用的最新进展。

3. COFs 基光催化剂的应用

氢作为一种高能量密度的环保能源，面临着应对日益严重的能源短缺和环境问题的巨大机遇。利用太阳光从水中生产氢气已被认为是清洁氢气生产的一种有前景的方法。这种光到化学能的转换过程需要光催化剂具有合适的键结构以提供足够的反应电势，以及优异的电荷分离能力以向还原中心提供连续的电子流。正如之前讨论的，COF 因其独特的特性而能够满足这些要求。COF 基光催化剂与其他光催化析氢材料的比较如表 5-13 所示。

表 5-13　COF 基光催化剂与其他光催化析氢材料的比较

光催化剂	助催化剂	牺牲试剂	光源	HER /[μmol(g·h)]	AQE/%
BT-TAPT-COF	Pt（8wt%）	AA	≥420nm	949	0.19（410nm）
BDF-TAPT-COF	Pt（8wt%）	AA	AM1.5	1390	7.8（420nm）
CYANO-CON	Pt（1wt%）	AA	>420nm	134200	82.6（450nm）
TtaTfa	Pt（8wt%）	AA	>420nm	20700	1.43（450nm）
ODA-COF	Pt	TEOA	≥420nm	2615	0.42（420nm）
Tp-2C/BPy^{2+}-COF	Pt（3wt%）	AA	>420nm	34600	6.93（420nm）
Pt-PVP-TP-COF	Pt（6wt%）	AA	≥420nm	8420	0.4（475nm）
N$_2$-COF	Cobaloxime（Co-1）	TEOA	AM1.5	782	0.16（400nm）
30%PEG@BT-COF	Pt（3.7wt%）	AA	>420nm	11140	11.2（420nm）
MIL-125/Au	Pt（0.49wt%）	TEOA	>420nm	1743	/
UiO-66-NH$_2$	Pt（0.65wt%）	AA	>420nm	1528	2.3（420nm）
MIL-125-NH$_2$	Pt（0.45wt%）	TEOA	≥420nm	707	/
NU-100	Pt（1wt%）	TEOA	>400nm	610	/
PyBS-3	Pt（3wt%）	AA	>420nm	43000	29.3（420nm）
S-CMP-3	Pd（0.7wt%）	TEA	>420nm	3106	13.2（420nm）
P10	Pd（0.4wt%）	TEA	>420nm	3260	11.6（420nm）
PDBTSO	Pt（3wt%）	TEOA	>420nm	44200	/
TiO$_2$@BpZn-COP	Pt（3wt%）	TEOA	≥420nm	1333	2.5（420nm）
PDBTSO@TiO$_2$	Pt（3wt%）	TEOA	>420nm	51500	13（420nm）
α-Fe$_2$O$_3$/g-C$_3$N$_4$	Pt（3wt%）	TEOA	>400nm	31400	44.4（420nm）
CN-L0.10	Pt（3wt%）	TEOA	>420nm	2235	4.8（420nm）
g-C$_3$N$_4$ 纳米网状物	Pt（3wt%）	TEOA	>420nm	8510	5.1（420nm）
GD-C$_3$N$_4$	Pt（3wt%）	TEOA	>420nm	23060	31.1（420nm）

　　通过设计和调节有机骨架，已经开展了一些关于基于 COF 的析氢光催化剂的研究。在有机骨架中引入富电子/缺电子单元，或将它们作为供体-受体对互连，是促进 COF 中电荷分离和传输的有效策略。例如，Dong 等设计并合成了一种具有缺电子苯并噻二唑单元的新型光活性亚胺连接 COF，称为 BT-TAPT-COF。该 COF 具有宽的光吸收范围、高结晶度以及优异的化学和热稳定性，能够作为与 Pt 助催化剂发生析氢反应的高效光催化剂，并且在可见光下可以保持其活性

至少 64h 辐照。后来，该小组通过缺电子三（4-氨基苯基）三嗪（TAPT）和富电子 4,40-(苯并 [1,2-b：4,5-b′] 二呋喃-4,8 二基）二苯甲醛（BDF-CHO）用于光催化析氢。

组织良好的供体-受体结构赋予 BDF-TAPT-COF 在 Pt 助催化剂存在下在 20h 内具有高达 1390mmol/（g·h）的高且稳定的光催化析氢速率。最近，Yang 等报道了一种含氰基的 COF 纳米片，称为 CYANO-CON，它为光催化析氢提供了创纪录的高表观量子效率（AQE），在 450nm 处高达 82.6%。与没有供体-受体单元的 COF 纳米片（BD-CON）相比，在框架中加入烯酮-氰基作为供体-受体对，本质上具有较低的激子结合能和更长寿命的载流子。结果表明，CYANO-CON 以 Pt 为助催化剂，抗坏血酸为牺牲剂，获得了 134200μmol/（g·h）的超高产氢率，比 BD-CON 高出一个数量级。有趣的是，除了供体和受体单元的内部功能之外，Thomas 和同事还研究了这些部分之间的共价键修饰对光催化性能的影响。通过排列和组合 2,4,6-三（4-氨基苯基）三嗪（Tta）、Tris（4-甲酰基苯基）构建了三个具有交替供体-受体部分的二维亚胺连接的 COF，包括 TtaTfa、TpaTfa 和 TtaTpa）胺（Tfa）、1,3,5-三（4-甲酰基苯基）苯（Tpa-CHO）和 1,3,5-三（4-氨基苯基）苯（Tpa-NH$_2$）单体。以 Pt 作为助催化剂，所有亚胺连接的 COF 在含有抗坏血酸作为牺牲电子供体的酸性条件下运行时都表现出明显的光催化析氢，而在碱性介质中产生的氢气可以忽略不计。COF 中亚胺键的质子化有助于其高光催化析氢活性。值得注意的是，由最强的供体和受体构建的 TtaTfa COF 对，表现出最高的氢气产率，高达 20.7mmol/（g·h）。亚胺质子化后，光吸光度显著红移，表明其光捕获能力大大增强，并且 COF 的电荷分离效率和亲水性也同时提高。Wang 等通过腙键的氧化后环化，将 N-酰基腙连接的 COF（H-COF）转化为稳定的 p-共轭恶二唑连接的 COF（ODA-COF），从而实现高效的光催化析氢。这种合成后修饰不仅延长了框架中的 p 电子离域，还提高了 COF 的化学稳定性，有效抑制电荷复合并促进电子转移。在 Pt 助催化剂下，ODA-COF 获得了 2615μmol/（g·h）的优异析氢速率，比 N-酰腙连接的 H-COF 对应物高出 4 倍多。

金属 Pt 一直是 COF 光催化析氢中广泛使用的助催化剂。Pt-COFs 接触界面处形成肖特基结，Pt 作为系统中的电子捕获器，以及有效的质子还原中心，使氢的形成变得容易。也就是说，COF 在这些光催化剂中起到光敏剂的作用，为助催化剂上的质子还原提供光生电子。因此，促进电子从 COF 转移到助催化剂对于整体反应性能具有重要意义。

Guo 等通过季铵化后反应将环状敌草快作为电子转移介体引入到 2,20-联吡啶基光敏 COF 中，从而实现了这一目标。环状敌草快，BPy^{2+} 是通过用二溴烷烃季铵化 2,20 联吡啶部分原位生成的。在不同的环状敌草快链长度中，带有—（CH$_2$）$_2$链的 Tp-2C/BPy^{2+}-COF（2C/BPy^{2+}）表现出最好的光催化活性。DFT 结果表明，2C/BPy^{2+}的能级允许促进光敏剂的电子转移以还原质子，而 2C/BPy^{2+}部分通过 p-p 相互作用的堆积会阻碍这一过程。因此，精心控制了环状敌草快的含量和分布，以确保它们单独固定在不同的位点并相互隔离。

通过将光敏剂和电子转移介体集成到一个系统中，双模块 COF 能够将电荷快速转移到 Pt 助催化剂，从而增强整体反应动力学。与原始 COF 相比，耦合有电子转移介体的 COF 具有大大增强的电子转移能力和电导率，在 420°C 时的最大析氢速率为 34600μmol/（g·h），表观量子效率为 6.93%。Long 团队超越了传统的肖特基型光催化剂，提出了一种金属–绝缘体–半导体（MIS）光系统，其中采用电荷隧道策略从光激发的 COFs 半导体中提取热 p 电子，展示了高效的氢气生产。基于 COFs 的 MIS 光系统是通过静电自组装方法将覆盖有超薄聚乙烯吡咯烷酮绝缘体覆盖层的金属 Pt 电子收集器放置在 n 型 TP-COFs 的表面上构建的。在 COFs-绝缘体界面处形成了垂直于 COFs 的静电场，在该静电场作用下，COFs 中的高能 p 电子可以顺利地隧道传输至金属 Pt。就整个光催化氧化还原反应而言，从光激发 COF 中快速提取电子和空穴到各自的反应位点对于提高整体效率非常重要。在肖特基型对应物中，两个激子都可以转移到 Pt，导致非辐射复合，从而显著减少热载流子和空穴氧化。相比之下，MIS 光系统中的光生空穴无法转移到 Pt。相反，它们主要积聚在 COF 中以氧化牺牲电子供体以产生质子。通过增强光激发、电荷分离和空穴氧化，该 MIS 纳米系统实现了 8.42mmol/（g·h）的最大析氢速率和 789.5/h 的周转频率。

然而，考虑到贵金属助催化剂，尤其是金属 Pt 的成本较高，以及在连续光催化析氢条件下稳定性不理想，研究人员还开发了其他具有地球丰富的产氢特性的助催化剂。Lotsch 及其同事于 2017 年首次将氯（吡啶）钴肟用作 COF 中的无贵金属分子助催化剂，用于光催化析氢。系统中以吖嗪连接的 COF 作为光敏剂，TEOA 作为牺牲电子供体，成功实现了 782μmol/（g·h）的析氢速率和 54.4 的周转数。然而，由于光稳定性有限，性能在几小时内就会下降，因此需要进一步解决长期耐久性问题。正如 3.5 节讨论的，同一小组在 2019 年通过应用 TpDTz COF 光吸收剂和 NiME 复合助催化剂实现了这一目标。值得注意的是，COF，特别是层层组装的 2D COF，在连续光催化析氢循环过程中也面临着结构无序的问题。

由于 COF 共轭的完整性对于电荷载流子的产生和转移非常重要，因此结构变形可能导致光催化活性和性能下降。为此，Guo 等提出了一种可行的策略来稳定二维 COF 中层状结构的有序排列，用于光催化析氢。首先通过 1,3,5-三甲酰间苯三酚和 4,40-（苯并-2,1,3-噻二唑-4,7-二基）二苯胺与吡咯烷的溶剂热反应制备了高结晶度和孔隙率的 2D BT-COF 作为催化剂。然而，BT-COF 的层间力不足以在光还原反应中保持有序的堆叠结构，甚至在 BT-COF 上沉积 Pt 助催化剂也会导致结晶度的损失。通过后工程方法，将高分子量聚乙二醇（PEG）链捕获到 BT-COF 的介孔通道中（称为 PEG@ BT-COF）。

通过氢键将 PEG 作为功能客体锚定在孔壁上，可以有效抑制二维层的位错并保留柱状 p 轨道阵列，从而极大地促进自由电荷转移并延长激子寿命。与原始 BT-COF［7.70mmol/（g·h）］相比，PEG@ BT-COF 的析氢速率显著提升至 11.14mmol/（g·h），在 420nm 处的最大表观量子效率为 11.2%。

在整个光催化水分解过程中，析氢反应是在光生电子的帮助下进行的，而析氧是光生空穴驱动的另一个半反应。然而，由于析氧反应是一个复杂的四电子过程，涉及 OAH 键断裂和 OAO 键形成，其反应动力学比析氢缓慢得多，因此将析氧反应确定为限速步骤。过大的过电势给相应的光催化剂开发带来困难。迄今为止的研究表明，COF 结构的合理设计以及适当的助催化剂和/或牺牲剂的配合将显著影响光催化析氧性能。COF 基光催化剂与其他光催化析氧材料的比较如表 5-14 所示。

表 5-14　COF 基光催化剂与其他光催化析氧材料的比较

光催化剂	助催化剂	牺牲试剂	光源	浓度 /[μmol/（g·h）]	AQE/%
CTF-1-100W	RuO_x（3wt%）	$AgNO_3$	≥420nm	140	4（420nm）
CTF-0-1	/	$AgNO_3$	>420nm	59	5.2（420nm）
r-CTF NS	Co（3wt%）	$AgNO_3$	>420nm	247	5.6（420nm）
g-$C_{40}N_3$-COF	Co（3wt%）	$AgNO_3$	>420nm	50	4.84（420nm）
BpCo-COF-1	Co（1wt%）	$AgNO_3$	≥420nm	152	0.46（420nm）
I-TST-COF	Co（3wt%）	$AgNO_3$	>420nm	17	/
sp^2c-COF	Co（3wt%）	$AgNO_3$	≥420nm	22	0.46（420nm）
CTP	Co（3wt%）	$AgNO_3$	>420nm	100	/
g-$C_{54}N_6$-COF	Co（3wt%）	$AgNO_3$	≥420nm	51	/
Co_3O_4@CTF-0	Co_3O_4（6wt%）	$AgNO_3$	>300nm	365	/
MIL-101（Fe）	/	$AgNO_3$	>420nm	316	/
有缺陷的 C_3N_4	Co（OH）$_2$（3wt%）	$AgNO_3$	>420nm	160	3.7（380nm）
Fw-Co_3O_4/C_3N_4	Co_3O_4（3wt%）	Na_2SiF_6-NaHCO$_3$	>420nm	38	/
Co-C_3N_4	Co（1wt%）	$AgNO_3$	>420nm	260	/
S 掺杂 C_3N_4	/	$AgNO_3$	>420nm	240	/

共价三嗪基框架（CTF）是一组无金属有机半导体，最近被广泛应用于光催化析氧并表现出优异的活性。2018 年，Tang 及其同事首次报道了由交替的三嗪和苯基单元组成的 CTF-1，其对水中析氧和析氢表现出极高的活性。据估计，CTF-1 的能带位置足以驱动水分解的两个反应，并且深价带位置尤其表明水氧化的强大潜力。利用 RuO_x 作为水氧化助催化剂和银离子作为牺牲电子受体，最高的析氧速率可见光下为 $140\mu mol/(g \cdot h)$。在本研究中，CTF-1 在 400nm 处实现了 4%。同时，在 420nm 处还实现了 6% 的高表观量子效率，显示出整体光催化水分解的巨大潜力。

此类 CTF 具有最高的氮碳比，因此能够为水氧化提供更多的活性位点。研究人员采用微波辅助合成法和离子热合成法来生产 CTF-0，所得产物分别记为 CTF-0-M 和 CTF-0-I。有趣的是，CTF-0-M 表现出比使用 Pt 助催化剂的 CTF-0-I 更高的光催化析氢活性，而 CTF-0-I 是在没有 Pt 助催化剂的情况下以银离子作为电子清除剂。结果表明，CTF-0 的能带结构和层间堆积模式显著影响氧化还原反应的光催化活性，并且可以通过改变合成方法进行有效调节。这些工作都是基于高结晶度的块状 CTF。然而，层间堆叠会限制活性表面的暴露程度，因此相信光催化性能仍有进一步提高的空间。超薄纳米片引起了人们对解决该问题的浓厚兴趣，但仍然受到纳米片的无定形或弱结晶性的限制，这降低了光响应范围。最近，Xu 等首次报道了一种氧化还原策略，用于制备具有高结晶度的超薄 CTF 纳米片（CTF NS），用于光催化水分解。具有层状结构的块状 CTF 被用作前驱体，并在层间温和氧化后有效地剥离成几层纳米片。CTF NS 通过酰胺基团（称为 r-CTF NS）进一步功能化，其可以作为电子供体来设计能带结构并扩展可见光吸收以改善光激发电荷载流子的产生和分离。以 3 wt% Co^{2+} 作为助催化剂，银离子作为牺牲剂，r-CTF NS 实现了令人印象深刻的 $12.37\mu mol/h$ 的析氧速率，比原始散装 CTF 高 23 倍。同时，在 Pt 存在下，r-CTF NS 的析氢速率（$512.3\mu mol/h$）也比块体对应物提高了 17 倍。

据 Zhang 及其同事报道，光催化析氧反应也在二维 sp^2 碳共轭 COF（称为 g-$C_{40}N_3$-COF）上成功实现。COF 由 3,5-二氰基-2,4,6-三甲基吡啶和 4,400-二甲酰基-对三联苯通过反式二取代 C@C 键缩合而成，继承了传统线性共轭聚合物和二维共轭聚合物的优点。石墨烯具有适当的能带结构来驱动水分解的两个半反应 [图 5-4 (a)]。由部分态密度表明，g-$C_{40}N_3$-COF 中 C 原子的 2p 轨道主要贡献于导带最小值底部（CBM）和价带最大值顶部（VBM），表明良好的 p 离域富含碳的二维骨架是其固有电子特性的根源。由于 p 电子离域特性和优异的光捕获特性，g-$C_{40}N_3$-COF 以钴为助催化剂，$AgNO_3$ 为电子受体，在可见光照射下成功获得了 $50\mu mol/(g \cdot h)$ 的析氧速率。在 Pt 的帮助下也实现了 $4.12mmol/(g \cdot h)$ 的高产氢率 [图 5-4 (b)]。此外，Yang 等报道了一种用于光催化析氧的二维联吡啶基 COF （Bp-COF），这是亚胺连接的 COF 在可见光下实现水氧化的第一个例子。Bp-COF 由 2，20-联吡啶-5，50-二甲醛和 1，3，5-三（4-氨基苯基）苯通过席夫碱缩合反应合成［图 5-4（c）］。理论和实验证实 Bp-COF 的能带结构对于水氧化和质子还原反应都是可行的。在这项工作中，钴离子被引入 Bp-COF 中并与联吡啶基序配位，作为水氧化的助催化剂。当 Co 负载量为 1wt% 时，所得 BpCo-COF-1 与原始 Bp-COF 相比表现出更正的 HOMO 能级，这为析氧提供更高的氧化电位［图 5-4（d）］。结果，BpCo-COF-1 获得了 $152\mu mol/(g \cdot h)$ 的令人印象深刻的氧气生成率［图 5-4（e）］。同位素标记实验进一步证实，检测到的氧来源是水的分解而不是光催化分解。超过 31h 的长期循环光催化水氧化测试表明了光催化剂的稳健性。尽管如此，COFs 基光催化剂光驱动析氧反应的研究仍远少于析氢反应，这可以归因于对能带排列和活性位点的严格要求。

为了实现高效的整体水分解，需要能够同时催化水氧化和质子还原的双功能 COF 光催化剂。Yang 等进行了第一性原理计算，揭示了几种二维氮连接 COF 对析氧和析氢反应的催化活性，为设计用于可见光驱动的整体水分解的实用二维 COF 提供了有用的指导。通过亚胺结合苯（BZ）、三苯胺（TA）、1,3,5-三苯

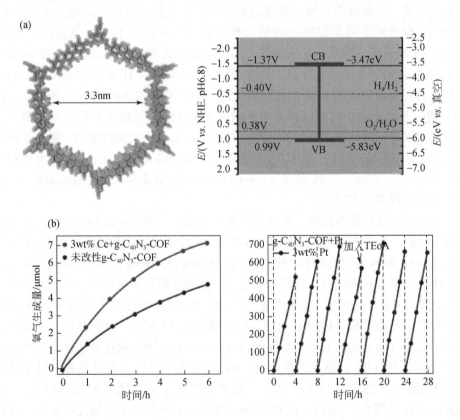

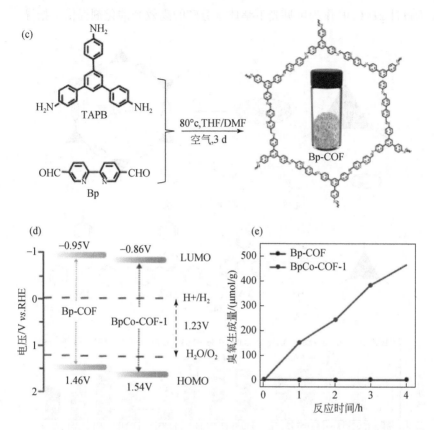

图 5-4　（a）g-$C_{40}N_3$-COF 的结构和能带位置；（b）含 0.01mol/L 硝酸银作为电子受体的水
中，分别使用 3.0wt% 的载液和未改性的 g-$C_{40}N_3$-COF 的时间过程析氧，以及使用 3wt% Pt 改
性的 g-$C_{40}N_3$-COF 的 H_2O/TEoA（100mL/10mL）混合物中 28h 的时间过程析氢监测，每 4h 抽
离一次（画线）。实验在可见光（λ>420nm）照射下进行；（c）Bp-COF 合成示意图；（d）
Bp-COF 和 BpCo-COF-1 的 HOMO/LUMO 波段位置计算方案；（e）可见光照射下 Bp-COF 和
BpCo-COF-1 的光催化水氧化性能（λ>420nm）

（TBZ）或 2,4,6-三苯-1,3,5-三嗪（TST）组装而成的 12 种不同的二维多孔
COF、吖嗪或偶氮键被系统地提出和研究 [图 5-5（a）]。所有由具有三种含氮
键的 BZ、TBZ 或 TST 结构单元组成的 COF 均具有比质子还原更高的 CBM 水平和
比水氧化更低的 VBM 水平，证明了它们整体光催化水分解的能力，而其他三种
基于 TA 的 COF 只能驱动析氢反应 [图 5-5（b）]。特别是，三种基于 TST 的
COF 是所提出的双功能 2D COF 中可见光活性的 COF，其在 420～470nm 表现出
强光吸收，带隙在 2.83～2.93eV。以亚胺连接的 TST COF（I-TST）为例，通过
实验验证了光催化析氧和析氢的能力。通过将计算设计和实验验证相结合，这项

工作为设计 2D COF 作为可见光下整体水分解的高效光催化剂提供了指导。

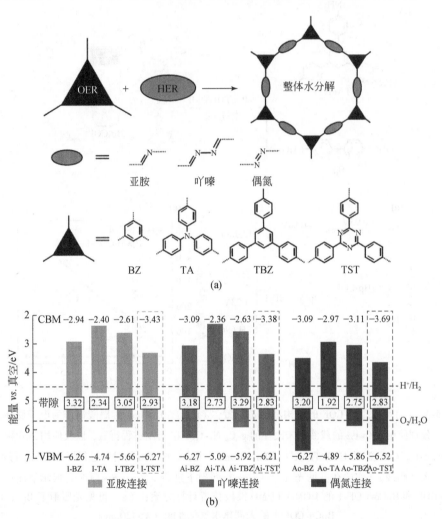

图 5-5 （a）用于光催化整体水分解的二维 COFs 结构示意图及设计原理；（b）计算得到二维 COFs 的 VBM 和 CBM 相对于真空度的能量位置，水平虚线表示 pH=0 时水的氧化还原电位

随着化石燃料的过度开采和燃烧，近百年来二氧化碳排放量不断增加，导致严重的环境和能源问题。减少温室气体二氧化碳排放或通过可再生能源将其转化为高附加值化学品，为整个人类社会的绿色可持续发展提供了巨大机遇。光催化二氧化碳还原成为最有前途的策略之一，并引起了广泛的研究兴趣。与其他材料相比，具有可预先设计结构和定制功能的 COF 更有利于获得合适的能带结构并创造有效的活性位点，因此成为光催化二氧化碳还原的有前景的平台。COF 基光

催化剂与其他光催化二氧化碳还原材料的比较如表 5-15 所示。

表 5-15　COF 基光催化剂与其他光催化二氧化碳还原材料的比较

光催化剂	光敏剂	光源/nm	CO_2RR /[μmol/(g·h)]	选择率 /%
TTCOF-Zn	/	420~800	2.06(CO)	100
Co-FPy-CON	$\{Ir[dF(CF_3)ppy]_2(dtbpy)\}PF_6$	>420	1681(CO)	76
NiPc-NiPOP	$[Ru(bpy)_3]Cl_2$	400~800	1940(CO)	96
TCOF-MnMo₆	/	400~800	37.25(CO)	100
PI-COF-TT 和$[Ni(bpy)_3]^{2*}$	/	>420	483(CO)	93
CdS@COF	/	>420	507(CO)	72
RhCp* NKCOF-113	/	>420	365(HCOOH)	/
3.0 wt% Ru/TpPa-1	/	420~800	108.8(HCOOH)	100
Mo-COF	/	≥420	3.57(C_2H_4)	32.92
N_3-COF	/	420~800	0.57(CH_3OH)	100
COF-318-TiO₂	/	380~800	69.7(CO)	100
CT-COF	/	>420	102.7(CO)	98
Ni-TpBpy	$[Ru(bpy)_3]Cl_2$	≥420	324.6(CO)	96
Re-CTF	$[Re(CO)_2]Cl$	200~1100	353.1(CO)	100
Re-COF	$[Re(CO)_2]Cl$	>420	750(CO)	98
Re-TpBpy	$[Re(CO)_2]Cl$	>390	270.8(CO)	100
DQTP COF-Zn	$[Ru(bpy)_3]Cl_2$	≥420	71.8(HCOOH)	90
Ni-PCD@TD-COF	$[Ru(bpy)_3]Cl_2$	≥420	95.6(CO)	98
Cu_2O/WO_3-001	/	>400	5.73(CO)	65
BiOBr	/	>400	87.4(CO)	70
NH_2-MIL-125(Ti)	/	420~800	16.3(HCOOH)	100
NH_2-UiO-66(Zr)	/	420~800	26.4(HCOOH)	100
Pt/NH_2-MIL-125(Ti)	/	420~800	25.9(HCOOH)	100
PCN-222(Zr)	/	420~800	60(HCOOH)	100

　　值得注意的是，二氧化碳还原的活性位点被证实在很大程度上取决于金属中心。COF 是一种卓越的平台，可将各种金属位点纳入具有理想化学环境的明确孔隙结构中。为此，人们不懈地努力创建具有金属中心的基于 COF 的光催化系统，

用于太阳能驱动的二氧化碳转化。Lan 和同事报道了一项典型的研究工作，研究了由金属卟啉（TAPP）和四硫富瓦烯（TTF）单元构建的晶体 COF（称为TTCOF-M，M＝2H、Zn、Ni、Cu）用于光催化 CO_2 还原。缺电子的 TAPP 赋予COF 良好的可见光吸收能力，而富电子的 TTF 则充当电子供体以促进电荷转移。特别是，高度共轭的 TTCOF-Zn 表现出最合适的能带结构，可以驱动 CO_2 还原和H_2O 氧化反应。在可见光照射下，光生电子将从 TTF 的 HOMO 转移到 TAPP 的LUMO。CO_2 还原反应由 Zn 位点的光生电子催化，而 TTF 中的空穴参与水氧化以保持电荷平衡。光催化 CO_2 转化为 CO，产率为 12.33 μmol，TTCOF-Zn 在没有任何额外的光敏剂、牺牲剂或贵金属助催化剂的情况下实现了 100% 的选择性，使这项工作成为第一个以 H_2O 为电子供体实现 CO_2 光还原的 COFs 的报道。

　　Cooper 等报道了一种嵌入单钴位点的部分氟化的 2D COF 纳米片，称为 Co-FPy-CON，其表现出与最先进技术相当的光催化二氧化碳还原性能 [图 5-6（a）]。框架中的吡啶单元及其相邻的亚胺基团充当金属配位位点，将催化钴中心锚定到孔道中，而氟化部分可以增强 COF 的 CO_2 亲和力。DFT 计算证实，Co-FPy-CON 的能带结构横跨 CO_2 生成 CO 的还原电位和 TEOA 的氧化电位，表明其具有在 TEOA 牺牲剂存在下驱动 CO_2 光还原的能力。通过添加（Ir[dF(CF₃)ppy]₂(dtbpy)）PF_6 光敏剂，Co-FPy-CON 在 6h 内高效生成 CO 的产量为10.1 μmol，是传统方法的 4.3 倍 [图 5-6（b）]。COF 骨架本身并不充当光催化剂，而是充当半导体介质，以促进电荷从铱染料转移到催化钴中心。此外，通过骨架的合理设计，可以将多金属位点集成到一个扩展框架中。例如，一种含有两种类型的单金属位点（称为 NiPc-MPOP，M＝Co/Ni）的多孔有机聚合物分别由基于酞菁的-N_4 和基于 Salphen-亚基的-N_2O_2 配位，成功地构建为光催化剂 [图 5-6（c）]。基于 DFT 计算和实验验证，得出 M-N_2O_2 位点可以有效降低 CO_2 还原的能垒并增加 *COOH 的结合，因此被认为是比 M-N_4 更具活性的位点 [图 5-6（d）]。NiPc-NiPOP 同时具有 Ni-N_2O_2 和 Ni-N_4 催化位点，表现出优异的 CO_2 到 CO转化率（7.77mmol/g）和对 H_2 的 96% 的高选择性，为有机光催化剂的设计开辟了新途径 [图 5-6（e）]。

　　除了单原子金属位点外，具有规则孔道的 COF 也是与催化簇/纳米颗粒或分子结合的理想平台。最近，Lan 等提出了一种通用策略，通过共价键将 POM 簇限制在规则的纳米孔中，从而在 COF 中均匀分散多金属氧酸盐（POM），这是共价键合的 COF-POM 复合材料用于光催化的第一个报道。两种 COF，包括 TTF-TAPTCOF 和 ETBC-TAPT COF（缩写为 TCOF 和 ECOF），是通过缩合三位和四位连接子设计的，形成具有 bex 网拓扑的亚胺连接的 [4+3] COF。

　　选择 $MnMo_6$ POM 簇作为 CO_2 还原的活性位点，并通过胺官能化的 $MnMo_6$ 与周期性未缩合的醛官能团反应将其固定在孔中，以获得 TCOF-$MnMo_6$ 和 ECOF-

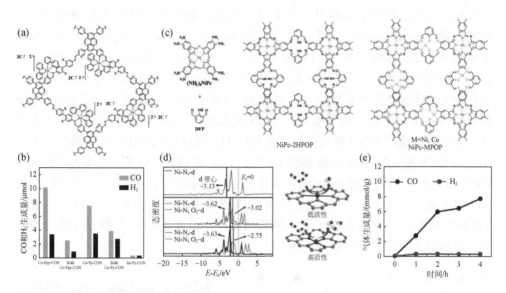

图 5-6　(a) Co-FPy-CON 结构；(b) CO-FPy-COF、CO-Py-COF 和 CO-Bp-COF 的纳米片（表示 CON）和块体（表示 COF）在可见光 (λ>420nm，300 W Xe 光源) 照射下，以 $\{Ir[dF(CF_3)ppy]_2(dtbpy)\}$ PF_6 作为光敏剂，在 6h 内产生 CO 和 H_2；(c) $(NH_2)_8NiPc$ 与 DFP 缩合逐步合成 NiPc-MPOP 的过程示意图；(d) NiPc-2HPOP、NiPc-NiPOP 和 NiPc-CoPOP 的计算态密度 (DOS)，以及 Ni-N_2O_2 比 Ni-Na 还原 CO_2 活性高的示意图；(e) NiPc-NiPOP 产 CO 和 H_2 性能随时间的变化

MnMo$_6$ [图 5-7 (a)]。这两种复合材料成功地将优异的可见光捕获能力、电子转移、合适的带隙和有效的光催化二氧化碳还原活性位点集于一身。同时，TCOF-MnMo$_6$ 比 ECOF-MnMo$_6$ [16.60μmol/(g·h)] 实现了更高的 CO 产率 [37.25μmol/(g·h)，选择性约为 100%]，因为它的带隙更窄，这可以拓宽有效波长范围并提高光利用效率 [图 5-7 (b)]。基于实验结果和热力学分析，提出了一种机理：在可见光照射下，光生电子从位于 TTF 部分的 TCOF-MnMo$_6$ 的 HOMO 转移到 MnMo$_6$ 部分的 LUMO。然后，它们移动到 MnMo$_6$ 的活性位点进行 CO_2 还原，而 TTF 中留下的光生空穴参与将 H_2O 氧化成 O_2 [图 5-7 (c)]。Zou 和同事证明了将分子 [Ni(bpy)$_3$]$^{2+}$ (bpy=2,20-联吡啶) 复合物整合到聚酰亚胺 COF (π-COF) 的六角形孔中，用于光催化 CO_2 还原。在优化反应条件下，均苯四甲酸二酐与 1,3,5-三羟甲基氨基甲烷偶联构建 π-COF-TT4-氨基苯基) 三嗪可以在 4h 内产生 1933mmol/g 的 CO，其选择性比 H_2 的选择性高 93%。

　　正如之前讨论的，有机骨架的 p 电子离域程度对于光催化过程中的电子转移能力具有重要意义。对于具有极性键的 COF，如亚胺、酰亚胺和腙，尽管引入了有效的活性位点，但在没有额外的分子光敏剂的情况下很难获得令人满意的光催化性能。这可以归因于 COF 中由于缺乏有效的共轭结构而导致不期望的分子内电荷迁移。Wang 等提出了一种多尺度结构和电子工程策略，通过在共价连接的光敏剂和亚胺连接的 COF 中的催化活性位点之间建立平滑的电子转移通道来实现有效的光电子转移［图 5-7（d）］。由 Zn-卟啉单元作为光敏剂和 Co-联吡啶单元作为 CO_2 还原位点组成的 COF 与硫化镉（CdS）纳米线集成，形成 CdS@COF 核壳结构。在 DFT 计算的基础上，在可见光照射下，Zn-卟啉单元上产生了光电子，并倾向于通过 N/Cd 相互作用流入 CdS 中。通过 CdS 介体快速转移后，光电子通过 Co/S 相互作用注入相邻的 Co 位点，实现 CO_2 光还原。实验结果表明，CdS@COF 在可见光照射下 8h 内产生了高达 $4057\,\mu mol/g$ 的高 CO 逸出量，而纯 CdS 和亚胺连接的 COF 对应物的活性可以忽略不计，这强调了它们的重要性［图 5-7（e）］。这项工作提出了一种通用协议，以促进 COF 中的分子内电荷转移，以实现太阳能到化学能的转换。

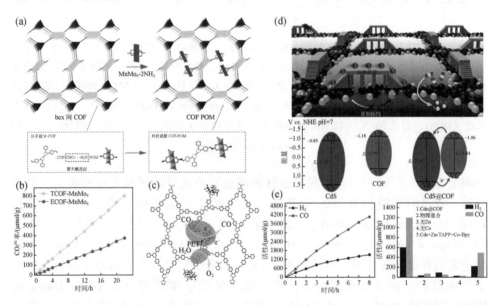

图 5-7　（a）通过共价键将聚甲醛团簇限制在碳纳米管孔隙中的均匀分散聚甲醛团簇示意图；（b）TCOF-MnMo₆ 和 ECOF-MnMo₆ 随时间变化的 CO_2 到 CO 性能；（c）TCOF-MnMo₆ 对 CO_2RR 与 H_2O 耦合氧化的机理示意图；（d）光电子在 COF 和 Cds@COF 上的转移方案，以及 COF 和 CdS@COF 的能量图；（e）不同条件下 CO 和 H_2 在 CdS@COF 上的演化及光催化 CO_2 还原的动力学剖面图

　　除了 CO 之外，光催化二氧化碳还原还可以产生各种增值化合物，例如云酸、甲醇和碳氢化合物产品。Chen 等通过构建新型人工光酶系统，将甲酸脱氢

酶（FDH）和 Rh 基电子介体 [Cp＊Rh(bpy)H₂O] 共固定在合理设计的介孔中，实现了选择性 CO₂ 转化为甲酸烯烃连接的 COF(NKCOF-113)。在这个集成系统中，通过配位键接枝在 COF 骨架上的电子介体不仅充当优异的光催化剂来生成 FDH 用于 CO₂ 转化过程所需的烟酰胺腺嘌呤二核苷酸（NADH），而且充当保护罩使酶形成集成的光催化剂-酶偶联系统 [图 5-8 (a)]。在可见光照射下，NKCOF-113 激发产生的自由电子被 Rh 基电子介体捕获，将 NAD⁺ 还原成 NADH。同时，封装在 COF 孔中的 FDH 利用光化学产生的 NADH 将 CO₂ 转化为甲酸。FDH 释放的再生 NAD⁺ 可以进一步参与光催化循环，实现 NAD⁺ 的循环利用。通过优化电子介体的掺入量，在 420nm 处获得了高达 9.17%±0.44% 的表观量子产率，这是所有报道的 NADH 再生多孔骨架材料中的最高值，并且由 CO₂ 形成了 420μg 的甲酸。在 CO₂ 到 HCOOH 的转化方面，Fan 和同事报道了一个贵金属辅助的例子，其中金属钌纳米颗粒，一种广泛使用的促进 CO₂ 还原的助催化剂，被负载到基于酮胺的 COF 中（首次被称为 Ru/TpPa-1）。在 TpPa-1 的能带结构适合驱动 CO₂ 到 HCOOH 转化的前提下，Ru 纳米颗粒的引入可以进一步改善光生电荷载流子的分离，因为它们是良好的电子。陷阱接受来自 TpPa-1 LUMO 能级的光生电子 [图 5-8 (b)]。与原始 TpPa-1 相比，所有具有不同 Ru 负载量的 Ru/TpPa-1 光催化剂均表现出显著增强的 CO₂ 还原活性，并且 3.0 wt% Ru/TpPa-1 获得了最大 HCOOH 生产率 [108.8μmol/(g·h)]。另外，Ye 等在可见光下成功实现了 CO₂ 光转化为高附加值 $C_xH_y(C_2H_4$ 和 CH_4)，选择性为 42.92%，并通过将单原子 MoN_2 位点引入 2 个分子中，首次发现了 C_2H_4 产物 [20-联吡啶基 COF (TpBpy)]。理论计算和原位傅里叶变换红外光谱（FTIR）实验表明，在 TpBpy 骨架中引入 Mo 单原子不仅诱导了强大的 CO₂ 活化能力，而且具有很强的 CO 吸附效应，有利于随后的 CH_4 和 C_2H_4 反应 [图 5-8 (c)]。通过 $^{13}CO_2$ 和 D_2O 同位素示踪实验证实产物中的碳原子和氢原子分别来自 CO₂ 和 H₂O。这项工作证明了通过金属单原子修饰的 COF 将 CO₂ 光转化为 C_xH_y 产物的可行性。

有机光化学为有机污染物的高效降解和精细化学品合成提供了一条绿色可持续的途径。该领域许多最常用的光催化剂是金属配合物或有机染料，因为它们具有优异的光吸收能力，可以产生稳定且长寿命的激发态。然而，此类均相光催化剂的繁琐分离、可回收性低和成本高限制了其应用。在过去的几年里，具有可预先设计结构的 COFs 基材料在光催化有机转化方面引起了极大的关注，因为它们是保证重复利用的稳定的多相系统，也是固定已知均相光催化单元的理想平台。这里将讨论 COF 基光催化剂催化的几种类型的光催化有机转化反应。

光催化有机氧化反应通常由 O₂ 活化产生的活性氧介导。COF 产生的活性氧很大程度上取决于能带结构以及光照射下激子的行为。一般来说，单线态氧（$^1O_2$）的形成是基于单线态激子向三线态转变的能量转移途径，而超氧自由基阴

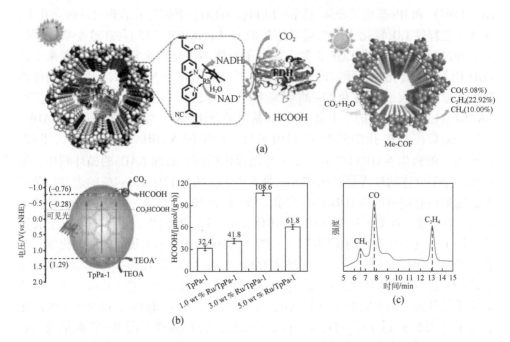

图 5-8　（a）光酶系统的示意图，该系统可以在可见光下将 CO_2 转化为甲酸；（b）Ru/TpPa-1 在可见光照射下光催化还原 CO_2 的示意图，以及不同催化剂在可见光照射（800nm ≥ λ ≥ 420nm）10h 下产生的 HCOOH 量；（c）Mo-COF 光催化 CO_2 转化示意图，以及反应产物的气相色谱结果

离子（$\cdot O_2^-$）可以通过单电子转移过程产生。蒋等使用卟啉 COF（DhaTph-M）研究了电子和空穴之间的激子效应，其中涉及卟啉中心的不同金属作为模型［图 5-9（a）］。在卟啉 COF 中掺入 Zn 促进了 O_2 向 $^1O_2$ 的转化，因为 Zn^{2+} d^{10} 构型的强抗磁性导致三线态激子增加，通过共振能量转移激活基态 O_2。同时，Ni 的引入促进了光激发下激子解离为热载流子，电子将进一步传输到吸附在 Ni 位点上的 O_2 分子，从而提供 $\cdot O_2^-$ ［图 5-9（b）］。这项工作强调了调节激子效应对分子氧活化以实现不同光催化有机反应的重要性。作为概念验证，DhaTph-Zn 在 $^1O_2$ 介导的有机硫化物选择性氧化中具有优异的性能，而 DhaTph-Ni 在 O_2 参与的硼酸羟基化中表现出优异的光催化活性。Jiang 和同事将二芳基乙烯作为分子开关引入卟啉基光响应 o-COF 中，可以调节能量卟啉单元和二芳基乙烯光异构体之间的转移，导致 COF 在单线态氧析出和相应的胺光催化氧化中的可见光催化活性的可逆调整。在紫外线照射下，光致变色的二噻吩乙烯单元将从 o-COF 中的开环形式光异构化为闭环形式，获得结晶异构 COF（c-COF）。通过利用紫外光和可见光调整二噻吩乙烯单元的闭环/开环形式，可以可逆的方式轻松地调节两个 COF 的

单线态氧演化和相应的胺光催化氧化的不同光催化行为 [图 5-9（c）]。这项工作不仅为可调节的单线态氧生成提供了指导，而且提供了通过将多个功能构件组合在一起来实现 COF 功能化的有效策略。

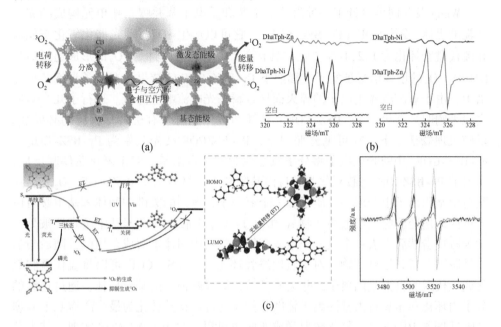

图 5-9　（a）DhaTph-Ni 和 DhaTph-Zn 光催化分子氧活化机理；（b）DMPO 存在下 DhaTph-Ni 和 DhaTph-Zn（左）和 2,2,6,6-四甲基哌啶（TEMP）存在下 DhaTph-Ni 和 DhaTph-2n（右）在 O_2 气氛下可见光照射下的电子自旋共振（ESR）光谱；（c）基于 DFT 计算，提出了通过竞争电子转移途径控制 O_2 生成的机制，以及分别在 o-COF 存在（黄色）、c-COF 存在（黑色）和无光催化剂（灰色）的情况下，660nm 激光在空气下照射 CHaCN 中被 TEMP 捕获的 $^1O_2$ 生成的 ESR 检测

　　具有供体–受体结构的 COF 在选择性光催化有机转化方面受到了广泛关注。Han 等报道了两种具有供体–受体结构的 sp^2 碳 COF，通过简单的光照射，其具有持久的三苯胺自由基阳离子（·TPA⁺），可将芳基硼酸氧化羟基化为酚类。COFs 是通过将富电子的三（4-甲酰基苯基）–胺（TPA）和 [1, 10-联苯] -4-甲醛（TBPA）与缺电子的三嗪结合构建的，分别命名为 TPA-sp^2C-COF 和 TBPA-sp^2C-COF。随着光照射强度的增加，O_2 被光生电子还原，形成活性 ·O_2^-。TPA-sp^2C-COF 可以有效催化具有 CN 和 CHO 基团等吸电子取代基的芳香族硼酸的氧化羟基化反应，但对于具有给电子或明显共轭效应取代基的芳香族基团的催化性能差强人意。不同的是，在 TBPA-sp^2C-COF 的配合下，几乎所有的底物都可以转化为相应的酚类，收率高达 90%～98%。当可见光激发时，电子通过光致电子转移

过程从电子供体单元（三苯胺）转移到电子受体单元（三嗪环），产生持久的·TPA⁺和高活性电子。在催化过程中，超氧自由基阴离子会攻击硼酸基团，然后经过一系列重排和消除反应，生成酚类产品。

Wang 及其同事设计了一种由给电子芘和受电子苯并噻二唑单元构成的完全共轭的供体–受体 COF（Py-BSZ-COF），它可以产生 ·O_2^- 驱动光催化氧化胺偶联和硫代酰胺环化为 1,2,4-噻二唑，具有高产率和可回收性。·O_2^- 的形成通过典型 DMPO- ·O_2^- 的增强信号证实了在辐照下 Py-BSZ-COF 的结果。在电子自旋共振光谱中，由于氧激活光生电子的猝灭而导致瞬态光电流响应降低。进行了几个对照实验来阐明光催化剂 Py-BSZ-COF、氧气和可见光对于有机转移反应的必要性。反应机理概括如下：在可见光照射下，Py-BSZCOF 被光激发为 Py-BSZ-COF*，Py-BSZ-COF* 中的光生电子将分子氧还原为超氧自由基。对于氧化胺偶联反应，所得的 Py-BSZCOF⁺将胺氧化为胺自由基阴离子并恢复为 PyBSZ-COF。O_2 之后从胺自由基阴离子中夺取一个质子和一个氢原子，得到的关键中间体苯基甲胺可以通过两条途径反应生成最终产物 N-苄基 1-苯基甲胺：一是苯基甲胺直接被另一种苄胺攻击然后失去一个氨分子生成产物，二是中间体水解成苯甲醛，随后与另一种胺缩合得到最终产物。对于硫代酰胺环化，Py-BSZ-COF⁺可以将硫代酰胺氧化成硫代酰胺自由基阳离子。除去质子后，形成两种自由基异构体，通过连续的分子内环化和超氧自由基阴离子辅助芳构化，可以将其转化为最终产物 1,2,4-噻二唑 [图 5-10（a）]。氧化胺偶联成亚胺也可以通过 Por-Ad-COF 实现，其中蒽和卟啉单元分别作为电子供体和受体。供体–受体对可以在全光谱可见光下有效分离光生电子和空穴。产生的电子与 O_2 反应产生活性氧，进一步氧化表面吸附的苄胺，生成亚胺产物。另一方面，通过在 COFs 基体系中引入氧化还原介体来构建协同光催化是引导选择性有机转化的有效方法。例如，Lang 等报道，当外源 2,2,6,6-四甲基哌啶-N-氧基（TEMPO）存在时，b-酮烯胺连接的 2D COF（Tp-BTD-25）光催化剂的稳定性和活性均得到增强。添加是为了在苄胺氧化成亚胺的过程中促进电子和质子的转移 [图 5-10（b）]。电荷分离后，LUMO 上的电子与 O_2 反应形成 ·O_2^-，而空穴将 TEMPO 氧化成 TEMPO⁺。然后，TEMPO⁺从苯甲胺中提取氢，得到苯亚甲基胺，苯亚甲基胺进一步与未反应的苯甲胺偶联，得到最终产物 N-苯亚甲基苯胺。·O_2^- 的作用该系统的方法是将 TEMPOH 氧化成原始 TEMPO 以再次与光催化循环配对，而不是直接作用于反应中间体。

最近报道，基于二维卟啉的供体–受体型 COF 能够通过在反应介导时产生超氧自由基阴离子来选择性氧化硫化物。COF（PTBC-por COF）是通过作为电子接受单元的缺电子醛与具有共轭富电子大环的供电子氨基官能化卟啉单元缩合合成的。在可见光照射下，PTBC-por COF 可以有效地分离电子–空穴对，光激发电子产生 O_2 向 ·O_2^- 的转化。然后氧气被中心自由基阳离子捕获形成过氧亚砜中间体，

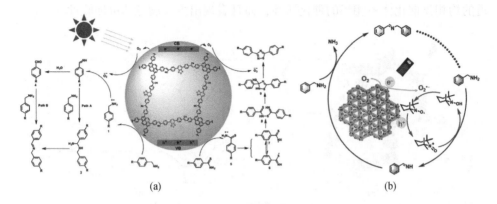

图 5-10　（a）Py-BSZ-COF 介导的氧化胺偶联和硫酰胺环化成 1,2,4-噻二唑的
可能光催化机制；（b）蓝色 LEDs 照射下 Tp-BTD-25 与 TEMPO 协同光催化氧化苄胺的机理

随后与硫化物结合形成最终产物亚砜。此外，在 N_2 气氛下，在 DIPEA 牺牲剂的帮助下，PTBC-por COF 还原脱卤 2-溴苯乙酮衍生物。董课题组首次报道了季铵溴化修饰的炔丙胺连接的卟啉基手性 COF（DTP-COF-QA），成功促进了空气中可见光下硫化物对映选择性光氧化为亚砜和水条件。更重要的是，它可以直接应用于（R）-莫达非尼的合成，这是治疗过度嗜睡的重要药物。

　　Chen 等设计了两种具有庚嗪单元的高度结晶的富氮 COF（HEP-TAPT-COF 和 HEP-TAPB-COF），它们不仅在苄基 CAH 氧化方面，而且在温和条件下的选择性磺氧化方面表现出优异的光催化性能。庚嗪作为石墨氮化碳的唯一重复单元，具有高氮密度和富电子位点的主要活性中心，有利于光催化氧化反应。与最先进的 $g\text{-}C_3N_4$ 相比，由于光生电子–空穴对的高效分离和迁移以及活性氧物种（$^1O_2$）。使用烯烃连接的 COF（TTO-COF）也实现了硫化物的选择性氧化，该 COF 在 2，4，6-三甲基-1,3,5-三嗪（TMT）和 2,4,6 之间锻造而成三（4-甲酰基-苯基）-1,3,5-三嗪（TFPT），据 Lang 等报道。所需亚砜的形成可以通过电子和能量转移途径来形成 [图5-11（a）]。当蓝光照射时，TTO-COF 发生电荷分离。与 PTBC-por COF 类似，电子转移途径是从甲基苯基硫醚被光生空穴氧化为相应的阳离子自由基以及 O_2 还原为 $\cdot O_2^-$ 开始的。随后，$\cdot O_2^-$ 会与阳离子自由基中间体反应形成过亚砜，然后在 CH_3OH 的质子的配合下转化为最终产物甲基苯基亚砜。在能量传递途径中，基态 O_2 被激发为 $^1O_2$，可以直接将甲基苯基硫醚氧化成过亚砜。然后，在 CH_3OH 的帮助下，甲基苯基亚砜的形成遵循与电子转移途径中类似的过程。另一个基于 COF 的反应系统，涉及 $^1O_2$ 和 $\cdot O_2^-$。Liu 及其同事报道了活性物种，实现了 α-三氟甲基化酮的光合作用 [图5-11（b）]。由缺电子三嗪和具有酰胺键的富电子苯并三噻吩单元构建的 COF-JLU33 不仅表现出与报道的均相光催化体系相当的催化活性，而且表现出令人满意的可回收性。

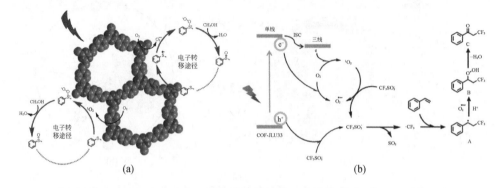

图 5-11　（a）甲基苯基硫醚在蓝光驱动下的 TTO-COF 纳米管上与 O_2 选择性氧化
的机制；（b）COF-JLU33 从苯乙烯光催化 α-三氟甲基化酮的机制

　　COFs 基材料也已应用于有机污染物的降解。例如，一种新型的基于 COF 的 2D-2D 异质结复合材料 MoS_2/COF 对四环素（TC）和罗丹明 B（RhB）的光催化降解表现出优异的催化效率。在太阳光照射下，COF 和 MoS_2 均被激发，电子和空穴分别积累在 MoS_2 的 CB 和 COF 的 VB 上。电子将吸附的 O_2 还原成 $\cdot O_2^-$ 自由基，然后与 H^+ 和 e^- 反应生成 $\cdot OH$。$\cdot OH$ 和光生空穴都能够将有机污染物氧化成小分子，如 CO_2 和 H_2O。优化后的重量比为 20% 的 MoS_2/COF（20）复合材料在 30min 内表现出高达 98% 的 RhB 光降解效率，在 1h 内对 TC 的降解率为 85.9%。此外，Pan 和同事最近报道了一种用于合成新型三聚氰胺海绵@COF 复合海绵（MS@TpTt）的"反应播种"策略，该策略在可见光下对四环素的降解表现出优异的光催化活性。小尺寸 COF-TpTt 在三聚氰胺海绵纤维上均匀且坚固地生长增加了活性位点的暴露，并克服了一般 COF 的粉末特性回收的困难。在辐照下，活性自由基 $\cdot O_2^-$ 和 OH 分别由 TpTt 的 CB 上的光生电子和 VB 上的光生空穴产生。形成的活性自由基可以有效地将抗生素降解为小分子中间体，并进一步降解为最终产品。

　　MS@TpTt 在水溶液中的光催化四环素降解效率达到 97.3%，实际水样中的结果也确定 >80%，展示了 MS@TpTt 作为光催化剂处理四环素污染废水的潜力。

　　与光催化有机氧化反应相反，还原反应可以由光照射下的光生电子直接催化，而空穴则通过添加牺牲试剂而被消耗。COF 基光催化剂已被证明可以通过超细金属纳米粒子（NP）的配位来光催化还原硝基芳烃。例如，Li 和同事报道了一种具有高度分散的 Ag NPs 的二维含氮 COF（Ag NPs@NCOF），它对 4-硝基苯酚的还原表现出优异的活性。NCOF 通道中丰富的含氮官能团作为稳定 Ag NPs 的强大锚定点，使所得的 Ag NPs@NCOF 在五个循环后表现出高稳定性，且没有明显的活性损失。同样，Yang 团队以 5wt% 的高负载量在亚胺连接的 COF 上稳定了超细 Pd NP。亚胺基团对 Pd NPs 的强电子供给特性赋予 Pd/COF 表面丰富的电子，使该光催化剂对硝基苯加氢反应表现出较高的活性，周转频率（TOF）为 906/h，远高于 Pd NPs。高于商业 Pd/C 获得的 507/h。此外，由 MIL-125NH$_2$（Ti）核和 TpTt-COF 壳构成的核壳 Ti-MOF@TpTt 杂化物也被报道为装饰超细 Pd NPs 用于光催化硝基芳烃还原的平台。Ti-MOF 和 TpTt-COF 均具有优异的光捕获能力和化学稳定性，并且核壳结构的形成导致了典型的 II 型异质结。

TpTt-COF 壳上负载的 Pd NP 作为电子陷阱，能够集中光生电子并促进电子从 Ti-MOF 转移到 TpTt-COF。结果，获得的 Pd 修饰的 Ti-MOF@TpTt 催化剂对各种硝基芳烃的加氢表现出优异的光催化性能。

基于 COF 的光催化剂也可用于卤代酮的还原脱卤。Liu 等采用了具有供体-受体结构（芘和苯并噻二唑单元分别作为供体和受体）的二维亚氨基 COF（称为 COF-JLU22）作为高效光催化剂，用于在白光 LED 灯照射下对苯甲酰溴衍生物进行还原脱卤。在可见光照射下，COF-JLU22 VB 上的光生空穴会从牺牲剂（N,N-二异丙基乙胺）中夺取电子，而 CB 上的电子会转移到苯甲酰溴上，导致 C-Br 裂解键并形成 α-羰基自由基和溴阴离子。然后，α-羰基自由基将从 Hantzsch 酯中获得质子和电子，形成最终的苯乙酮产物。Yang 和同事研究了具有相似二维六边形结构的 [3+3] COF 中不同官能团对可见光驱动的还原脱卤反应的影响。在各种选择中，OH-TFPTTACOF 由—OH 基团和三嗪骨架组成，集成了窄带隙、高效的电荷分离和高电导率，使其在光催化还原脱卤反应中表现出最高的活性。另一方面，等离激元金纳米晶体（NC）被纳入 COF 中，以促进电荷分离效率并优化电荷载流子利用率。据 Yang 团队报道，通过控制动态共价反应速率和 NCs 组装速率，可以精确调节 Au NCs 的位置和平均尺寸，形成稀疏分布的 AuSP/COF 或紧密堆积的 AuCP/COF。优化的 Au$_3$SP/COF 具有加速电子转移、增加可用 Au/COF 肖特基结和增强界面反应动力学的特点，在可见光下对苯甲酰溴脱卤具有最高的光催化性能。

此外，苯乙烯的选择性加氢也被证实比基于 COF 的杂化材料是可行的。Kim 等于 2018 年提出了第一份报告，其中 Pd 掺杂的核壳 MOFs@COF（称为 Pd/TiATA@LZU1）被用作连续流微反应器中苯乙烯加氢反应的新型光催化平台，或以原位产生的氢气作为还原剂的间歇系统。这种独特的平台被证实是一个"供体-介体-受体"系统，其中 MOF 核是电子供体，COF 壳是电子转移介体，Pd NPs 是活性中心。在可见光照射下，Pd/TiATA@LZU1 在短短 15min 内即可将苯乙烯完全转化为乙苯，选择性超过 99%，并且具有高 TOF(589/h)。2020 年，该小组通过在 NH$_2$-MIL-125(Ti)(Ti-MOF) 核和 COFLZU(DM-LZU1) 壳之间构建界面孔，设计并报道了一种三明治状的 TiMOFs@Pt@DM-LZU1 光催化剂，其中 Pt

NP 被均匀封装。界面孔中的 Pt NP 促进 Ti-MOF 的电荷分离，以及疏水性多孔 DM-LZU1 壳产生反应物富集，所得的 Ti-MOF@Pt@DM-LZU-1 表现出在可见光照射下，40min 内乙苯转化率超过 99%，TOF 值高达 577/h。

除了上述总结的光催化有机反应外，COF 基材料还可以驱动大量其他有机转化反应。例如，Dong 课题组报道了应用丙炔胺连接的手性 COF 作为高度可重复使用的手性催化剂来促进不对称迈克尔加成反应[24]。2022 年，该团队利用含有富电子芘和缺电子苯并噻二唑的完全共轭供体-受体 TPPy-PBT-COF 在自然阳光照射下实现了有氧交叉脱氢偶联反应（例如氮杂亨利反应、曼尼希反应）。他们还在可见光和室温下通过无金属卟啉 COF(H$_2$P-Bph-COF) 实现了将各种取代的 N,N-二甲基苯胺和 N-芳基马来酰亚胺转化为四氢喹啉衍生物[25]。

除了上述反应之外，COF 基材料还可以应用于其他一些光催化反应，例如过氧化氢的光合作用和光催化固氮。2020 年，Voort 等报道了第一个用于生产过氧化氢的 COF 基光催化剂。

本书编者构建的两种具有 Kagome 晶格的高结晶 COF[TAPD(Me)$_2$ 和 TAPD-(OMe)$_2$]在可见光照射下在氧饱和水中均表现出高 H$_2$O$_2$ 产率，并且在多次反应中都足够稳定。最近，Ma 和同事报道了一种由 1,3,5 三甲酰基间苯三酚（Tfp）和 2,20-联吡啶-5,50-二胺（Bpy）制备的联吡啶基 COF 光催化剂（COF-TfpBpy），用于光催化从水中生产 H$_2$O$_2$ 和空气，无须牺牲试剂和稳定剂[29]。联吡啶单元作为反应的活性位点，通过双电子一步氧化还原过程在 COF-TfpBpy 上光催化生产 H$_2$O$_2$。联吡啶单体的质子化促进了水氧化反应进而增强 Yeager 型氧吸附加速一步氧还原 [图5-12（a）]。然而，基于非联吡啶的 COF 只能通过中间体（·OOH 和 ·OH）通过两步氧化还原过程 [图5-12（b）]。COFTfpBpy 光催化剂对 H$_2$O$_2$ 合成表现出优异的活性，原子利用效率为 100%，在 298K 和 333K 时太阳能-化学转化效率分别为 0.57% 和 1.08% [图5-12（c）]。开发了部分氟化、无金属、亚胺连接的二维三嗪 COF（称为 TF50-COF）作为光催化剂，以介导双电子 O$_2$ 光还原为 H$_2$O$_2$ [图5-12（d）]。COF 上的 F 取代不仅促进了·OOH 中间体的形成，而且优化了 ·OOH 与活性位点的结合强度，从而产生高效的 H$_2$O$_2$ 光催化活性。这项工作在可见光照射下获得了 1739μmol/(g·h) 的高 H$_2$O$_2$ 产率，并且在 400nm 处获得了 5.1% 的显著表观量子产率，超过了之前报道的所有非金属 COF [图5-12（e）]。

光催化氮还原生产氨是商业哈伯-博世技术的绿色和可持续替代技术，并且也已通过基于 COF 的光催化系统实现。例如，Zhong 及其同事提出了一种超薄共价三嗪框架纳米片，其中单原子 Pt 锚定在 N$_3$ 位点（称为 Pt-SACs/CTF），该纳米片被发现对于光催化 N$_2$ 固定至 NH$_3$ 生产具有高活性。与不含 Pt 的 CTF-PDDA-TPDH 相比，Pt-SACs/CTF 具有更负的 CB 位置，这有利于加速 NH$_3$ 的形成 [图

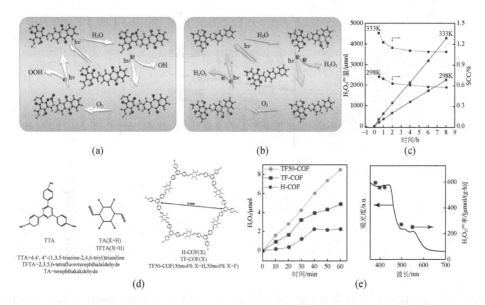

图 5-12　(a) COF-TfpBpy，(b) COF-TfpDaaq 存在下 H_2O_2 合成的光催化机理，(c) COF-TfpBpy 的太阳能-化学转换效率。条件：A 在 333K 下 >420nm 或在 298K 下 >300nm（氙灯，420~700nm，光强：$40.8mW/cm^2$），水（400mL），催化剂（600mg），(d) H-COF、TF-COF 和 TF50-COF 的合成设计，(e) H-COF、TF-COF 和 TF50-COF 在 60min 的光催化 H_2O_2 产率，以及 TF50-COF 对 H_2O_2 产率的波长依赖性

5-13（a）]。在可见光照射下，CTF 中的电子从 VB 激发到 CB，然后转移到单原子 Pt 位点，导致光生电子-空穴分离。Pt-SACs/CTF 催化剂的单原子 Pt 处的电子将参与吸附的氮分子的还原形成氨。DFT 计算表明，对于 Pt-SACs/CTF 催化剂中 N_2 的固定，交替机制在能量上比远端机制更有利 [图 5-13（b）]。在没有牺牲剂的情况下，Pt-SACs/CTF 的氨生产率为 $171.40\mu mol/(g \cdot h)$，远高于大多数先前报道的使用不同催化剂的系统 [图 5-13（c）]。

此外，Chen 等分别通过酰胺键和亚胺键将 TpttaCOF 和羧化碳纳米管共价偶联到石墨碳氮化物上，构建了一种基于 COF 的无金属固氮光催化剂。COF 的引入调节了能带结构，提高了比表面积和 N_2 吸附能力。在光照下，石墨氮化碳和 COF 均被激发，COF 的 CB 上积累的光生电子被碳纳米管表面捕获，促进氮还原。同时，石墨氮化碳 VB 上的空穴将 H_2O 氧化成 O_2。在可见光照射下，无须任何牺牲剂即可实现高光催化氨产率 [$211\mu mol/(g \cdot h)$]。

本节系统介绍了 COFs 基材料在多种光催化反应方面取得的最新进展。尽管这一研究领域仍处于起步阶段，但 COF 在光催化方面的初步前景是无可争议的，并且相关文献在过去几年中激增。越来越多的研究者开始重视这类材料，并为其

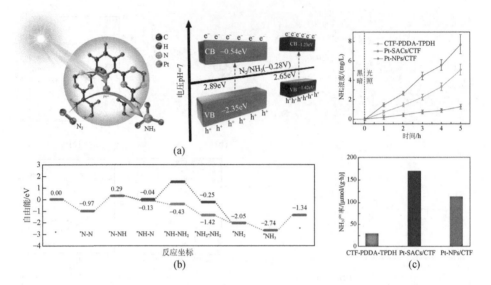

图 5-13　（a）Pt-SACs/CTF 催化剂的光催化固氮机理，以及 CTF-PDDA-TPDH 和 Pt-SACs/CTF 催化剂的能带图。（b）Pt-SACs/CTF 催化剂氮还原过程的远端和交替机制的自由能谱。（c）定量测定可见光照射下 CTF-PDDA-TPDH、Pt-SACs/CTF 和 Pt-NPs/CTF 作为对照的 NH₃ 生成和归一化 NH₃ 生成率

在光催化方面的应用开辟了新的前景。人们相信，通过合理的结构设计，COF 基材料可以实现更多类型的光驱动反应。

4. 结论与展望

作为新兴的多孔有机材料家族，COF 具有替代传统无机半导体的巨大潜力，并可作为先进光催化的理想候选材料，用于 COF 合成的各种有机结构单元和多种多样的共价键赋予它们出色的结构多样性，并且可以将一系列令人着迷的结构特征（包括孔隙率、可设计性、可定制性和可调性）融合到一种材料中。因此，COF 骨架发挥着光捕获和光活性中心的双重作用，从而为可见光吸收和随后的光催化反应提供平台。

5.2.4　硫化物

金属硫化物和硒化物具有特殊的层状结构，可降低电子迁移率并通过充当半导体纳米粒子的支撑来提供更多的活性位点。

MoS_2 直接带隙为 1.6eV，具有独特的层状、类石墨烯层状结构，可提供可调节带隙，降低载流子复合，具有良好的柔韧性和卓越的机械强度。MoS_2 的窄带隙使其能够在较宽的光谱范围内工作，包括可见光范围。除此之外，该材料还具有

光催化活性高、光吸收能力强、无毒、经济存在和优异的抗光腐蚀能力等优点，使其成为光催化剂的合适选择。然而，MoS_2 的量子产率较差，并且很容易聚集和重新堆叠，从而显著减少表面积。

MoS_2 的类石墨烯结构、大的比表面积和高电子迁移率使得 MoS_2 能够形成良好的异质结复合材料，受到科学家的强烈推荐。MoS_2/WO_3 形成优异的异质结。MoS_2 和 C_3N_4 具有花状结构，其能带水平彼此最佳。由于更大的界面电子转移，这有助于降低电荷复合率。因此，MoS_2/C_3N_4 复合材料表现出巨大的光催化潜力。

一些非典型硫族化物半导体，如硫化锡铟（$SnIn_4S_8$）、$ZnIn_2S_4$、$AgIn_5S_8$、$AgInS_2$、$CuInS_2$ 有望在异质光催化中得到应用。

另一种潜在的可见光驱动光催化剂半导体是 CdS。由于其 2.4eV 的窄带隙而备受关注。尽管如此，CdS 的活性、光腐蚀和光溶解相对较低。Z 型异质结如 CdS/ZnO、$CdS/CuInS_2$ 或 $CdS/SnInS_8$ 的形成有助于克服上述缺点。然而，由于 CdS/ZnO 中主要是 CdS 吸收紫外光和可见光[23]，故 ZnO 的活化有限。通过 ZnO 选择性吸收紫外线照射，复合材料的性能可以显著增强。

张等开发了 $ZnO/CdS/TiO_2$ 杂化物，与 CdS/TiO_2 杂化物相比，它作为光化学废水处理的太阳能敏感催化剂具有突出的前景[20]。

具有 0.5 ~ 0.6eV 低带隙的 $CuFeS_2$ 充当催化剂，增强 H_2O 和 H_2O_2 在酸性介质中的短期分解，产生非选择性 ·OH。另一方面，材料的低比表面积（大约 3 ~ 5m^2/g）会影响热点的形成以及整个过程。介质和反应部位的温差会产生热点。这使得它能够通过降低活化能并加速反应速率来分解复杂的污染物。$CuFeS_2$ 可以与具有高表面积和大孔的材料（例如碳基材料）耦合，以克服上述问题。

1. 金属硫化物简介

金属硫化物（MS）具有光敏性、导电性和光电化学稳定性等特点，是一种很有前途的光催化制氢材料。然而，由于低入射光子吸收、高载流子复合、催化活性位点不足以及质量和电荷扩散缓慢，固体结构 MS 的光催化活性经常受到损害。空心结构 MS 的发展缓解了这些限制，并且比固体结构的 MS 产生更高的 H_2。

为缓解电子-空穴复合问题，构造异质结结构被认为是确保激子对空间分离的有效策略：传统的半导体复合材料的异质结有 II 型（交错带隙）异质结、p-n 异质结和 Z 型异质结。

光催化的重要一步是表面氧化还原反应，它深刻地影响着克服反应动力学障碍所需的超势。具有强烈催化活性的半导体是最受欢迎的，因为使用这种光催化剂可以促进激子对在氧化还原反应中的利用。表面反应在几百皮秒到微秒的时间尺度上发生，而载流子的产生、分离和复合在较慢的时间尺度上发生（在飞秒到皮秒内）。因此，表面反应动力学决定了载流子的利用，因为慢反应动力学由于 e^- 和 h^+ 之间的库仑吸引而促进复合，从而减少太阳能到化学能的转化。为了提高原始半导体的催化性能，人们研究了使用助催化剂、沉积贵金属和调整形貌等方法。

在过去的几年里，已经成功地制备了不同成分、形态、晶体结构和价态的金属硫化物，试图提高这种半导体的光催化活性。在众多的形貌和策略中，具有明确中空结构的光催化剂的制备受到了广泛的关注，因为它们具有高的比表面积和内部空隙、低密度、优异的表面渗透性和短的质量和电荷运动的传输长度等显著特性。空心结构可以定义为在壳体中表现出空隙空间的固体结构，尺寸从微米到纳米不等，形态可以从球体调整到立方体、管状和多面体[15,16]。与固体纳米结构催化剂相比，具有明显中空纳米结构特征的半导体更有利于光催化，因为它们可以利用内外表面积暴露出非常高比例的活性位点，这对于促进反应物吸附和表面依赖性催化反应非常重要。空心纳米结构也被用于其他催化应用，如燃料电池、水分解、能量储存和转化，因为每体积的高表面积产生了大量的催化活性位点。

根据上述光催化的主要步骤，空心纳米结构具有显著的催化能力：①产生光的多次散射，有利于光的吸收；②缩短了载流子的输运距离，这直接关系到电荷的分离和转移；③壳层将外层空间与内部空隙分离，可以诱导表面不同氧化还原反应的空间分离。通过对不同空心结构的金属硫化物按核-壳数进行分类，详细介绍了制备单壳（空壳/单壳）、多壳（空壳/双壳或多壳）和蛋黄壳（单或多核壳）的合成方法。

与金属氧化物相比，金属硫化物具有优异的光催化性能、高光敏性、高导电性、优异的机械和热稳定性、低阳极和阴极电位、大比容量和长循环寿命。MSs 中的金属阳离子通常是 d^{10} 构型的元素，如 Cu、Zn、Ag、Cd、Sn 等。因此，MS 光催化剂的传导带和价带分别由金属阳离子 d 和 sp 轨道与 S 离子 ^3p 轨道组成。因此，MS 光催化剂的导带电位比 $H_2O\text{-}H_2$ 还原电位更负，带隙窄，对太阳能谱的响应合适[27]。但金属硫化物基光催化剂中的硫阴离子易氧化，导致严重的光腐蚀。在光照下的催化反应过程中，S^{2-} 离子与光生空穴发生反应，氧化生成相应的硫酸盐，最终导致阳极腐蚀，限制了金属硫化物的光催化应用[21]。此外，与其他半导体材料一样，单组分 MS 基光催化剂由于光激发电子和空穴的高复合率，通常存在效率低的问题。

2. 单金属硫化物

金属硫化物最简单的形式是一种过渡金属与硫的结合，化学结构为 $A_x B_y$（A＝Cd、Zn、Cu、In 或 Co，B＝S），记为二元金属硫化物。在二元金属硫化物的结构中加入第二种金属，得到的新结构称为三元金属硫化物，其化学结构为 AB_xC_y（$A=Cu$、Zn、Ag，$B=In$、Mo、CD，$C=S$）。这些化合物由于其组分的协同作用而具有增强的光催化性能。它们具有良好的光电性能和催化性能，并且可以在很宽的光谱范围内表现出高的吸收系数。因此，它们比二元体系更适合于吸收太阳光子[22]。在此，我们简要概述单金属硫化物的光催化性能，这些化合物在光催化分解水方面显示出巨大的潜力。

CdS 化合物是研究最多的单一 MS 基光催化剂，因为它在光催化产氢方面显示出显著的效果。Cds 禁带宽度较窄（~2.38eV），且 H_2O/H_2 负向导通电位比还原电位高，已被称为可见光半导体材料，用于有效的太阳能到化学能的转换[22]。此外，CdS 对波长小于 516nm 的可见光具有良好的吸收，并且由于其能够快速产生光生电子和空穴，从而延长了光生载流子的寿命，表现出良好的光催化活性。

ZnS 的禁带宽度约为 $3.2 \sim 4.4eV$，这使其成为不同掺杂离子的化学性质稳定的半导体基质，引起了人们的广泛关注。它可以纤锌矿（六方晶系）和闪锌矿（立方晶系）两种结构晶型存在，带隙分别为 3.77eV 和 3.72eV。前者在热学和光学特性方面表现出比后者更好的性能，因此最近的发展倾向于这个方向。虽然它的原子结构和化学性质与相应的金属氧化物（ZnO）在某种程度上相似，但 ZnS 的一些物理化学特性，包括尺寸依赖的电学和光学性质，在光催化应用中显示出优势。然而，ZnS 中的带隙激发仅限于紫外光，不具有可见光活性，因此在保留高导带的同时赋予可见光响应性已经付出了许多努力。

$Cu_{2-x}S$ 的化学计量比从富铜的 Cu_2S 到富硫的 CuS。介于两者之间，富硫 CuS（又称铜蓝矿物）因其较窄的禁带宽度（~2.2eV）和作为助催化剂的潜在应用价值，成为一种重要的 p 型半导体材料。此外，CuS 是一种众所周知的可见光光催化候选材料，因为它在近红外区域（NIR）具有额外的吸收带，这使得它在可见光范围内具有低反射率，而在 NIR 范围内具有相当高的反射率。然而，由于 CuS 光生电子–空穴对的快速复合，限制了该半导体材料向实际应用的改进和发展。先前关于 CuS 基与其他半导体材料如 ZnS、ZnO、TiO₂ 等形成异质结的报道，其中以硫化铜为助催化剂，取得了很好的效果，包括光生电子–空穴的复合速度减慢，从而提高了材料的光催化效率。

In_2S_3 是一种 n 型半导体材料，由于其合适的带隙能（$2.0 \sim 2.4eV$）和合适的带边（$E_{CB}=0.9eV$，$E_{VB}=1.3eV$），在可见光照射下可用于光降解有机污染物和光催化分解水。此外，它还具有高的光敏性和光电导性、良好的透明性、稳定的化学和物理特性以及低毒性等优异性能。在常压下，In_2S_3 可能以三种不同的相存在：立方结构 α-In_2S_3、尖晶石结构 β-In_2S_3 和层状结构 γ-In_2S_3。

在这三个晶相中，β-In_2S_3 具有 $1.9 \sim 2.3eV$ 的窄带隙能量，对应可见光区域，作为半导体材料在光学和电子特性方面有重要贡献。与 CdS 或 CuS 一样，由于光生电子-空穴对的快速复合，单个 $\beta\text{-}In_2S_3$ 的量子产率很低。结合低带隙的金属氧化物或氢氧化物 [In_2O_3 或 $In(OH)_3$] 可以诱导异质结构的形成，这可以刺激光生电荷载流子的分离，增强材料的光催化活性。

由于 Co 具有多种价态，钴硫化物具有多种化学结构，包括 CoS、CoS_2、$Co_{1-x}S$、Co_3S_4 和 Co_9S_8。虽然 CoS 作为电催化剂、电化学存储材料和光催化剂受到关注，但利用光诱导效应，CoS_2 对有机染料的降解表现出良好的光催化性能。同时，与其他金属硫化物相比，原始的 Co_3S_4 由于其较差的导电性和热稳定性，在光催化产氢方面并不是一个突出的光催化剂。克服裸 Co_xS_y 缺点的一种可能的策略是将单一的 Co_xS_y 与其他半导体材料相结合构建复合体系。半导体材料与金属（或碳基）纳米颗粒的集成可以在界面处构建肖特基势垒，促进两组分之间的电荷转移和协同效应，从而促进光生电子-空穴分离，提高催化活性。例如，Co_9S_8 具有较高的平带电位、较窄的带隙，并且当硫原子与界面上的其他金属结合时，容易发生电荷转移。

3. 异质结构金属硫化物

为了克服单一金属硫化物的缺点，多个研究小组致力于将两种或多种半导体材料结合成一个复合体系来构建异质结构金属硫化物。已经证明，具有合适能带带隙和合适带边的两个不同半导体（一个活跃在紫外区，另一个活跃在可见光区）的耦合可以创建具有异质结界面的杂化材料。异质结的形成有利于光生载流子的产生和分离、光吸收范围的扩展以及活性位点密度的增加，是提高光催化活性的重要因素。同时，一种典型的非均相光催化剂由一次组分和二次组分组成，分别称为半导体和助催化剂。产氧或产氢助催化剂可以通过刺激电荷分离和作为反应位点在光催化性能的提高中发挥主要作用。在可见光响应的半导体如（氧）硫化物基光催化剂的情况下，由于半导体材料易发生自氧化，因此负载助催化剂可以抑制光腐蚀，提高半导体材料的稳定性。更重要的是，助催化剂可以降低 H_2 或 O_2 反应的过电位，从而提高光催化水分解的效率[26]。

根据电荷载流子分离机制和带隙对齐方式，可将用于光催化产氢的异质结构分为 3 类：Ⅱ型（交错间隙）异质结构，p-n 结异质结构，Z 型异质结构。Ⅱ型异质结构是最简单的异质结构，两个组分的带隙边缘对齐，如图 5-14（a）所示。由于带边之间的能量差异，光激发电子迁移到半导体 B 上，而空穴积累在半导体 A 上，保证了它们的空间分离。p-n 结异质结构具有与Ⅱ型类似的排列方式。然而，它们在 p-n 界面处有一个额外的内部电场，如图 5-14（b）所示。由于带隙对齐和内部电场的协同作用，p-n 异质结在电荷载流子分离方面比Ⅱ型异质结更有效。Z 型异质结如图 5-14（c）所示，两部件（PSI 和 PSII）与Ⅱ型和 p-n 结异质结构不发生物理接触。相反，电荷载体是由两个半导体之间的供体-

受体（D/A）氧化还原介体介导的。在此，根据添加到金属硫化物中的次级组分的性质，将最近开发的异质结构金属硫化物基光催化剂进行了分组：①多金属硫化物（两种金属硫化物半导体的复合），②混合金属硫化物（金属硫化物与其他半导体材料的复合）。

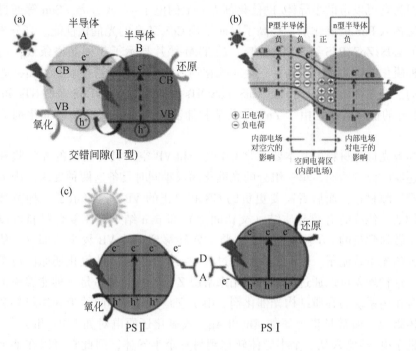

图 5-14　三种不同类型异质结构的示意图

(a) Ⅱ型（交错间隙），(b) p-n 结，(c) Z 型

4. 多金属硫化物（双质联用）

如前所述，ZnS 仅限于紫外光，不能作为可见光活性光催化剂，因为它只能在小于 370nm 的照射波长下实现带隙激发。因此，人们已经采取了许多措施来降低 ZnS 的带隙，以促进其可见光响应，并将其应用于光催化分解水。例如，Zhu 等用窄带隙的 $Cu_{1.8}S$ 改变了单个 ZnS 的性质。XRD 分析证实两种金属硫化物的晶体结构均可归属为立方相。这种相似性允许晶格的均匀分散，这启动了 ZnS 和的原子级杂交 $Cu_{1.8}S$。通过这种修饰，仅对紫外光有响应的 ZnS 基光催化剂能够吸收来自可见光的光子。根据 Tauc 图估算，对 ZnS-$Cu_{1.8}S$ 半导体的晶格结构进行修饰后，纯 ZnS 的禁带宽度从 3.34eV 减小到 2.76eV。研究人员提出了两种金属硫化物的晶格和形貌工程的协同作用以及形成的异质结构来触发 ZnS-$Cu_{1.8}S$ 合金基光催化剂的可见光响应。

　　CdS/ZnS 基光催化剂由于能够抑制光生电子-空穴对的复合，从而具有较高的光催化产氢活性而受到广泛关注。然而，CdS/ZnS 通常采用两步法制备，所形成的异质结构往往在两种半导体之间获得较大的间隙界面，导致它们之间的接触有限，从而影响光生电荷载流子的转移。与此相一致，助催化剂的加入是战略性的，因为它可以帮助半导体/助催化剂界面上的电子-空穴分离。Sun 等通过一步硫化法掺入 PdS 助催化剂，提高了异质结构 CdS/ZnS 的光催化性能。高分辨率所制备的 CdS/ZnS/PdS 纳米管（NTs）的 TEM 照片显示了 3 种晶格条纹，这归因于 3 种硫化物彼此紧密相连，在金属硫化物之间形成了紧密接触的界面，如图 5-15（a）、（b）所示。三元 CdS/ZnS/PdS NTs 表现出比二元 CdS/ZnS NTs 和 CdS/PdS 更好的催化活性是由于 ZnS 异质结和捕获光生空穴的 PdS 助催化剂的共同作用。

　　高效光催化材料的基本要求是 CB 电子和 VB 空穴具有高效的光吸收和强的氧化还原电位。然而，单一组分的光催化剂很难同时具备这两种要求，因为前者需要窄带隙材料，而后者需要更负的 CB 和更正的 VB，这暗示了一种宽禁带材料。例如，传统的 II 型异质结（交错间隙）和 p-n 结半导体复合材料可以通过将电子转移到负的 CB 较少的部分，将空穴转移到正的 VB 较少的部分，从而有效地分离光生载流子。然而，在这个过程中，电子和空穴的氧化还原电位是最小化的。这种现象可以通过所谓的利用来解决 Z 型光催化剂，是一种能够模拟自然界光合作用系统的异质结构光催化剂。由于它是由两种不同的半导体材料和电子媒介体组成，通常是贵金属如 Au 和 Ag，或氧化还原电对如 I/IO$_3$ 和 Fe^{2+}/Fe^{3+}，这有助于电子-空穴从一个半导体转移到另一个半导体，因此它可以在整个反应过程中保持电荷载流子的能级和捕获可见光。在光照射下，氧化还原穿梭体通过与 Z 的一个组分的光激发电子反应而被还原，通过与另一个组分的空穴反应而被氧化。这样，电子被有效地穿梭到更高的还原电位，而空穴则不断地转移到更高的氧化电位。两步 Z 型光催化剂除了可以保持激子对的氧化还原电位外，还可以与仅具有水还原或氧化电位的一步半导体光催化剂（如 In$_2$S$_3$ 和 WS$_2$）耦合，实现全水分解。这种排列方式比传统的一步法光催化剂更有效地捕获可见光，因为每个组分的带隙激发所需的能量最小化。然而，可逆的氧化还原介体存在一些缺点，例如不理想的逆反应和竞争性的可见光吸收，从而降低了氧化还原介体的反应效率和半导体的光吸收。因此，多年来，无氧化还原介体的 Z 型异质结构（直接 Z 型）或固态介体（如贵金属和石墨烯）已被开发，以缓解可逆氧化还原介体的局限性。

　　最近，Qiu 等利用空心硫化钴（Co$_9$S$_8$）立方体嵌入 CdS 量子点（QDs）设计了一种无电子媒介体 Z 型光催化剂。利用 Co$_9$S$_8$ 的窄带隙、高平带电位和高效的电荷转移等特性，该课题组假设其可以作为电子给体半导体并发挥中介体的作用。通过 TEM 图像证实了 Co_9S_8/CdS QDs 的异质结构，显示 CdS QDs 均匀分布在 Co_9S_8 纳米片［图 5-15（c）］表面，相应的 Co、Cd 和 S 的 TEM 元素分布图证实了元素的均匀分布。HRTEM 中的两个晶格条纹［图 5-15（d）］与 Co_9S_8 和 Cd 很好地对应。利用库贝尔卡-Munk 和 Mott-Schottky 曲线验证了 Z 型光催化剂的构建，证实了 Co_9S_8/CdS 具有小于 3eV 的带隙和适合水分解的带边电位。中空立方体 Co_9S_8/CdS 量子点中形成的异质结确保了光激发电子的空间分离，延长了它们的寿命，从而实现了高效稳定的光催化产氢。

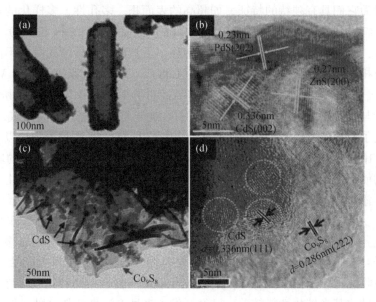

图 5-15　（a）CdS/ZnS/PdS 纳米管的 TEM 和（b）HR-TEM 图像，
（c）Co_9S_8/CdS 量子点的 TEM 与（d）HRTEM 图像

5. 杂化金属硫化物（质谱与其他材料的结合）

金属硫化物和金属氧化物之间的半导体异质结是一种流行的策略，因为金属氧化物可以诱导光催化氧化，而窄带隙硫化物可以拓宽氧化物的光吸收范围。例如，众所周知的光催化剂 TiO_2，由于其禁带宽度太宽，对可见光不响应，在光催化应用中仍然表现出局限性。将 TiO_2 与具有可见光活性的窄带隙 CdS 复合形成氧化物/硫化物异质结构，可以抑制光生载流子的快速复合，提高光催化活性，因而受到广泛关注。制备了两种类型的氧化物/硫化物基光催化剂，CdS 与 TiO_2 的物理混合物和 TiO_2/CdS 负载的异质结构 Ru- 助催化剂，以比较它们作为光催化剂在含有牺牲剂（SO_3^{2-} 和 S^{2-}）的水溶液中光催化产氢的性能。虽然前者在光催化反应过程中两半导体接触较差，电荷转移困难，但后者表现出优异的产氢速率，这与 TiO_2/CdS 的高结晶性和异质结构有关，特别是当 TiO_2 和 CdS 相互调节时，两半导体之间的距离变为纳米级；因此，光生载流子与牺牲剂发生快速分离和反应，最终提高了 TiO_2/CdS 的光催化活性。

同时，金属硫化物与金属有机骨架（MOFs）、N 掺杂碳、g-C_3N_4 等新兴材料的整合，成为寻找光催化新材料的最新趋势。例如，MOF 衍生的金属硫化物异质结构光催化剂用于太阳能到化学能的转换已经被广泛研究，因为 MOF 被证明是设计多孔碳纳米结构和碳锚定金属或金属氧化物纳米结构的极具潜力的前驱体材料，因为它们具有独特的特征，如超高的表面积、多孔性、多样化的功能和可裁剪性。特别地，Ren 等以 In-MOF（MIL-68）为模板，将 CdS 和 In_2O_3 纳米颗粒进行复合，以控制光生载流子的分离和转移。虽然两种半导体的晶相不同，但一种为立方相（In_2O_3），另一种为六方相（CdS），界面结合紧密。由于 MOF 衍生的 In_2O_3 表面带有负电荷，因此 Cd^{2+} 很容易通过静电相互作用被氧化物半导体吸附，然后与硫源反应形成 CdS，因此 CdS/In_2O_3 异质结构仍然容易形成。HRTEM 表征证实了 CdS/In_2O_3 异质结构的形成，其中在 In_2O_3 纳米颗粒周围可以发现六方 CdS 的（100）和（002）晶面对应的晶格条纹。这两种半导体之间的紧密界面和合适的能带结构，以及 MOF 衍生的纳米材料的特殊性质，使得改性后的光催化剂在不添加任何助催化剂的情况下，在可见光催化产氢中表现出良好的活性[34,35]。另一方面，石墨碳材料，如氮掺杂碳和氮化碳，是众所周知与其他半导体形成异质结构的半导体，因为它们具有高电导率和出色的电子迁移率，用于指导电子–空穴对的移动。g-C_3N_4 是一种聚合物半导体，其窄带隙能量为 2.7eV，具有光吸收能力。然而，纯 g-C_3N_4 存在光生载流子复合率高和光吸收比表面积低的问题，导致其光催化性能较差。已经开发了多种方法来增强这种半导体的光催化性能，包括掺杂金属元素，掺杂非金属元素（特别是氮元素），构建 g-C_3N_4 基复合材料。此外，将 g-C_3N_4 与合适的助催化剂耦合可以促进电荷载流子的分离，并促进 H_2 生成动力学。

光催化产氢涉及在 CB 处将 H_2O 还原为 H_2，以及在 VB 处的牺牲氧化电对。牺牲试剂，如有机分子（甲醇、乳酸、葡萄糖、三乙醇胺等）和无机化合物（Na_2S-Na_2SO_3），被用作电子供体来清除 VB 空穴。这些牺牲试剂的使用减少了激子对的复合，避免了 O_2 的产生，从而阻止了后向反应产生水分子。因此，提高了 H_2 产率并降低了气体分离成本。胺类和硫化物/亚硫酸盐可以强烈地结合在 MS 光催化剂表面，并且比其他牺牲试剂分子更有效地清除 VB 空穴。因此，与醇、有机酸和糖等牺牲试剂相比，三乙醇胺和 Na_2S/Na_2SO_3 可以提高 H_2 的产量。e^- 的氧化还原电位由用作光催化剂的 MS 的 CB 边缘决定。作为基本要求，作为光催化剂的 MS 的 CB 最小值应该比水还原电位更负，这样光生 e^- 才会有足够的电位来驱动反应。与块状/实心结构相比，中空结构的使用改善了 MS 的潜在应用。总的来说，中空 MS 用于光催化产氢具有活性表面积增加、质量和电荷扩散加速的优点，最重要的是由于中空结构的多重光散射效应增加了光吸收。加速质量扩散，即气体分子、离子和电解质溶液，加快了 H_2 生成的动力学。另一方面，增加的电荷扩散确保了光生电子和空穴迁移到发生氧化还原反应的表面催化剂位点。这些具有最小电阻的电荷载流子的扩散降低了它们复合的概率，从而也降低了它们的耗散。中空结构空隙内部的多光散射效应也极大地促进了这种微纳米结构的高光催化活性。这种现象使得结构能够有效地吸收入射的光子，允许在不同的点发生散射而不是像固体结构那样发生反射。对入射光子的吸收增加证明了具有化学势的丰富电荷载体的产生，以促进催化剂表面的氧化还原反应。因此，对于这种光催化剂结构，太阳能到化学能的转换将更高。

多年来已经报道了几种中空 MS 光催化剂，它们具有增强的光催化性能，以确保水光解产生可持续的 H_2。最近，Li 等在水热条件下通过原位硫化含 Cd 的 MOF（Cd-MOF-74）合成了尺寸为 120nm、壳层厚度为（20±5）nm 的单壳层 CdS 空心盒子。这些空心 CdS 纳米盒（CdS-H）的比表面积为 $153m^2/g$，明显高于体相 CdS（CdS-B：$48m^2/g$）。如图 5-16（a）所示，与 CdS-B [0.0334mmol/（g·h）] 相比，CdS-H 在可见光照射下表现出增强的（79 倍）H_2 产生速率 [21.654mmol/（g·h）]。与 CdS-H（574nm）相比，CdS-B（541nm）的光吸收边发生红移，表明光吸收增强。此外，CdS-B 的 CB 最小值比 CdS-B 更负，表明 CdS-H 的 CB 中的 e^- 具有更高的还原电位。提高的活性表面积、可见光吸收和电荷载流子分离是这种活性放大的原因。Yan 等通过明胶辅助水热反应合成单壳层 ZnS 空心纳米球也做了类似的观察。在没有明胶的情况下，得到了固体 ZnS 球（ZnS-0-24-120），其光催化产氢速率为 1904.3μmol/（g·h）[图 5-16（b）]。这比优化后的 ZnS 纳米空心球（ZnO-4-24-120）要慢得多 [6785.4μmol/（g·h）]。空心 ZnS 纳米球具有较高的光电流响应和较低的光致发光发射，表明其电荷复合较低。此外，通过多次反射，中空结构增强了光吸收效率，因此，在 313nm 处获得了 33.86% 的表观量子效率（AQE）和更高的光催化活性。多壳层中空 MS 放大了其中空结构的多光散射效应，显著提高了对入射光子的吸收。因此，这些多壳层中空 MS 表现出比单壳层中空 MS 更高的光催化活性。Zhang 等报道了利用多级孔 ZnS 纳米球硬模板合成的双壳层 $Zn_xCd_{1-x}S$ 二元 MS。尽管具有相似的比表面积，在 Pt 助催化剂存在下，在可见光照射下，DS $Zn_xCd_{1-x}S$ 的光催化产氢速率是 SS $Zn_xCd_{1-x}S$（单壳层）的 3.07 倍 [4.11mol/（g·h）]。此外，DS $Zn_xCd_{1-x}S$ 在 400nm 处实现了 ~27% 的 AQE。这归因于多重光散射效应有效的光子捕获 [图 5-16（c）]，以及介孔双壳结构增加的反应位点。此外，通过光致发光（PL）和阻抗谱（EIS）证明，DS 结构的电荷载流子分离效率的提高有助于 DS 相对于 SS 的活性增强。Xu 等在以 Cu_2O 纳米立方体为硬模板合成的 Cu_9S_5 空心立方体中也观察到了类似的趋势。此外，如图 5-16（d）所示的立方体 Cu_9S_5（11.8mmol/g）的光催化产氢速率明显高于单壳层 Cu_9S_5（3.8mmol/g）。此外，立方体中空 Cu_9S_5（3.23%，420nm）的 AQE 远高于单壳层 Cu_9S_5（0.45%）。此外，还进行了改进鉴于这些空心 Cu_9S_5 纳米立方体在光学和质构特性上的相似性，它们的光活性差异来自于多壳层（立方体中的立方体）结构在内部空腔中的多次光散射和反射的能力，从而增强了光吸收。异质结构空心 MSs 结合了异质结构半导体和空心结构的优点，是一类很有潜力的光催化产氢材料。半导体界面处异质结的形成确保了电荷载流子的空间分离，中空结构增加了光吸收并加快了质量扩散。这两者之间的协同作用增强了光吸收，延迟电荷重组和加速质量扩散来提高 H_2 生成速率。将两种或两种以上的金属硫化物（表示为多金属硫化物）结合形成异质结构的 MSs 光催化剂，显示出改善的光催化性能。例如，Wang 等最近报道了异质结的分级结构以 ZIF-67 多面体为模板合成 $Co_9S_8@ZnIn_2S_4$ 纳米笼。这些异质结构的空心纳米笼显示出 6250μmol/（g·h）光催化产氢速率，远高于单独的二元（Co_9S_8：无活性）和三元 [$ZnIn_2S_4$：2160μmol/（g·h）] MS 组分，如图 5-16（e）所示。时间分辨 PL 表明，与 $ZnIn_2S_4$（3.88ns）相比，$Co_9S_8@ZnIn_2S_4$ 纳米笼中的电荷载流子具有更长的寿命（5.43ns），这表明异质结构纳米笼中的电荷载流子分离增强。实心 $Co_9S_8@ZnIn_2S_4$ 纳米颗粒表现出 4650μmol/（g·h）的光催化产氢速率，低于纳米笼，证明了中空结构的重要性。Sun 等也报道了多组分异质结构的中空一维 CdS/ZnS/PdS 纳米管，实现了 1021.1μmol/h 的光催化产氢量，高于纯 CdS 纳米管（89.2μmol/h）。显然，异质结构的 1D 中空纳米管在 365nm 单色光照射下实现了 26.1% 的 AQE。这种活性的提高是由 PdS 的共催化作用和通过 ZnS 形成的异质结构进行有效的电荷载流子分离产生的 [图 5-16（f）]。中空纳米管结构提供了额外的反应位点，增加了光子吸收。与金属硫化物、金属氧化物或 MOFs、N 掺杂碳和 g-C_3N_4 等新兴材料形成的半导体异质结已成为增强 MS 光催化剂光催化活性的热门策略。例如，Chen 等利用含氮的金属有机骨架（MOF）模板制备了无贵金属的 $CdS/Zn_xCo_{3-x}O_4$（CdS/ZCO）纳米杂化光催化剂[29]。普林斯汀的光催化制氢在可见光（$\lambda > 420nm$）照射下，以乳酸为牺牲剂，对 CdS、CdS/Co_3O_4 和所制备的 CdS/ZCO 异质结构进行了研究。CdS/ZCO（30wt% CdS）的产氢速率约为 3978.6μmol/（g·h），明显高于纯 CdS 光催化剂 [~1000μmol/（g·h）]。此外，CdS/ZCO 的产氢效率是 CdS 纳米球和 CdS/Co_3O_4 的 4 倍。这些结果表明了 CdS、Zn 原子和 Co_3O_4 的协同作用。特别地，ZCO 在 CdS 表面的存在影响了 CdS 的带隙，CdS 和 ZCO 之间的异质结通过提供有效的光生电荷转移对 H_2 的产生显示出有利的影响。

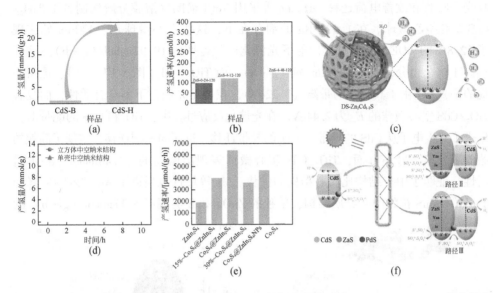

图 5-16　（a）可见光照射下块状 CdS 和空心 CdS 制氢速率的比较；（b）ZnS-X-Y-Z 的光催化析氢速率，其中 X-明胶/Zn 质量比、Y-反应时间和 Z-水热温度；（c）双壳 $Zn_xCd_{1-x}S$ 光催化制氢原理；（d）立方体中空 Cu_9S_5 纳米结构和单壳中空 Cu_9S_5 纳米立方体制氢的典型反应时间过程；（e）不同含量的异质结构 $Co_9S_8@ZnIn_2S_4$ 纳米笼的光催化析氢性能；（f）异质结构中空 1D CdS/ZnS/PdS 纳米管的电荷转移机理

　　空心 MS 还被证明与其他半导体材料复合时具有很好的共催化活性。作为助催化剂，MS 作为催化位点，电子捕获位点并形成异质结，确保有效的电荷分离。中空 CoS_x 多面体最近被用作助催化剂，通过集成在 $g\text{-}C_3N_4$ 纳米片的层间。2% $CoS_x/g\text{-}C_3N_4$ ［629μmol/（g·h）］的光催化产氢速率是纯 $g\text{-}C_3N_4$ 纳米片的 52 倍，这归因于 CoS_x 良好的电催化活性。此外，如图 5-17（a）所示，两种组分的带隙对齐促进了光激发电子向 CoS_x 表面的迁移，而空穴则留在 $g\text{-}C_3N_4$ 的 VB 中，保证了它们的有效分离。Zou 等也报道了与三元 Cu_2MoS_4 空心球修饰的超薄 $g\text{-}C_3N_4$ 纳米片类似的结果[24]。$Cu_2MoS_4/g\text{-}C_3N_4$ 复合材料（在 400nm 处的 AQE 为 0.41%）在可见光照射下，$g\text{-}C_3N_4$ 纳米片的光催化产氢速率从 60μmol/（g·h）提高到 2170.5μmol/（g·h）。Cu_2MoS_4 的共催化活性、通过中空 MS 结构增加的光吸收以及通过异质结实现的高效电荷载流子分离［图 5-17（b）］都有助于增强复合材料的光催化活性。

　　将金属氧化物（MO）与 MS 复合形成具有优势特性的异质结构复合材料也被探索用于光催化产氢。此类复合材料缓解了 MS 的高电荷载流子复合问题，拓宽了宽禁带 MO 的光吸收范围。通常将窄带隙 MS 与宽带隙 MO 相结合，以实现高光子吸收和改善电荷迁移。Huang 等采用 NaCl 辅助气溶胶分解法制备了 TiO₂/CdS 多孔空心微球。在 1.5% Ru 助剂存在下，这些空心微球在 ~420nm 处实现了 12.8% 的 AQE，在可见光照射下光催化产氢速率为 19.92mmol/(g·h)。这远远高于单个组分，CdS=7.92mmol/(g·h)，而 TiO₂=nil [图 5-17（c）]。值得一提的是，TiO₂ 由于其较宽的带隙（3.22eV），在可见光照射下不具有活性，而复合 TiO₂/CdS 空心微球的 E_g 为 2.44eV。在光催化反应过程中，TiO₂ 和 CdS 的能带对齐促进了光生电子从 CdS 的导带向 TiO₂ 的导带迁移，进而向助剂迁移，实现了高效的载流子分离。另一方面，TiO₂/CdS 实心微球表现出微弱的 [1.48mmol/(g·h)] 活性，证明了中空结构比实心结构的优势。Ma 等最近也报道了 Au 纳米颗粒修饰的 ZnO@ZnS 花状中空异质结构，单独的 ZnO@ZnS 实现了 5.17mmol/(g·h) 的

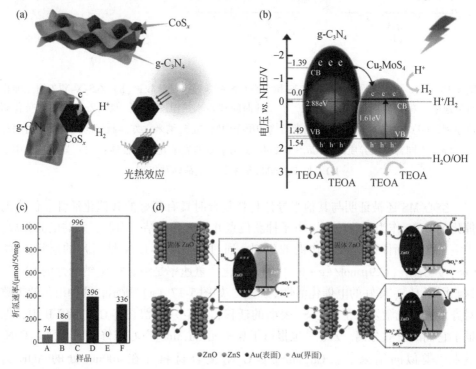

图 5-17 （a）CoSₓ/g-C₃N₄ 复合光催化剂上光催化氢气析出的可能机理以及空心 CoSₓ 多面体的光路和光热效应方案；（b）Cu₂MoS₄ 和 g-C₃N₄ 的能带位置以及 H⁺/H₂ 和 OH⁻/·OH 氧化还原电位示意图；（c）可见光照射下 H₂ 的平均析出速率；A：TiO₂/CdS 固体微球；B：TiO₂/CdS 分散颗粒；C：TiO₂/CdS 多孔空心微球；D：简单的 CD；E：简单 TiO₂；F：CD 与 TiO₂ 的物理混合物；（d）空心通道结构与沉积的 Au NPs 在载流子转移机制和光催化析氢位置中的作用对比图

光催化产氢速率，而将 Au 纳米颗粒集成到结构（在 365nm 处的 AQE 为 25.47%）后，产氢速率提高到 56.981mmol/(g·h)。这些活性均显著高于单独添加 MO 和 MS 的 ZnO 和 ZnS [0.165mmol/(g·h) 和 0.152mmol/(g·h)]。图 5-17 (d) 给出了异质结构的示意图和 Au NPs 的作用。该复合物在 365nm 波长处实现了 25.47% 的 AQE。瞬态光电流响应和 PL 测试表明 MO-MS 复合物中的电荷载流子复合最小，因此表现出高活性[28]。

通过水热法制备了 S 骨架 $In_2S_3/Zn_3In_2S_6$ 微球，增强了光催化析氢，同时光降解双酚 A。通过将 2D In_2S_3 纳米片嵌入 2D-3d $Zn_3In_2S_6$ 层次化微球中组装微球，增强了可见光吸收和光激发载流子的分离/迁移。在双酚 A 水溶液中，$In_2S_3/Zn_3In_2S_6$ 的光催化析氢速率比单独的 In_2S_3 和 $Zn_3In_2S_6$ 分别提高了 15.7 倍和 7.9 倍。同时，对双酚 A 的降解效率可达 95.8%。$In_2S_3/Zn_3In_2S_6$ 微球中的骨架电荷转移机制最大限度地发挥了 $Zn_3In_2S_6$ 的氧化还原能力和 In_2S_3 降解双酚 A 的能力。

如图 5-18 (a) 所示，采用逐步水热法获得 InS/ZIS 复合材料。这种制备工艺有望保持 ZIS 的分层形态特征，并促进 InS 和 ZIS 之间异质结的形成。XRD 谱图表明，成功制备了六方相 $Zn_3In_2S_6$ 和立方相 In_2S_3 [图 5-18 (b)]。随着 In 源对 ZIS 的质量百分比从 0 增加到 70%，在 InS/ZIS 复合材料中，ZIS 组分的 (102) 面衍射峰明显减弱，InS 组分的 (311) 面衍射峰明显增强。同时，在 InS/ZIS-70 上也能明显观察到 InS 的 (220)、(400)、(511)、(440) 面。

这些结果不仅排除了基于 ZIS 形成固溶体的可能性，而且表明合成 InS/ZIS 复合材料的方法是成功和可行的。

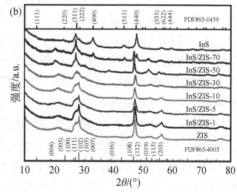

图 5-18　(a) 2D/2D-3D InS/ZIS 纳米复合材料合成工艺示意图；(b) 纯 InS、ZIS、InS/ZIS 复合材料、标准 ZIS (PDF#65-4003) 和标准 InS (PDF#65-0459) 的 XRD 谱图

然后，通过在可见光照射下实际产氢量来进一步评估所有样品的光催化活性。如图 5-19 所示，在光照射下，不同光催化剂的产氢能力遵循以下顺序：InS

[5.2μmol/(g·h)]＜ZIS[10.3μmol/(g·h)]＜InS/ZIS-50[16.2μmol/(g·h)]＜InS/ZIS-30[18.1μmol/(g·h)]＜InS/ZIS-1[33.0μmol/(g·h)]＜InS/ZIS-5(53.6μmol/(g·h))＜InS/ZIS-10[81.6μmol/(g·h)]。显然，InS 和 ZIS 的耦合可以极大地提高光解水产氢的性能。

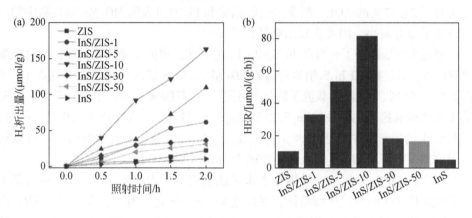

图 5-19　（a）H_2 产生，（b）H_2 产生速率（HER）

5.2.5　二维异质结

1. 催化原理

由不同 2D 半导体形成的 2D 材料异质结由于其独特的优点，在提高光催化剂的光催化性能方面具有重要的意义。首先，通过堆叠将两个二维光催化剂耦合在一起，可以得到 2D/2D 异质结。在这个过程中，由于 2D 材料的超薄性质，可以最大限度地减少晶格失配，从而在 2D 光催化剂之间形成紧密的接触界面。通过面对面的接触界面，可以降低二维光催化剂之间的电子传递势垒，并通过电子隧穿效应促进界面电荷的转移。

其次，通过在二维光催化剂中引入具有丰富活性中心的二维助催化剂，可以增加或调节二维光催化剂上的活性中心以进行特定的光催化反应。例如，单层 MoS_2 是一种廉价的铂替代品，具有贵金属般的催化活性，已被用于增加二氧化钛纳米管上的活性位，以提高光催化分解水的放氢速率。由于助催化剂的超薄性质，足够的光可以穿过 2D 助催化剂并进入宿主 2D 光催化剂，从而提高光催化活性。最后，通过改进光诱导载流子的分离和适当的带对齐，可以提高光催化剂的氧化还原能力。例如，通过纳米限制方法直接合成了由碳掺杂氮化硼单层（禁带宽度为 2.48eV）和石墨烯组成的原子级异质结。由于碳掺杂氮化硼单层与石墨烯之间在原子尺度的 Mott-Schottky 异质结中形成了静电场，光生电子可以从氮化硼单层快速转移到石墨烯中。因此，通过改进电荷载流子的分离，增强了氮化硼表面活性中心的氧化还原能力，从而促进了分子氧的活化以进行人工光合作用。此外，将一种还原能力较强的二维光催化剂与另一种氧化能力较强的二维光催化剂偶联，是形成氧化还原能力较强的 2D/2D 光催化剂的可行途径。例如，BP 和 $BiVO_4$ 之间的带状排列使杂化光催化剂具有将纯水分解为氢和氧的能力。

　　总的来说，在单组分二维光催化剂上实现高效率是一项具有挑战性的工作。异质结的形成被定义为两个不同能带结构的半导体之间的界面，被认为是抑制光生电子和空穴复合的一种可行的策略。特别是，构建具有 2D/2D 异质结的多组分光催化剂已被证明是获得高性能光催化剂的有效途径。

2. 2D 异质结分类

　　如前所述，在设计二维材料基异质结的过程中，单个元件的尺寸起着重要的作用。根据维度的不同，基于两组分组成的 2D 材料的异质结可以分为四种类型：2D/0D、2D/1D、2D/2D 和 2D/3D 异质结。

1）2D/0D 异质结

　　我们讨论的 0D 材料指的是粒径小于 100nm 的半导体纳米颗粒。与相应的体相材料相比，0D 材料具有高的比表面积、较短的有效电荷转移长度和可调的电子结构，这使得它们在光催化中得到了广泛的应用。同时，2D 材料与 0D 材料的结合显示出很好的匹配性。它们是优秀的衬底，可以限制 0D 材料的聚集，这有助于 0D 材料更好地分布。即使以面到点的方式结合，在 2D 纳米片表面均匀分散的 0D 材料也可以在不覆盖太多活性中心的情况下形成丰富的异质界面。由于 2D 材料所起的支撑作用，大多数 2D/0D 异质结的制备方法都很简单，可分为原位生长和非原位组装方法。前者指的是 0D 材料在 2D 材料表面的直接生长，常用的方法包括水热法、原位沉淀法等。采用原位沉淀法合成了由非晶态 AgSiO 纳米颗粒和超薄 $g-C_3N_4$ 纳米片组成的异质结。超分散的 AgSiO 纳米颗粒与 $g-C_3N_4$ 纳米片具有最大的界面接触和更多的表面活性中心，具有很强的协同偶联效应和氧化还原能力。结果表明，与纯 AgSiO 和 $g-C_3N_4$ 相比，$AgSiO/g-C_3N_4$ 复合材料具有更好的光催化性能。后一种方法指具有相应维度的材料的预合成，这些材料随后通过共价或非共价相互作用结合在一起。非原位组装方法往往需要高温高压环境通过一些方法来促进结合，如超声波处理或水热路径。当半导体纳米粒子的尺寸足够小（<10nm）时，特别是在其激子玻尔半径以下时，由于量子限制效应，依赖于尺寸的光学和光物理性质变得明显。上述粒子通常被称为量子点。由于量子点具有较强的捕光能力、较短的有效电荷转移长度和较多的光催化活性中心等独特的优势，故在光催化领域得到了广泛的研究。因此，二维量子点材料具有更宽的光吸收范围和更好的电荷分离能力，从而具有更好的光催化活性。近年来，

碳、金属氧化物、金属硫化物、钒酸盐、黑磷等多种量子点被制备并与 2D 材料偶联。在各种量子点中，碳量子点作为一种新型的碳物种，由于其独特的上转换发光能力以及良好的电子转移和储能性能而引起了人们的极大关注。发展了一种通过水热方法组装超薄 g-C_3N_4 纳米片/碳量子点光催化的策略。碳量子点通过 π-π 相互作用均匀地固定在 g-C_3N_4 纳米片上，这不仅可以扩大可见光吸收区域，还可以抑制光诱导载流子的复合。

结果表明，光催化析氢活性显著提高。王等合成了广谱光驱动的掺氮碳量子点/二氧化钛纳米片状异质结构光催化剂。由于氮引起的电荷离域和功函数的改变，掺氮碳量子点的光电性能可以得到很大的改善。因此，复合材料表现出从紫外到可见光甚至近红外的宽吸收范围。该光催化剂在紫外光、可见光和近红外光照射下对双氯芬酸表现出高效的光催化降解作用。此外，还提出了潜在的 Z 方案机理来解释异质结光催化活性增强的原因。

除了碳量子点外，另一类单元素半导体——黑磷量子点也引起了广泛的研究关注。最近，孔令辉等选择 BPQD（黑磷量子点）负载到 g-C_3N_4 表面形成异质结裂解制氢。异质结的内置电场和 BP（黑磷）的高空穴迁移率使得光生载流子能够有效地分离和快速迁移，从而表现出比原始的 g-C_3N_4 更好的光催化性能。

2）2D/1D 异质结

一维纳米结构，包括纳米线、纳米管、纳米棒和纳米带，由于其高度各向异性的几何结构和尺寸限制，在光催化领域显示出巨大的潜力。例如，由于高长径比，它们具有增强的光散射和吸收。此外，一维几何结构赋予材料沿轴向的弹道电荷传输比在粉末材料中的扩散传输更有效，这有助于光生载流子的转移和分离。此外，一维材料还可以作为隔离物或衬底，防止 2D 纳米片重新堆积，从而赋予大的比表面积和高的稳定性。因此，将 2D 材料与一维材料耦合形成异质结可能是促进电荷载流子分离的一种可行和可取的方法。

因此，将二维材料与一维材料偶联形成异质结可能是促进载流子分离和提高光催化性能的一种可行和可取的方法。此外，由于二维材料具有较大的比表面积，因此 2D 材料通常作为负载一维材料的载体，这可以减小一维材料的直径，促进电荷转移。采用一步水热法在 C_3N_4 纳米片表面合成了自组装的 Ag/$AgVO_3$ 纳米带。在这个三元体系中，2D C_3N_4 片可以作为负载 Ag/$AgVO_3$ 纳米带的载体，导致与 C_3N_4 混合后的 $AgVO_3$ 纳米带的宽度变小。同时，$AgVO_3$ 在 $AgVO_3 \rightarrow Ag$ 和（或）$C_3N_4 \rightarrow AgVO_3 \rightarrow Ag$ 的矢量电子转移中起到了电子转移介质的作用。结果表明，与纯 C_3N_4 和 Ag/$AgVO_3$ 相比，三元复合催化剂对碱性品红的光催化降解活性最高。

除了 2D 纳米片上的一维材料的界面接触方式外，一维材料还可以作为高密度的 2D 纳米片组装的衬底，而不会团聚或重新堆积，从而实现更好的耦合异质界面。在这种情况下，通过静电纺丝技术合成的纳米纤维由于具有高孔隙率、大比表面积和大长径比等吸引人的优势，似乎是负载 2D 纳米片的良好选择。此外，一维纳米结构阵列也是构建异质结的理想基础结构，因为它们不仅可以作为电荷分离的骨架和高速传输通道，而且可以通过光捕获效应提高光吸收。此外，还可以通过化学处理获得优良的衬底。例如，修饰在多孔二氧化钛纳米带上的 Bi_2Mo_6 纳米片已经被制备成性能优异的光催化剂。酸腐蚀的二氧化钛纳米带的粗糙表面提供了丰富的成核位，使得均匀的 Bi_2Mo_6 层生长在二氧化钛纳米带上。该复合材料光吸收增强，比表面积大，异质结构匹配能带大，对有机染料的分解和水分解析氧表现出良好的光催化活性。

此外，一维结构使 2D 材料能够垂直地站在衬底上，最大限度地暴露层状材料的边缘，这些边缘是许多关键催化反应的活性中心。刘等在多孔的二氧化钛纳米纤维上制备了垂直站立的单层或几层 MoS_2 纳米片。

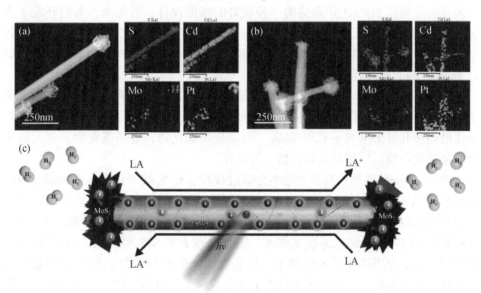

图 5-20　（a）Pt 光还原沉积和（b）MnO_x 光氧化沉积后 S-MTC NWs 的高角环形暗场扫描 TEM 图像和元素图；（b）光致电子倾向于定位于二硫化钼的尖端，而光致空穴主要定位于 CdS 纳米线的茎部；（c）H_2 演化的 S-MTC NWs 示意图，其中 LA 为乳酸

此外，还开发了另一种 2D/1D 异质结结构，其中 2D 材料尖端在 1D 结构的一侧或两侧。这种独特的纳米结构可以提供出现在特定异质结界面和锚点的超快激子动力学，以收集电子，导致快速的电子转移和有效的空间电荷分离。

在二元溶剂中，通过两步溶剂热反应合成了对称的双面 MoS-MTCNWS（S-MTCNWS）。S-MTCNWS 在太阳光和可见光照射下表现出显著的光催化性能，其产氢率分别为 14.8mmol/（g·h）和 12.6mmol/（g·h），而铂镉纳米线的产氢率分别为 3.5mmol/（g·h）和 2.6mmol/（g·h）。由对称异质结构产生的有效电荷分离被认为是提高性能的主要因素之一。如图 5-20 所示，光沉积实验表明，在 S-MTC 纳米线上发生了光致电子和空穴的空间分离，其中还原和氧化位置分别位于 MoS_2 尖端和 CDS 茎。此外，S-MTC 纳米线的光催化稳定性优于铂-硫化镉纳米线，这是因为在高度暴露的表面上容易获得空穴牺牲剂。

3）2D/2D 异质结

通过面对面的接触，在光催化方面具有许多独特的优势。第一，由于两种不同的 2D 半导体具有较大的比表面积和紧密的接触，可以在两种不同的 2D 半导体之间形成丰富的具有强耦合效应的异质界面，从而更容易促进光生载流子的分离。第二，超薄 2D 组分的本征电阻低，传输路径短，有利于电荷转移。第三，2D/2D 异质结的形成可以缓解光腐蚀和团聚，从而提高催化剂的稳定性。因此，它被认为是构建 2D/2D 异质结的一种较好的维度设计。近年来，人们开发了大量的 2D/2D 结构用于不同的光催化反应，包括水的分解、二氧化碳的还原、污染物的降解和固氮。然而，$g-C_3N_4$ 的光催化效率仍然受到一些缺点的阻碍，特别是光生电子和空穴的快速复合。

因此，将 $g-C_3N_4$ 与其他 2D 半导体偶联构建 2D/2D 异质结将是通过抑制载流子复合来提高光催化活性的有利选择。到目前为止，许多具有 2D 纳米结构的半导体已经被开发出来与 $g-C_3N_4$ 偶联，例如金属氧化物、金属硫化物、三元硫化物、铋基化合物、层状双氢氧化物、黑磷等。

例如，Zhang 等通过简单的超声分散过程在 $g-C_3N_4$ 纳米片上水平加载超薄的六方 SnS_2 纳米片来制备 2D/2D 类型的异质结。由于高的表面能，单个 SnS_2 纳米片容易聚集以减小其表面积。然而，在 $g-C_3N_4$ 纳米片存在下进行超声处理后，SnS_2 纳米片均匀地平铺在 $g-C_3N_4$ 纳米片表面，这表明 SnS_2 纳米片与 $g-C_3N_4$ 纳米片之间的化学作用降低了 SnS_2 纳米片的表面能。由于 SnS_2 与 $g-C_3N_4$ 之间紧密的面接触和能带匹配，异质结显著提高了光生载流子的分离效率。结果表明，光降解活性大大提高。此外，还利用类似的超声分散工艺在层状 $BiVO_4$ 和 $g-C_3N_4$ 纳米片之间构建了 2D/2D 异质结。在另一种情况下，通过简单的一步表面活性剂辅助溶剂热法，在 $g-C_3N_4$ 纳米片表面原位生长出均匀的叶状 $ZnIn_2S_4$ 纳米片。通过面对面接触，形成了许多独特的高速电荷转移纳米通道，大大缩短了电荷转移时间，提高了电荷分离效率。因此，2D/2D 异质结具有显著的析氢速率 [2.78mmol/（g·h）]，分别是纯 $g-C_3N_4$ 纳米片和 $ZnIn_2S_4$ 纳米片的 69.5 倍和 1.9 倍。

虽然在 2D 半导体之间形成异质结简单而有效，但 2D 层状异质结的随机合成可能缺乏组件的紧密接触或活性小面。紧密界面的形成有利于载流子的分离，从而提高了光催化活性。为了找到可靠和可控的方法来制备所需的 2D/2D 异质结，人们进行了大量的研究项目。例如，Dong 等通过共享界面氧原子构建了二维 BiOIO₃/BiOI 层状异质结。在典型的合成工艺中，首先制备出 {010} 面暴露的 BiOIO₃ 纳米片材。然后，由于 BiOIO₃ 的 {010} 面的原子与 BiOI 的 {001} 面的原子以相同的方式排列，因此制备的 BiOI₃ 纳米片作为衬底，通过提供界面氧原子来诱导 BiOI 沿（001）面择优生长。杂化结构表现出极大的光催化活性和 NO 脱除的稳定性，这可以归因于由于 BiOIO₃ 和 BiOI 纳米片共享的界面氧原子而形成了紧密接触的异质结和大的暴露的反应面。在另一种情况下，蒋等制备了表面基团丰富的氢键辅助 2D/2D SnNb₂O₆/Bi₂WO₆ 异质结构。如图 5-21（a）所示为异质结构的构建可以有效地提高诺氟沙星的光降解速率。同时，连续四次循环后，光催化剂没有明显的失活现象 [图 5-21（b）]，这表明 2D/2D 系统具有很

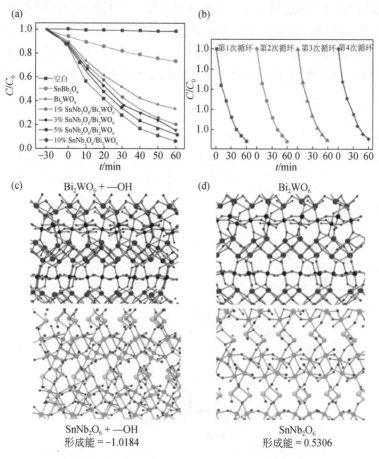

图 5-21　(a) 可见光下诺氟沙星的光催化降解；(b) 3% SnNb₂O₆/Bi₂WO₆ 的光催化降解
循环；(c) 无羟基；(d) 富羟基 SnNb₂O₆/Bi₂WO₆ 异质结构

高的可重用性和实用性。表面氢键的电子耦合是借助于羟基形成的。为了进一步研究羟基的影响，计算了催化剂的表面能和形成能［图 5-21（c）、（d）］。界面形成能的负值表明，含羟基的 $SnNb_2O_6/Bi_2WO_6$ 具有稳定而紧密的界面。因此，很容易实现载流子的迁移，从而获得了优异的光催化性能和稳定性。

由于具有宽的光吸收和高的氧化还原能力，构建直接 Z 方案体系被认为是光催化过程的一种更好的策略。光催化整体分解水是将太阳能转化为氢燃料的一种简单且经济有效的方法。然而，很少有光催化剂具有合适的能带位置来同时驱动水还原和氧化反应。将两个 2D 半导体耦合形成紧密接触、快速电荷转移的 Z 型 2D/2D 异质结是实现整体水分裂的一种可行方法。例如，Zhu 等设计了一种将二维 BP 和 $BiVO_4$ 纳米片偶联的 Z 方案光催化体系。由于这两种二维结构，BP 和 $BiVO_4$ 纳米片很容易通过静电相互作用进行杂化。在不使用任何牺牲剂或外加偏压的情况下，$BP/BiVO_4$ 异质结构在可见光照射下从纯水中析氢和析氧的最佳速率分别为 0.16mmol/(g·h) 和 0.10mmol/(g·h)［图 5-22（a）］。在 Co_3O_4 助催化剂存在下，观察到 H_2 和 O_2 的产生分别提高了 4.9% 和 4.5%［图 5-22（b）］。

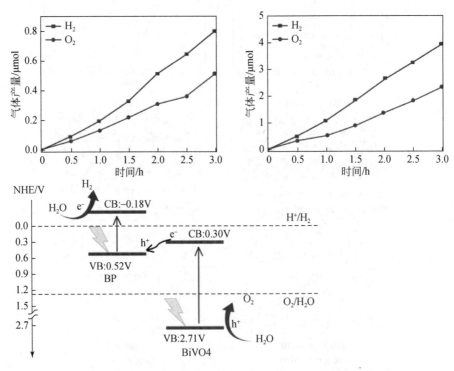

图 5-22　（a）$BP/BiVO_4$ 和（b）$BP/BiVO_4/Co_3O_4$ 在可见光下无牺牲剂光催化水裂解；
（c）可见光下 $BP/BiVO_4$ 的 Z 方案光催化水裂解

然而，由于 BP 和 $BiVO_4$ 的能带结构，单独使用 BP 或 $BiVO_4$ 或单独使用牺牲剂时，没有观察到水的分裂。如图 5-22（c）所示，BP 的 VB 与 $BiVO_4$ 的 CB 非常接近，这表明了构建直接 Z 方案系统的可能性。在可见光照射下，$BiVO_4$ 的 CB 中的光生电子与 BP 的 VB 中的空穴迅速复合。

BP 的 CB 中的光生电子参与了还原反应，而 $BiVO_4$ 的 VB 中的空穴参与了氧化反应，从而实现了直接 Z 方案的整体分水系统。此外，Z 方案 2D/2D 异质结还有利于其他光催化反应，如降解污染物和减少二氧化碳。

4）2D/3D 异质结

开发 3D 结构光催化剂的动机之一是通过 3D 结构内部的多次光反射和折射来提高光的利用效率，如介孔结构、中空结构、花状微球等。此外，层次化结构和相互连接的多孔网络还可以促进反应物分子向反应侧的传输，并提高吸收能力。此外，3D 结构也是防止 2D 纳米片重新堆积的优秀衬底。因此，2D 和 3D 结构的结合可以通过整合两个组分的预期功能并通过界面上的协同效应促进电荷载流子分离，构建具有高性能光催化性能的异质结。

例如，jiang 等开发了一种由海胆状 α-Fe_2O_3 和 g-C_3N_4 纳米薄片组成的直接 Z 方案体系用于 CO_2 还原。3D α-Fe_2O_3 的引入可以增加 CO_2 在杂化表面上的光吸收和吸附能力。

三维有序大孔（3DOM）结构是具有代表性的光子晶体骨架之一，由于其慢光子效应，在光催化领域得到了广泛的应用。延迟和存储特定波长范围内的入射光，增强光收集能力。此外，它们也是支持 2D 半导体的优秀衬底。最近，曹等通过简单的静电方法将 Ni（OH）$_2$ 纳米片负载到 3DOM g-C_3N_4 上，制备了 2D/3D 异质结，如图 5-23（a）所示。由于 Ni（OH）$_2$ 纳米片很好地支撑在 3DOM g-C_3N_4 的内壁，可以防止聚集和坍塌，导致更好的异质界面形成和更大的比表面积 [图 5-23（b）]。

经 Ni(OH)$_2$ 修饰的复合材料表现出更好的光催化氢气性能 [图 5-23（c）]。优化的杂化结构（25-Ni/DOMCN）的析氢速率是纯 g-C_3N_4 的 76 倍，这可以归因于 3D 结构的结合和两组分之间的紧密表面接触，从而增强了光吸收，改善了载流子分离。循环实验表明，经 8 次循环后，25-Ni/DOMCN 的析氢速率仍保持在 315μmol 左右，光催化剂的结构没有受到严重的破坏 [图 5-23（a）]，说明杂化结构具有良好的光催化稳定性。

构建 3D 结构的另一个考虑因素是抑制 2D 纳米片的堆积，以暴露更活跃的边缘平面。例如，由于范德瓦耳斯相互作用，2D MoS_2 层倾向于重新堆叠或聚集。因此，开发了由几层纳米片组成的三维花状 MoS_2，并将其与 g-C_3N_4 纳米片偶联，表现出更大的比表面积和光催化活性。此外，通过将 2D MoS_2 纳米片的一侧边缘垂直固定在 3D 碳化硅纳米颗粒的表面上，制备了金盏花状的 SiC@ MoS_2，这使

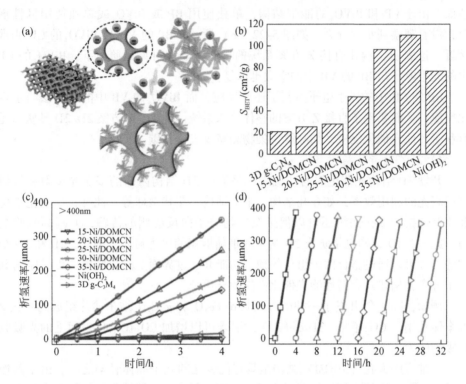

图 5-23 （a）静电自组装法制备二维 Ni（OH）$_2$/3DOM g- C$_3$N$_4$的示意图；（b）所有样品的
BET 表面积；（c）不同光催化剂的光催化析氢速率；（d）25-Ni/DOMCN 光催化析氢循环试验

得碳化硅和二硫化钼的表面最大限度地暴露在反应物的表面 ［图 5-24 （a）、
（b）］。结果表明，SiC@ MoS$_2$ 杂化结构比单独的组分 MoS$_2$ 或碳化硅 ［图 5-24
（c）］ 表现出更高的 CH$_4$ 析出量，说明异质结在提高光催化活性方面起着至关重
要的作用。此外，SiC@ MoS$_2$-60% 在至少 5 个循环中保持恒定的 CH$_4$ 析出，这意
味着 2D/3D 异质结的高稳定性 ［图 5-24 （d）］。

5.2.6 硼酸盐体系

1. 硼酸盐光催化的历史

如图 5-25 （a） 所示，涉及硼酸盐光催化剂的论文有 71 篇，总体呈逐年增加
的趋势。在 2006 年至 2012 年的低速发展时期，有关硼酸盐作为光催化剂的论文
仅有 9 篇。2013 年至今，使用硼酸盐作为光催化剂的论文数量大幅增加，是一个
快速发展的时期。

2006 年，K$_3$Ta$_3$B$_2$O$_{12}$硼酸盐光催化剂首次被用于光催化研究[29]。最早将硼

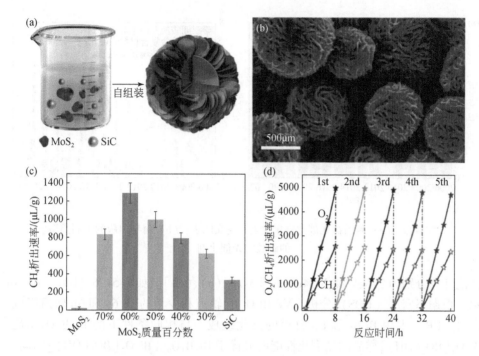

图 5-24 （a）合成过程示意图和（b）SiC@MoS$_2$金盏花状形态的 SEM 图像；（c）不同 MoS$_2$ 含量的光催化剂 SiC@MoS$_2$反应 4h 时 CH$_4$的演化情况；（d）SiC@MoS$_2$-60% 的 5 次光催化循环的稳定性

酸盐复合材料 Al$_{18}$B$_4$O$_{33}$/NiO[36]和硼酸盐玻璃材料 CaO- B$_2$O$_3$- Bi$_2$O$_3$- Al$_2$O$_3$- TiO$_2$- SnO 用作光催化剂的事件分别发生在 2007 年和 2008 年。从研究内容来看，硼酸盐光催化研究可分为三种类型 [图 5-25（b）]。首先是硼酸盐研究，例如 K$_3$Ta$_3$ B$_2$O$_{12}$、InBO$_3$、Ga$_4$B$_2$O$_9$[31]、Cu$_3$B$_2$O$_6$、PbGaBO$_4$、Ga$_3$B$_3$O$_7$（OH）等。二是开发硼酸盐基复合光催化剂，包括 Al$_{18}$B$_4$O$_{33}$/NiO[36]/Cu$_3$B$_2$O$_6$/CuB$_2$O$_4$/Cu$_3$B$_2$O$_6$/g- C$_3$N$_4$/Li$_3$BO$_3$/CuO/Li$_2$B$_4$O$_7$/LiBO$_2$/Li$_3$BO$_3$/Li$_2$MnO$_3$/LiMnBO$_3$/MnFe$_2$O$_4$/Ni$_3$（BO$_3$）$_2$/ NiO/g- C$_3$N$_4$/聚乙烯硼酸/TiO$_2$ 和 InBO$_3$/TiO$_2$ eN。最后一种是用于降解亚甲基蓝（MB）的硼酸盐玻璃，例如 CaO- B$_2$O$_3$- Bi$_2$O$_3$- Al$_2$O$_3$- TiO$_2$- SnO、20WO$_3$-50ZnO- 30B$_2$O$_3$、（70B$_2$O$_3$-29Bi$_2$O$_3$-1Dy$_2$O$_3$）$_x$（BaO- TiO$_2$）、SrO- Bi$_2$O$_3$- B$_2$O$_3$、CaO- B$_2$O$_3$- CaF$_2$ 和 2Bi$_2$O$_3$- B$_2$O$_3$- HCl。

2. 环境光催化

2013 年，Huang 等报道了两种新型 Bi 基硼酸盐光催化剂，可在模拟阳光下降解 MB。Bi$_4$B$_2$O$_9$ 和 Bi$_2$O$_2$[BO$_2$（OH）]的带隙实验结果分别为 3.02eV 和 2.85eV，

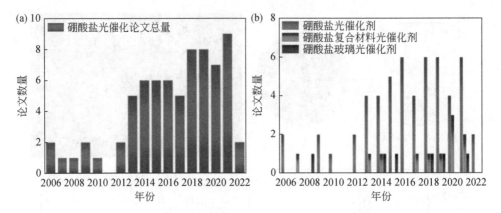

图 5-25　（a）硼酸盐光催化每年发表的论文图表；（b）每年出版的不同类型
的硼酸盐光催化剂

理论计算分别为 2.8eV 和 2.34eV [图 5-26（a）、（c）]。如图 5-26（b）、（d）所示，根据态密度（DOS）分析，VB 由 O 2p 轨道和少量的 Bi 6s 和 6p 轨道组成。同时，CB 主要由 Bi 6s 和 6p 轨道的杂化组成。与相同条件下的 $Bi_4B_2O_9$ 相比，$Bi_2O_2[BO_2(OH)]$ 样品的光催化性能明显优于 $Bi_4B_2O_9$。$Bi_2O_2[BO_2(OH)]$ 的动力学常数为 0.0381/min。由于两种化合物具有相同的主元素组成，但光催化活性和能带结构却截然不同，表明化合物的晶体结构对样品的本征光催化性能起着至关重要的作用。因此，一些研究人员试图通过掺杂来主动调整硼酸盐的能带结构，以改变光催化性能。Käysuùren 使用 B_2O_3 在紫外光下光降解 MB，并在 B_2O_3 中掺杂 Fe 以提高光降解性能[30]。铁的掺杂将 B_2O_3 的带隙从 1.5eV 扩大到 2.4eV。B_2O_3 和 B_2O_3Fe 样品的动力学常数分别为 0.0008/min 和 0.0014/min。值得注意的是，当带隙不影响可见光的利用时，值并不总是越小越好。

　　Zhang 等通过简单的水热处理获得了带隙为 2.96eV 的 $Bi_2O_2[BO_2(OH)]$ 纳米片。他们发现 $Bi_2O_2[BO_2(OH)]$ 的层状结构有利于内部极性电场的利用。同时，不规则的 $Bi_2O_2[BO_2(OH)]$ 颗粒具有较小的比表面积和电荷分离效率低，使得内部极性电场无用。在紫外光照射 60min，样品上罗丹明 B（RhB）的光催化降解效率为 95%。杨等通过将 Pb^{2+} 嵌入 Bi_2O_{22} 中的一步水热路线合成了 $Bi_{2-x}Pb_xO_2[BO_2(OH)]$ 纳米微球。$Bi_2O_2[BO_2(OH)]$ 和 $Bi_2O_2[BO_2(OH)]$：Pb 样品的带隙分别为 2.79eV 和 2.70eV。在 20min 的紫外光照射下，RhB 的光降解效率分别为 72% 和 97%。这里，减小光催化剂的带隙可以提高光催化性能。Barebita 等介绍了另一种 $Bi_{13}BO_{20.95}$ 硼酸盐作为光催化剂，用于紫外光下 RhB 的光降解。V、P 共掺杂得到的 $Bi_{13}B_{0.6}V_{0.2}P_{0.2}O_{21.35}$ 样品的光降解 RhB 动力学常数为 0.014/min，是未掺杂样品的 4.7 倍。Liu 团队为 Bi 基硼酸盐材料贡献了三个样品：$Bi_2CaB_2O_7$、

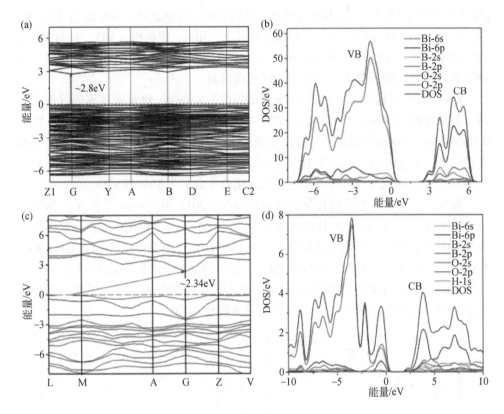

图 5-26 $Bi_4B_2O_9$ 和 $Bi_2O_2[BO_2(OH)]$ 的能带结构 （a）、（c） 和 DOS （b）、（d）

$Bi_2ZnOB_2O_6$ 和 $Bi_2ZnOB_2O_6$：Y。这些样品的相应带隙分别为 3.06eV、3.03eV（2.94eV） 和 2.90eV。这些样品的光降解活性是通过 RhB 在紫外光下的分解来评估的。$Bi_2ZnOB_2O_6$：Y 样品获得了最高的动力学常数，为 0.155/min。它在 25min 内降解了 97% 的 RhB。

2017 年，Rahmatolahzadeh 等首次探讨了可见光和紫外光对同一硼酸盐光降解活性的影响[32]。$Cu_3B_2O_6$ 的带隙为 2.81eV。通过利用紫外光和可见光估算酸性紫 7 （AV7） 的光降解效率。90min 后，AV7 的光降解效率分别达到 86% 和 78%。最近，Fan 小组报道了一种 $CsCdBO_3$ 块体材料作为一种新型光催化剂，用于降解 RhB[33]。样品的带隙为 1.82eV。$CsCdBO_3$ 在紫外光和可见光下的光降解效率分别为 31% 和 81%。Hsiao 等报道了在 H_2O_2 存在下，通过 C、N 共掺杂 $FeBO_3$ 作为光催化剂分解 MB 和 RhB[34]。$FeBO_3$ 和 $FeBO_3$：（C，N）的带隙分别为 2.7eV 和 2.5eV。通过掺杂，样品的光催化活性显著提高，MB 和 RhB 降解的动力学常数分别为 0.218/min 和 0.177/min。Yang 等通过水热过程合成了不同

pH 的硼酸锌微晶[35]。pH 为 9 时所得样品的光催化性能最好，其带隙为 4.01eV。在紫外光照射 30min 内，在有光存在的情况下，RhB、甲基橙（MO）和 MB 的光降解效率分别为 89.2%、91.1% 和 97.2%。分别为 $4ZnOB_2O_3H_2O$ 光催化剂。这种降解效率可以解释 RhB 比 MB 和 MO 更难降解。

Liu 研究小组报道了 YBO_3 光催化剂的带隙为 4.0eV，这是通过水热过程获得的。紫外光照射 40min，RhB 的光降解效率为 90.9%，相应的动力学常数为 0.0596/min。Gupta 等报道了一种铬掺杂的 $Y_{0.50}Gd_{0.50}BO_3$ 作为优异的 MB 光降解光催化剂。$Y_{0.50}Gd_{0.40}Cr_{0.10}BO_3$ 和 $Y_{0.50}Gd_{0.40}Cr_{0.10}BO_3$ 样品的带隙分别为 2.84eV 和 2.50eV，在紫外光照射下相应样品的光催化效率分别为 80% 和 95%。

硼酸盐降解的典型有机物是四环素和氯酚。2012 年，Yuan 等合成了 $InBO_3$，用于在紫外光下 60min 内光分解 4-氯苯酚（4-CP）[35]。光催化性能最高的样品是在 1073K 下制备的，因此将其简单命名为 InBO-1073，带隙为 3.31eV。InBO-1073 样品的光分解效率为 96% ［图 5-27（a）］，相应的动力学常数为 0.0536/min。如图 5-27（b）所示，InBO-1073 的化学需氧量（COD）值为 92.5%。因此，硼酸盐光催化剂不仅可以降解 4-CP，还可以有效地矿化 4-CP。

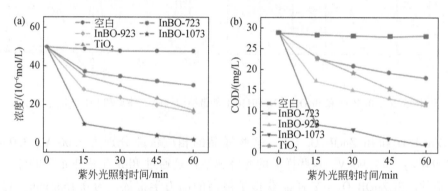

图 5-27　（a）不同催化剂光分解过程中 4-CP 浓度对紫外光照射时间的影响；
（b）相应的 COD 在光分解前后的变化

随后，范教授课题组对含碱金属双金属硼酸盐的 2,4-二氯苯酚和 4 氯苯酚作为光催化剂的光降解做了一系列研究。$K_3B_6O_{10}Br$、$K_{2.87}Na_{0.13}B_6O_{10}Br$、$K_{2.33}Na_{0.67}B_6O_{10}Br$、$K_{1.70}Na_{1.30}B_6O_{10}Br$、$K_{0.80}Na_{2.20}B_6O_{10}Br$ 和 $Na_3B_6O_{10}Br$ 的带隙分别为 3.573eV、3.546eV、3.533eV、3.220eV、3.289eV 和 3.416eV，紫外光照射 15min 时，相应的光催化效率分别为 85.7%、91.3%、98.2%、70.1%、78.6% 和 83%。在这一系列的光催化剂中，晶体结构中 Na^+ 含量越高，则表现为非极性材料。

$KBaB_5O_9$ 和 $NaBaB_5O_9$ 的带隙分别为 4.51eV 和 4.92eV，在 20min 的紫外光照

射下相应的光催化效率分别为 87.8% 和 71.5%。Au 负载的 $Na_3VO_2B_6O_{11}$ 样品的光催化效率和动力学常数分别为 ~98% 和 ~0.095，是本征 $Na_3VO_2B_6O_{11}$ 的 ~1.2 倍。

Li 等于 2020 年首次研究了硼酸盐对四环素的降解作用。$Zn_4B_6O_{13}$ 的带隙为 5.8eV。样品的光催化效率和动力学常数分别为 ~81% 和 0.0013/min。随后，Hsiao 等和 Fan 课题组报道了 $FeBO_3$：(C, N)、$CsCdBO_3$、$Na_3VO_2B_6O_{11}$、$SrBi_2B_2O_7$ 和 $SrBi_2B_2O_7$：Ba 在紫外光或可见光下分解四环素的光催化性能。在 H_2O_2 的帮助下，$FeBO_3$：(C, N) 样品在模拟太阳光下 20min 内的光催化效率和动力学常数分别为 92% 和 0.116。

$CsCdBO_3$ 的带隙为 1.82eV，小于 $FeBO_3$：(C, N) 的带隙。紫外光照射 30min 后，$CsCdBO_3$ 的光催化效率为 95%[32]。在 Au 助催化剂的帮助下，$Na_3VO_2B_6O_{11}$ 的光催化效率在 20min 的紫外光照射下从 83% 提高到 98%。最近，$SrBi_2B_2O_7$ 和 $SrBi_2B_2O_7$：Ba 样品首次被报道为硼酸盐光催化剂，通过可见光光降解四环素。$SrBi_2B_2O_7$ 和 $SrBi_2B_2O_7$：Ba 样品的光降解效率分别为 40.86% 和 94.16%，相应的动力学常数分别为 0.0124/min 和 0.0840/min。

Fan 课题组在硼酸盐光催化脱氯方面做了大量工作。2014 年，非线性材料 $K_2B_6O_{10}Br$(KBB) 首次被报道为一种高效光催化剂。如图 5-28（a）所示，KBB

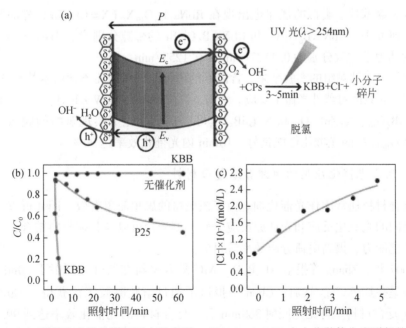

图 5-28　（a）硼酸盐光催化脱氯反应示意图；（b）2,4-DCP 在水分散体中光脱氯的时间过程，监测相对浓度变化（C/C_0），直接比较不同光催化剂之间的反应动力学；（c）光脱氯过程中 Cl⁻ 生成量随照射时间的变化

光催化剂可以将氯酚（CP）降解为 Cl_2 和小分子碎片。KBB 样品的带隙为 3.83eV。照射 5min 后，2，4-二氯苯酚（2，4-DCP）中约 70% 的总氯含量转化为 Cl^- [图 5-28（b）、（c）]。

光催化脱氯的可能步骤总结如下：

$$KBB+h\nu \longrightarrow KBB(e^-+h^+)$$

$$h^++H_2O \longrightarrow OH· （表面）+H^+$$

$$e^-+O_2（表面）\longrightarrow ·O_2^-$$

$$·O_2^-+H^+ \longrightarrow ·HOO \longrightarrow ·OH$$

$$·OH+CPs \longrightarrow 脱氯中间体及产品 \longrightarrow Cl^- 小分子片段$$

获得具有嵌入电场的 $M_2B_5O_9Cl$（M = Ca、Sr、Ba、Pb）作为 2，4-二氯苯酚脱氯的光催化剂。$Ca_2B_5O_9Cl$、$Sr_2B_5O_9Cl$、$Ba_2B_5O_9Cl$ 和 $Pb_2B_5O_9Cl$ 的光脱氯动力学常数分别为 0.096/min、0.21/min、0.27/min 和 0.062/min。$Ba_2B_5O_9Cl$ 样品的光脱氯效果最好，是其他三种硼酸盐的数倍。这可以通过紫外光下样品表面电势的最大变化来解释。

以 $K_3B_6O_{10}Cl$ 和 $K_3B_6O_{10}Br$ 作为极化光催化剂对 2-氯苯酚（2-CP）、2,4 二氯苯酚和 2,4,6-三氯苯酚的脱氯进行了系统研究。结果表明，$K_3B_6O_{10}Cl$ 的光催化性能优于 $K_3B_6O_{10}Br$。同一光催化剂的脱氯效果顺序为 2-氯苯酚>2,4-二氯苯酚>2,4,6-三氯苯酚。类似的规律也出现在 $RbNa_2B_6O_{10}X$（X = Cl、Br）样品脱氯光催化的研究中。$RbNa_2B_6O_{10}Cl$ 和 $RbNa_2B_6O_{10}Br$ 的带隙分别为 3.91eV 和 3.97eV，相应的动力学常数分别为 0.1577/min 和 0.1257/min。

根据 Fan 课题组的实验结果，含卤素的硼酸盐的带隙比不含卤素的硼酸盐大，这决定了它只能对紫外光做出反应。然而，无卤硼酸盐 $Na_3VO_2B_6O_{11}$、$Na_3ZnB_5O_{10}$、$K_2NaZnB_5O_{10}$、$K_3ZnB_5O_{10}$ 和 $K_3CdB_5O_{10}$ 可以在紫外光下实现氯酚的脱氯。其中 $K_3CdB_5O_{10}$ 样品的光催化性能良好，10min 内光催化效率达 90%。

3. 用于光催化应用的硼酸盐基复合材料

复合材料通常用作光催化剂。由于该策略的思想简单有效，因此可以将两种材料之间的光氧化反应和光还原反应分开。硼酸盐可以与其他材料结合，达到增强光催化能力、提高电荷分离效率等目的。

2007 年，Zhang 等报道 $Al_{18}B_4O_{33}/NiO$ 复合材料在紫外光照射下 90min 内完全降解呈亮红色[36]。然后，Chen 等报道了通过溶胶凝胶工艺获得了 $Cu_3B_2O_6/CuB_2O_4$ 复合材料。可见光照射 360min 后，复合材料的光催化效率达到 99.52%。Luo 等利用 $Cu_3B_2O_6$ 与 g-C_3N_4 杂化获得了用于 MB 降解的复合材料。如图 5-29（a）、（b）所示，较大的灰色区域是 g-C_3N_4 的层状结构，较小的黑色颗粒是

$Cu_3B_2O_6$。HRTEM 图像显示晶格间距为 0.207nm，对应于 $Cu_3B_2O_6$ 的（112）晶面。在 H_2O_2 存在，可见光照射下，$Cu_3B_2O_6/g$-C_3N_4 样品的光催化效率和动力学常数在 120min 内为 100% 和 0.0474/min。光催化机制表明羟基自由基和光生孔在 MB 的光降解中发挥着至关重要的作用 [图 5-29（c）]。

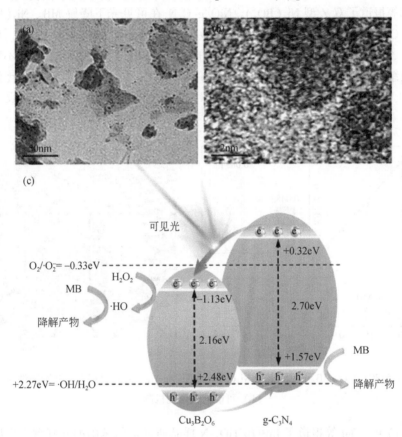

图 5-29　$Cu_3B_2O_6/g$-C_3N_4 复合材料的（a）TEM 和（b）HRTEM 图；
（c）可见光下 $Cu_3B_2O_6/g$-C_3N_4 复合材料光催化机理示意图

Salavati-Niasari 小组报道了 Li_3BO_3/Cu_2O 和 Li_3BO_3/CuO 复合材料是通过溶胶凝胶工艺获得的。该纳米复合材料在可见光下对偶氮染料污染物 AV7 具有出色的光降解作用。Li_3BO_3/Cu_2O 和 Li_3BO_3/CuO 复合材料的光催化效率在 150min 内分别为 85% 和 80%。Koysuren 报道了在 TiO_2 纳米粒子存在下，通过聚乙烯醇和硼酸的缩合反应制备聚乙烯硼酸（PVB）/二氧化钛（TiO_2）复合材料。复合材料在紫外光下的光催化效率和动力学常数分别为 45% 和 0.0026/min。

Salavati-Niasari 小组报道了两种三元复合材料，$Li_2B_4O_7/LiBO_2/Li_3BO_3$ 和

Li$_2$MnO$_3$/LiMnBO$_3$/MnFeO$_3$，作为染料降解的光催化剂。在 90min 可见光照射下，酸性红 7 相对于 Li$_2$B$_4$O$_7$/LiBO$_2$/Li$_3$BO$_3$ 样品的光降解效率为 91%。在紫外光和可见光照射 150min 时，酸性红 88 对 Li$_2$MnO$_3$/LiMnBO$_3$/MnFeO$_3$ 样品的光降解效率分别为 76.9% 和 46.2%。

郭等报道了双 Z 型 Ni$_3$(BO$_3$)$_2$/NiO/g-C$_3$N$_4$ 在可见光下降解 MB。Ni$_3$(BO$_3$)$_2$/NiO/g-C$_3$N$_4$ 的光降解效率和动力学常数分别为 96.9% 和 0.0482/min［图 5-30 (a)］，分别是 NiO/Ni$_3$(BO$_3$)$_2$ 和 g-C$_3$N$_4$ 的 4.9 倍和 3.4 倍。提出了一种不同于传统异质结的机制［图 5-30 (b)］。NiO 和 Ni$_3$(NO$_3$)$_2$ 的光激发电子独立转移到 g-C$_3$N$_4$ 的 VB 中，并且光还原反应在 g-C$_3$N$_4$ 的 CB 中发生。相反，光氧化反应发生在 NiO 和 Ni$_3$(NO$_3$)$_2$ 的 VB 中。

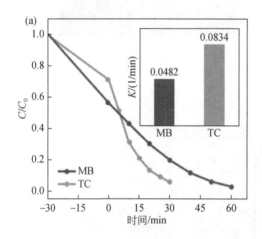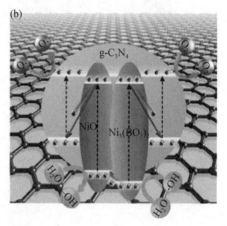

图 5-30　(a) MB 和四环素在 Ni$_3$(BO$_3$)$_2$/NiO/g-C$_3$N$_4$ 复合材料上的光降解性能；
(b) 可能的光催化机制

2013 年，Yu 等报道了 InBO$_3$/TiO$_2$-N 样品通过 4-氯苯酚的光降解表现出光催化性能。样品是通过一步溶胶凝胶过程获得的。样品的光催化效率在可见光下分别为 89.1% 和 0.0046/min，在紫外光下分别为 96.0% 和 0.0536/min。在可见光和紫外光下，InBO$_3$ 与单个 TiO$_2$-N 或 InBO$_3$ 相比，TiO$_2$-N 样品表现出更好的光降解活性。最近，Guo 等报道了 Ni$_3$(BO$_3$)$_2$/NiO/g-C$_3$N$_4$ 三元复合材料在可见光下对四环素的光降解作用。Ni$_3$(BO$_3$)$_2$/NiO/g-C$_3$N$_4$ 的制备过程如图 5-31 所示。复合材料的光降解效率和动力学常数分别为 94% 和 0.0834/min，分别是传统材料 NiO/Ni$_3$(BO$_3$)$_2$ 和 g-C$_3$N$_4$ 的 5.2 倍和 3.4 倍。

开发更多种类、更高活性的光催化剂一直是光催化领域的研究内容。尽管面临挑战，更多的硼酸盐可见光催化材料将被报道用于各种光催化应用。

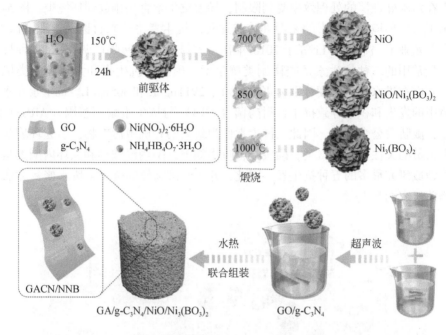

图 5-31　$Ni_3(BO_3)_2/NiO/g\text{-}C_3N_4$ 三元复合工艺示意图

5.3　过硫酸盐辅助的光催化体系

近年来，具有高生态毒性的抗生素在水生环境中普遍存在。光催化/过硫酸盐–氧化混合（PPOH）体系已被证明是一种很有前途的抗生素降解策略。光催化与过硫酸盐活化之间的良好协同作用是抗生素高效去除的主要原因。据我们所知，光辅助过硫酸盐活化（PPA）体系的相关研究已见报道，而光辅助过硫酸盐活化（PPA）体系的研究进展和并行光催化–过硫酸盐活化（CPPA）系统用于抗生素废水的处理尚未得到总结。因此，本节将 PPOH 系统分为 PPA、PAP 和 CPPA 系统。此外，对耦合氧化系统中抗生素的降解性能和内部机理进行了综合总结和分析。最后，对 PPOH 系统在抗生素废水处理中的应用进行了总结和展望[37]。

抗生素是一种具有抗菌活性的药物。抗生素被有效地用于预防或治疗人类和动物的细菌感染。近年来，定义日剂量（DDDs，抗生素消费的最常见指标）从 2000 年的每 1000 人每天 11.3 次急剧增加到 2015 年的 15.7 次，如果不实施政策变化，到 2030 年将增加到 41.1 次。实际上，许多抗生素在人和动物体内不能完全代谢，它们会随着尿液和粪便进入污水处理厂。不幸的是，由于抗菌特性，抗

生素在污水处理厂的处理效率受到限制，导致抗生素直接排放到环境中。图 5-32
显示了水生环境中抗生素的来源和传递途径。抗生素主要来自医药工业、医院、
水产养殖业和畜牧业。Li 等于 2013 年在一家城市污水回收厂调查了 22 种抗生
素。最常用的三种抗生素是喹诺酮类抗生素、磺胺类抗生素和大环内酯类抗生
素，它们在进水中的浓度分别为 4916ng/L、2911ng/L 和 365ng/L。抗生素在水生
环境中的发生和积累导致抗生素耐药菌（ARB）与抗生素耐药基因（ARGs）的
产生，威胁着公众健康。因此，抗生素作为新兴的有机微污染物，引起环境学界
研究人员的关注。四环素类，磺胺类，喹诺酮类，β-内酰胺类和大环内酯类是水
处理领域研究最多的五种抗生素。因此，开发经济高效的抗生素废水修复方法成
为当前研究的热点。

图 5-32　水生环境中抗生素的来源及转移途径

目前，已经开发出各种处理方法来去除废水中的抗生素，包括吸附和膜工
艺。然而，吸附只能将抗生素从废水中分离出来，不能有效地将污染物降解为小
分子产物。由于抗生素对细菌活性的抑制作用，生物处理的去除率较低。由于工
作压力高，膜工艺消耗大量能量。相比之下，高级氧化过程（AOP）可产生高活
性自由基，如羟基自由基（·OH）、硫酸盐自由基（·SO$_4^-$）和超氧自由基
（·O$_2^-$），可将抗生素等难降解的有机污染物降解为低毒性的可生物降解产物。根
据自由基产生方式，常见的 AOP 可分为五种类型：臭氧型、紫外型、电化学型、
催化型和物理型 AOP。其中，过硫酸盐活化过程生成的 SO$_4^{·-}$ 具有较强的氧化能

力，因为其标准氧化还原电位（$E_0 = 2.5 \sim 3.1V$）高于 ·OH（$E_0 = 1.89 \sim$ 2.72V）[38]。此外，过硫酸盐（PS），包括过氧单硫酸盐（PMS）和过氧二硫酸盐（PDS）是低成本和稳定的。过硫酸盐可以通过不同的方法被激活以产生 ·SO$_4^-$，例如加热、碱性、辐射（含碳材料、过渡金属/氧化物）。光催化作为一种极具发展前景的高级氧化技术，具有高效、经济、环保和可持续性等优点，被广泛用于水生环境中抗生素的降解。

然而，由于存在能量投入大、二次污染和酸性条件下不稳定等缺点，常见的过硫酸盐衍生技术在实际处理抗生素废水方面受到限制。同样，光催化的缺点也很明显，对可见光的吸收不足，光激发电子-空穴对复合率高导致反应物质的量子产率低，污染物吸附能力弱。因此，为了克服这些缺点，许多研究发现光催化和过硫酸盐氧化具有抗生素去除的积极协同作用。过硫酸盐可以捕获光生电子，通过自活化产生硫酸盐自由基，同时，由于光生电子-空穴对易于分离，光催化活性增强，从而提高过硫酸盐的活化能力。各种 PPOH 系统已成功开发用于抗生素废水的修复。Kordestani 等提出了一种 UV/PDS/Fe^{2+} 系统，达到了令人满意的抗生素去除率（60min 内 97%）。在 Fe^{2+}/PDS 体系中，紫外光对 PDS 的活化作用显著提高，从而获得了优异的降解性能。Shah 等发现，在太阳能/BiFe-ZnO 体系中加入 PMS 后，诺氟沙星的降解率提高了 19%。PMS 作为电子受体，促进了光载流子的分离，并提供了额外的氧化自由基（·SO$_4^-$ 和 ·OH），提高了诺氟沙星的整体光催化降解效率。Wang 等在光/PMS/MnO@MnO$_x$ 系统中 30min 内实现了 98.1% 的左氧氟沙星去除率。良好的降解速率归因于 Mn 位点对 PMS 的有利活化和表面氧空位引起的光催化活性增强。PPA、CPPA 和 PAP 体系的催化剂、活性氧（ROS）类型和氧化机理有显著的差异。因此，有必要对 PPA、PAP 和 CPPA 体系进行总结和分析。

下面主要从三个方面进行了研究：①PPOH 体系中的反应类型及机理；②催化剂在 PPOH 体系中的独特作用；③未来 PPOH 系统用于抗生素废水净化的评价与挑战。

5.3.1　PPOH 体系

根据反应机理，各种光催化与过硫酸盐基 AOP 的杂化体系（PS-AOP）可分为三类：PPA、PAP 和 CPPA 体系。PPOH 系统在抗生素废水修复中的应用如图 5-33 所示。下面详细描述了三种 PPOH 系统的相应机制。

1. PPA 体系

近年来，PPA 系统以其简单、环保、高效等优点在过硫酸盐活化方法中备受关注。据报道，在 PPA 体系中，喹诺酮类、β-内酰胺类和四环素类抗生素的动

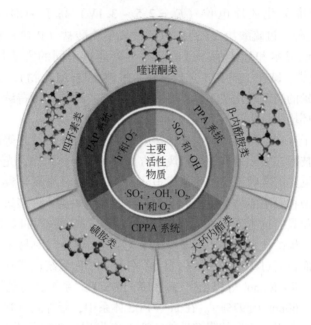

图 5-33　三种类型的 PPOH 体系

力学速率常数较大。例如，在 UV/PMS/MnO$_x$ 系统中，超过 97% 的氧氟沙星、环丙沙星、恩诺沙星和左氧氟沙星在 10min 内被去除。UV/PMS/MnO$_x$ 体系降解氧氟沙星的动力学速率常数为 0.6670/min。此外，在 UV/PDS/α-FeO（OH）（针铁矿）体系中[39]，头孢曲松在 5min 内的降解效率和速率常数分别为 89.9% 和 ~0.3900/min。在 UV/PDS/预磁化 FeO 体系中，四环素的去除动力学速率常数（0.2456/min）是磺胺嘧啶修复动力学速率常数（~0.1250/min）的两倍。

　　目前，PPA 系统中用于抗生素废水修复的催化剂大多为过渡金属。过渡金属是理想的 PS 活化剂，可以分解 PS 氧化剂产生活性自由基。光辐射的引入进一步增强了 PS 的激活，从而产生更多的自由基。PDS 的 O—O 键能为 140kJ/mol，PMS 的 O—O 键能估计为 140~213.3kJ/mol。一般而言，量子产率是决定 PDS 和 PMS 活化的重要因素，而量子产率可以通过光吸收波长来调节。随着波长从 248nm 增加到 251nm，·SO$_4^-$ 的量子产率降低。此外，在 248nm 和 253.7nm 波长处，PDS 活化的最大量子产率为 1.4。相比之下，PMS 激活的量子产率在 248nm 处为 0.12。因此，在紫外线辐射（190~253.7nm）下，PS 可以通过过氧化氢键的均裂裂解被激活产生 ·SO$_4^-$ 和 ·OH，而在波长 253.7nm 以上，由于紫外光吸收较差，PS 的激活效率较低。此外，催化剂与光辐射之间的协同效应有利于促进活性自由基的产生，因为光辐射可以再生催化剂表面的活性位点。由于在 PPA 体系中具有优异的 PS 活化作用，主要的活性物质为 ·SO$_4^-$ 和 ·OH。然而，在均相和非均相氧化体系中，PPA 的作用机制是不同的。

在均相 PPA 体系中，过渡金属离子（如 Fe^{2+}、Cu^{2+} 和 Co^{2+}）对抗生素的去除表现出出色的催化活性。Fe^{2+} 因其可获得性高、成本低、毒性小而被广泛用于 PS 活化去除抗生素。与光芬顿系统（光/Fe^{2+}/H_2O_2）类似，过硫酸盐活化系统（如太阳能/Fe^{2+}/PS）也取得了令人满意的结果，因为 PS 和 H_2O_2 的结构相似。如图 5-34 所示，PDS、PMS 和 H_2O_2 的过氧化物键长分别为 1.497Å、1.453Å 和 1.460Å。PDS 和 H_2O_2 的过氧化物键能分别为 140kJ/mol 和 213.3kJ/mol。此外，PMS 的 O—O 键能估计介于 PDS 和 H_2O_2 之间（140~213.3kJ/mol）。Kordestani 等研究了 UV/PDS/Fe^{2+} 系统对美罗培南和头孢曲松抗生素的去除效果。与 Fe^{2+}/PDS 系统相比，UV/PDS/Fe^{2+} 系统对美罗培南和头孢曲松的抗生素去除率分别为 58.2% 和 54.4%。通过自由基清除实验确定 ·SO_4^- 和 ·OH 自由基是抗生素去除的活性氧，而抗生素的降解速率主要由 ·SO_4^- 决定。PDS 的激活机制如图 5-35 所示。·SO_4^- 可以在 Fe^{2+} 存在或光照射下通过 PDS 活化产生 [式（5-1）和式（5-2）]。而 ·OH 在水溶液中由 ·SO_4^- 转化生成 [式（5-3）和式（5-4）]。此外，在紫外光辐射下，Fe(OH)$^{2+}$ 的光还原促进了 Fe^{2+} 的再生和额外的 ·OH 生成 [式（5-5）]。因此，UV 辐射对抗生素降解性能的增强可归因于 PDS 活化的增加和 Fe^{2+} 作为活化剂的促进。此外，Fe^{2+}/PDS 体系在太阳辐射下的抗生素去除率也有所提高，因为阳光中紫外线辐射的比例较小。例如，太阳能/PDS/Fe^{2+} 系统在 60min 和 100min 内对氯霉素和土霉素的去除率分别达到 96.9% 和 86%[40]。同样，PMS 也可以被激活以去除太阳能/Fe^{2+} 体系中的磺胺乙嘧啶。[式（5-6）和式（5-7）]。在太阳能/PMS/Fe^{2+} 系统中，磺胺乙嘧啶溶液的总有机碳（TOC）降低了 70% 以上。在光/PS/Cu^{2+} 体系中也观察到类似的机制 [式（5-8）~式（5-10）]。因此，由于在光/PS/Cu^{2+} 体系中产生了 ·SO_4^- 和 ·OH，从而实现了高效的抗生素去除。同样，引入紫外光后，Co^{2+}/PMS 系统中氧氟沙星（OFL）的矿化率提高了 21.2%。然而，由于 Co^{3+} 的光敏性较差，紫外线辐射不能加速 Co^{2+} 的再生。OFL 降解增强的原因是紫外光的存在加速了 PMS 的活化。

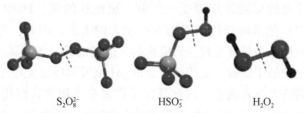

$$S_2O_8^{2-} \qquad HSO_5^- \qquad H_2O_2$$

图 5-34　PDS、PMS 和 H_2O_2 的分子结构（浅色的球体是硫原子；灰色的球是氧原子；黑色的球体是氢原子。虚线表示 O—O 键的裂变位置，以形成硫酸盐和羟基自由基）

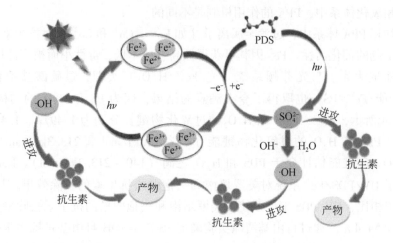

图 5-35 UV/PDS/Fe^{2+} 体系中 PDS 的活化机理

$$S_2O_8^{2-} + Fe^{2+} \longrightarrow Fe^{3+} + \cdot SO_4^- + SO_4^{2-} \tag{5-1}$$

$$S_2O_8^{2-} + h\nu \longrightarrow 2SO_4^{2-} \tag{5-2}$$

$$\cdot SO_4^- + H_2O \longrightarrow SO_4^{2-} + OH + H^+ \tag{5-3}$$

$$\cdot SO_4^- + OH^- \longrightarrow SO_4^{2-} + OH \tag{5-4}$$

$$Fe(OH)^{2+} + h\nu \longrightarrow Fe^{2+} + OH \tag{5-5}$$

$$HSO_5^- + Fe^{2+} \longrightarrow Fe^{3+} + \cdot SO_4^- + OH^- \tag{5-6}$$

$$HSO_5^- + h\nu \longrightarrow \cdot SO_4^- + OH \tag{5-7}$$

$$Cu(II) + h\nu \longrightarrow Cu(I) \tag{5-8}$$

$$Cu(I) + S_2O_8^{2-} \longrightarrow Cu(II) + \cdot SO_4^- + SO_4^{2-} \tag{5-9}$$

$$Cu(I) + HSO_5^- \longrightarrow Cu(II) + SO_4^{2-} + \cdot OH \tag{5-10}$$

然而，由于 PPA 均相体系 pH 适应性差，金属离子回收率低，限制了其在实际抗生素废水处理中的应用。此外，在实际的废水处理中，抗生素的降解效率受出水有机物（EfOM）的影响。紫外光在 PS 活化和金属离子再生中的关键作用由于 EfOM 对紫外光的屏蔽作用而受到抑制。更糟糕的是，EfOM 对活性自由基（如 $\cdot SO_4^-$ 和 $\cdot OH$）的清除作用严重影响抗生素的去除。因此，为了解决这些问题，多相催化剂被认为是修复抗生素废水的合适候选者。与金属离子相比，金属基多相催化剂具有易于回收、适用于广泛的 pH 范围和环境友好等独特优势。

由于 Fe^{2+} 的效果令人满意，因此开发了许多非均相含铁催化剂来激活 PDS。富含氧化铁的红土在 UVA/PDS 体系中表现出良好的催化性能。由于红土与 UVA 辐射的协同作用，300min 内对氟喹、诺氟沙星和环丙沙星抗生素的去除率分别达到 85%、89% 和 98%。首先，UVA 辐射作为 PDS 活化剂促进了 $\cdot SO_4^-$ 自由基的形成［式（5-2）］。其次，红土表面的 Fe(II) 可以通过光还原生成 Fe (III) 在紫外辐射下，激活 PDS 生成 ·SO$_4^-$和 ·OH 自由基［式（5-3）、（5-4）、（5-11）和（5-12）］。第三，在另一个 PDS 激活过程中，伴随着 ·O$_2^-$ 自由基的形成，还可能形成 ·SO$_4^-$和 ·OH 自由基［式（5-13）~式（5-16）］。不同自由基的贡献顺序为 ·SO$_4^-$ > ·OH= ·O$_2^-$。因此，UVA 辐照的重要作用在于促进了 Fe (II) 的再生，从而进一步加速了 ·O$_2^-$ 和 H$_2$O$_2$ 的生成。因此，可能的反应产生更多的 ROS（即 ·SO$_4^-$和 ·OH）［式（5-11）~式（5-16）］。此外，Kaur 等的研究也证实了紫外光的关键作用。与 UVC/PDS/α-FeO (OH)（针铁矿）体系相比，UVC/PDS 体系对头孢曲松抗生素的降解效果显著提高。

$$Fe(\text{III})OH^{2+}+h\nu \longrightarrow Fe(\text{II})+ \cdot OH \tag{5-11}$$

$$Fe(\text{II})+S_2O_8^{2-} \longrightarrow Fe(\text{III})+ \cdot SO_4^- + SO_4^{2-} \tag{5-12}$$

$$Fe(\text{II})+O_2 \longrightarrow Fe(\text{III})+ \cdot O_2^- \tag{5-13}$$

$$S_2O_8^{2-}+ \cdot O_2^- \longrightarrow \cdot SO_4^- + O_2 + SO_4^{2-} \tag{5-14}$$

$$2 \cdot O_2^- + 2H^+ \longrightarrow H_2O_2 + O_2 \tag{5-15}$$

$$Fe(\text{II})+H_2O_2 \longrightarrow Fe(\text{III})+ \cdot OH + OH^- \tag{5-16}$$

预磁化 Fe^0（pre-Fe^0）催化剂被用于抗生素废水的修复。与 PDS/pre-Fe^0 和 UV/PDS 相比，UV/PDS/pre-Fe^0 体系对磺胺乙嗪（SMT）的降解速率常数为 300. 8/min。电子顺磁共振（EPR）分析和淬火实验验证了 ·SO$_4^-$比 ·OH 起着更重要的作用。SMT 机理如图 5-36 所示：①紫外辐射可以激活 Fe^0，将 Fe^{2+} 释放到水溶液中，如式（5-17）所示，其次是紫外光和 Fe^{2+} 的 PDS 激活生成 SO$_4^{·-}$［式（5-1）、（5-2）］。②在紫外光和预 Fe^0 的帮助下，Fe^{2+} 可以再生［式（5-5）、（5-17）和（5-18）］。③水溶液中 Fe (OH)$^{2+}$ 光还原和 ·SO$_4^-$转化生成羟基自由基［式（5-3）~（5-5）］。其他过渡金属基催化剂也被应用于 PPA 系统中，以消除抗生素污染物。例如，在 UV/PDS/纳米 Ag 系统中，35min 内去除 90.9% 的泰络菌素。

$$Fe^0 + h\nu \longrightarrow Fe^{2+} + 2e^- \tag{5-17}$$

$$2Fe^{3+} + Fe^0 \longrightarrow 3Fe^{2+} \tag{5-18}$$

与上述的非均相光芬顿过程不同，非均相光催化剂的引入可以促进光生电子以 Eqs 的形式激活［式（5-19）~（5-20）］。光催化过程不仅减少了 PS 活化的光能消耗，而且提供了额外的活性自由基。多种 TiO$_2$ 基光催化剂在光辐射下进行 PS 活化降解抗生素。Gul 等在太阳能/PMS/Bi-TiO$_2$ 系统中 25min 内实现了 93% 的氟喹（FLU）降解。由于载流子的有效分离，光感生电子的浓度由于有效而增加通过与 PMS 反应，促进 SO$_4^{·-}$的生成。此外，光催化过程产生的少量 h$^+$、·OH 和 ·O$_2^-$自由基进一步促进了 FLU 的分解［式（5-22）、式（5-23）］。通过自由基捕

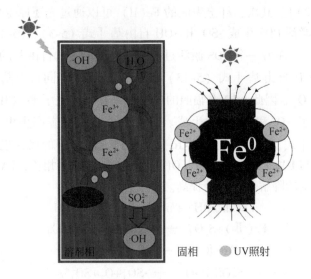

图 5-36　UV/PDS/pre-Fe⁰体系中 SMT 的降解机理

获实验确定了不同活性物质的贡献顺序为 $\cdot SO_4^- > h^+ > \cdot OH > \cdot O_2^-$。因此，光催化 PMS 活化对 FLU 的去除起主要作用，而直接光氧化在 FLU 氧化中起辅助作用。同样，负载 TiO_2 的金纳米粒子（$Au\text{-}TiO_2$）和乙炔黑修饰的 TiO_2（TiO_2/AB）在光辐射下也能有效地激活 PS。在 UV-vis/PMS/Au-TiO_2 和 vis/PDS/TiO_2/AB 体系中，头孢替弗钠（30min 内降解 95.0%）和盐酸四环素（120min 内降解 93.3%）的降解效率分别很高[41]。

$$光催化剂 + h\nu \longrightarrow h^+ + e^- \tag{5-19}$$

$$S_2O_8^{2-} + e^- \longrightarrow \cdot SO_4^- + SO_4^{2-} \tag{5-20}$$

$$HSO_5^- + e^- = \cdot SO_4^- + OH^- \tag{5-21}$$

$$h^+ + H_2O \longrightarrow \cdot OH + OH^- \tag{5-22}$$

$$O_2 + e^- \longrightarrow \cdot O_2^- \tag{5-23}$$

铁基金属有机骨架（MOF）既是 PS 活化剂，又是有机半导体，表明光催化可以有效地促进 PS 的活化。两种铁基 MOFs 材料 [MIL-88A 和 MIL-53（Fe）]可以在可见光辐射下激活 PDS 快速去除盐酸四环素（TH）。良好的 TH 降解性能是由于光电子和 Fe(Ⅲ) 位点促进了 PDS 的有效激活 [式（5-12）、式（5-20）和式（5-24）]。Yin 等发现磺胺甲噁唑（SMX）在 vis/PDS/MIF-100（Fe）体系中被迅速消除。原位光还原机制（图 5-37）促进了 PDS 的活化，在可见光的帮助下，Fe(Ⅲ) 位点可以被光激发电子还原为 Fe（Ⅱ）[式（5-25）]。因此，光催化加速了 Fe（Ⅱ）的氧化还原循环，从而通过 PDS 激活产生更多的 ROS。自由基猝灭实验证实了 $\cdot SO_4^-$ 转化过程中 $\cdot OH$ 的主要作用，而光催化过程中产生的

O_2^{-} 对 SMX 的降解作用较小[42]。此外，在 PDS 和可见光存在下，其他铁基光催化剂也能有效去除抗生素。在 vis/PDS/kaolin-Fe_2O_3 体系中，环丙沙星在 30min 内分解率为 63%。

$$Fe(III) + S_2O_8^{2-} \longrightarrow Fe(II) + \cdot S_2O_8^{-} \tag{5-24}$$

$$Fe(III) + e^- \Longrightarrow Fe(II) \tag{5-25}$$

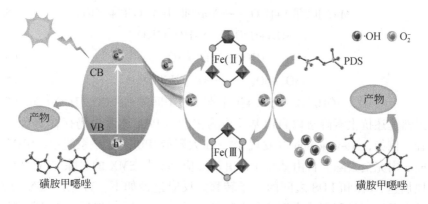

图 5-37　vis/PDS/MIF-100（Fe）体系的现场光还原机理

其他具有光催化性能的金属基（Mn、Cu 和 Zn）非均相催化剂也表现出增强的 PS 活化活性。Wang 等合成介孔氧化锰（MnO_x）微球用于紫外辐射下 PMS 活化去除氟喹诺酮类抗生素。在 UV/PMS/MnO_x 体系中，10min 内可快速降解 99.5% 以上的氧氟沙星。PMS 产生多种活性氧，如 $\cdot SO_4^-$、$\cdot OH$、$\cdot O_2^-$ 和 $^1O_2$ 活化参与了氟喹诺酮的氧化。令人满意的是，在光辐射的帮助下，ROS 的数量显著增加。具体机理如下解释：PMS 可以被光辐射和 Mn(II)/Mn(III) 循环激活生成 SO_4^{-}。同时，Mn(III) 与 PMS 通过方程还原反应可再生一部分 Mn（II）[式 (5-26) ~ (5-28)]。$\cdot SO_4^-$ 可在水溶液中转化为 $\cdot OH$ [式 (5-3)、式 (5-4)]。O_2 从 Mn（II）中捕获电子形成 H_2O_2，H_2O_2 可根据式进一步分解生成 $\cdot OH$ 和 $\cdot O_2^-$ [式 (5-29) ~ (5-33)]。通过式 (5-3) 和式 (5-4)，PMS 自氧化生成 $^1O_2$。光辐射不仅促进了催化剂表面 Mn 离子的氧化还原循环，还激发催化剂产生光致电子和空穴，这也参与了 PMS 活化。最终抗生素在 ROS 的攻击下被分解为中间体。在 Tang 等的研究中，设计了一种铜–铋双金属氧化物（$Cu_{0.84}Bi_{2.08}O_4$）来激活 PDS 在可见光下去除环丙沙星（CIP）。光催化明显促进了金属活性位点的氧化还原循环，产生了大量的活性自由基（$\cdot SO_4^-$ 和 $\cdot OH$），有效地降解了 CIP（400min ~ 98%）。此外，在 UV/PDS/Fe-ZnO 体系中获得了较高的抗生素降解效率。在 UV/PDS/Fe-ZnO 体系中，硫酸盐自由基是完全去除氟喹和环丙沙星的主要活性氧。

$$Mn(II)+HSO_5^- \longrightarrow Mn(III) + \cdot SO_4^- +OH^- \tag{5-26}$$

$$Mn(III)+HSO_5^- \longrightarrow Mn(IV) + \cdot SO_4^- +OH^- \tag{5-27}$$

$$Mn(III)+HSO_5^- \longrightarrow Mn(II) + \cdot SO_5^- +H^+ \tag{5-28}$$

$$Mn(II)+O_2+2H^+ \longrightarrow Mn(IV)+H_2O_2 \tag{5-29}$$

$$2Mn(III)+O_2+2H^+ \longrightarrow 2Mn(IV)+H_2O_2 \tag{5-30}$$

$$Mn(II/III)+H_2O_2 \longrightarrow Mn(III/IV)+OH^- + \cdot OH \tag{5-31}$$

$$\cdot OH+H_2O_2 \longrightarrow \cdot HO_2+H_2O \tag{5-32}$$

$$\cdot HO_2 \longrightarrow H^+ + \cdot O_2^- \tag{5-33}$$

$$HSO_5^- +SO_5^{2-} \longrightarrow SO_4^{2-} +HSO_4^- +{}^1O_2 \tag{5-34}$$

$$\cdot O_2^-/ \cdot OH/{}^1O_2/ \cdot SO_4^- +抗生素 \longrightarrow 中间体 \longrightarrow CO_2+H_2O \tag{5-35}$$

虽然上述抗生素降解以自由基反应为主，但 PPA 体系中仍存在非自由基降解途径。例如，Alexopoulou 等发现[43]，在太阳能/PDS/Cu$_3$P 系统中，SMX 可以在 60min 内完全去除。自由基和非自由基反应都参与 SMX 的去除。Cu$_3$P 作为电子介质加速 SMX 和 PDS 之间的电子转移。反应途径如下：首先，SMX 与 Cu$_3$P 之间的电子转移过程形成表面结合中间体 [式（5-36）]。然后，Cu$_3$P 上的电子会被 PDS 捕获生成 ·SO$_4^-$，这进一步改善了 SMX 的降解 [式（5-37）]。同样，在太阳能/PDS/罗丹明 B（RhB）体系中，也观察到同时存在自由基和非自由基反应途径，以分解盐酸四环素（TH）。在太阳能/PDS/RhB 系统中，180min 内对 TH 的去除率达到 70%，而只有 28% 在太阳能/PDS 系统中，TH 被去除。其内部机制与两条途径有关：①自由基途径：在太阳光辐射下，电子可以从 RhB 的最高已占据分子轨道（HOMO）被激发到最低未占据分子轨道（LUMO）。然后，PDS 会捕获光激发的电子，产生 ·SO$_4^-$ 和 ·OH。②非自由基途径：RhB 吸收光能生成光激发电子和 ·RhB$^+$。随后，具有一定氧化能力的 ·RhB$^+$ 可以直接从 TH 分子中收回电子。

$$Cu_3P+SMX \longrightarrow Cu_3P(e^-)+[SMX]^+ \tag{5-36}$$

$$Cu_3P(e^-)+S_2O_8^{2-} \longrightarrow SO_4^{2-} + \cdot SO_4^- +Cu_3P \tag{5-37}$$

非自由基途径在复杂基质中表现出良好的抗干扰能力，在 PS-AOP 系统中具有很高的应用潜力。然而，大多数非自由基的 PS-AOP 系统是二元系统。对于三元 PPA 体系，光辐射已被证明可以促进自由基反应过程，从而去除抗生素。然而，光在非自由基降解途径中的作用尚未得到系统的分析。因此，未来有必要研究光在非自由基 PPA 体系中的关键作用。

2. PAP 体系

光催化是一种绿色、可持续和有前途的技术，已成功应用于废水中的抗生素去除。然而，光催化存在两个致命的缺陷，即光载体的转移效率低和光产生的电子–空穴对的快速重组，这限制了光催化剂在实际废水修复中的广泛应用。加入电子受体（例如 H_2O_2 和 PS）作为电子清除剂，不仅可以抑制光诱导载流子的重组，还可以产生额外的 ROS，从而提高光降解性能，因此被广泛应用于改善上述缺点的有效途径。此外，由于 $\cdot SO_4^-$（$E_0 = 2.5 \sim 3.1V$）的氧化还原电位高于 $\cdot OH$（$E_0 = 1.89 \sim 2.72V$），添加 PS 氧化剂已被证明是提高光催化效率的更有效方法。近年来，各种 PAP 系统被报道用于去除水中的抗生素污染物。四环素类和磺胺类两种抗生素在 PAP 系统中降解效率较高。例如，在 vis/PMS/$CuBi_2O_4$ 体系中观察到四环素的降解速率常数为 0.109/min。在 vis/PMS/Ag/g-C_3N_4 体系中，获得了 0.095/min 的磺胺甲基脱除动力学速率常数。与 PPA 系统相比，PAP 系统中光催化过程占主导地位，而不是 PS 激活。因此，光催化产生的活性氧（如 h^+ 和 $\cdot O_2^-$）对抗生素的分解有很大的贡献。

　　石墨氮化碳（g-C_3N_4）因其绿色、中等带隙（2.7eV）、高化学和热稳定性等优点，在环境修复中具有广阔的应用前景。因此，设计了多种基于 g-C_3N_4 的光催化剂来处理抗生素废水。此外，加入电子受体如 PDS 或 PMS 是改善 g-C_3N_4 光催化性能的有效策略。Song 等研究了磺胺甲噁唑（SMX）在太阳能/PDS/g-C_3N_4 体系中的降解。SMX 在太阳能/PDS/g-C_3N_4 体系中的准一级动力学常数比太阳能/g-C_3N_4 体系高 2.85 倍。通过猝灭实验确定 $\cdot O_2^-$ 为主要活性氧，而 h^+ 和 $\cdot SO_4^-$ 在太阳能/PDS/g-C_3N_4 体系中起辅助作用。通过 PDS 捕获电子 $\cdot O_2^-$ 的生成得到了显著促进 [式（5-23）、式（5-38）和式（5-39）]。添加 PDS 后，载体的超分离和 ROS 的生成都得到了改善，从而实现了 SMX 的更高降解率。

$$S_2O_8^{2-} + e^- \longrightarrow [S_2O_8^{2-}]^- \tag{5-38}$$

$$[S_2O_8^{2-}]^- + O_2 \longrightarrow S_2O_8^{2-} + \cdot O_2^- \tag{5-39}$$

　　g-C_3N_4 基复合光催化剂在光/PS 系统中净化抗生素废水表现出优异的性能。Wang 等制备了 g-C_3N_4、石墨烯和 $MnFe_2O_4$ 三元复合材料，在 vis/PDS 体系中表现出优异的甲硝唑（MNZ）降解效率（60min，94.5%）。MNZ 降解机理如图 5-38 所示，①g-C_3N_4 和 $MnFe_2O_4$ 之间的 p-n 异质结对加速光致电子空穴对的分离起着关键作用，而石墨烯作为电荷通道促进了电荷的快速转移。因此，在光催化作用下，产生了更多活性的 h^+、$\cdot O_2^-$ 和 $\cdot OH$ [式（5-1）~（5-4）]。②有利的自氧化还原循环催化剂表面的 Fe 和 Mn 位点，可以通过式（5-9）激活 PDS 产生额外的 ROS，如 $\cdot SO_4^-$ 和 $\cdot OH$ 自由基。然而，$\cdot O_2^-$ 和 h^+ 被证实是去除 MNZ 的主要反应物质。因此，PDS 活化过程仅对 MNZ 光催化降解起到促进作用。同样，CeO_2/g-C_3N_4 复合材料在 PDS/可见光系统中实现了令人钦佩的诺氟沙星（NOR）去除率（88.6%）。根据式（5-19）、式（5-20）、式（5-22）、式（5-23）、式（5-40）和式（5-41），CeO_2/g-C_3N_4 异质结构和 PDS 抑制了光载流子的重组，并在光催化过程中产生$^1O_2$和$\cdot O_2^-$作为反应物质。在具有类似机制的$vis/PDS/MoO_3/g\text{-}C_3N_4$体系（氧氟沙星120min内为94.4%）、$vis/PMS/CoAl\text{-}LDH$（层状双氢氧化物）/$g\text{-}C_3N_4$体系中（磺胺嘧啶15min内为87.1%）和$vis/PMS/Co_3O_4/g\text{-}C_3N_4$（四环素60min内为98.7%）也观察到出色的抗生素去除效率。此外，由于Ag和作为电子猝灭剂的PMS的表面等离子共振（SPR），在$vis/PMS/Ag/AgCl@ZIF\text{-}8/g\text{-}C_3N_4$体系中，左氧氟沙星（LVFX）的去除效率在60min内达到了令人满意的87.3%。同样，在$vis/PMS/Ag/g\text{-}C_3N_4$体系中，21min可实现86.4%的磺胺嘧啶去除率。

$$\cdot O_2^- + \cdot O_2^- \longrightarrow {}^1O_2 \tag{5-40}$$

$$\cdot O_2^- + \cdot OH \longrightarrow {}^1O_2 \tag{5-41}$$

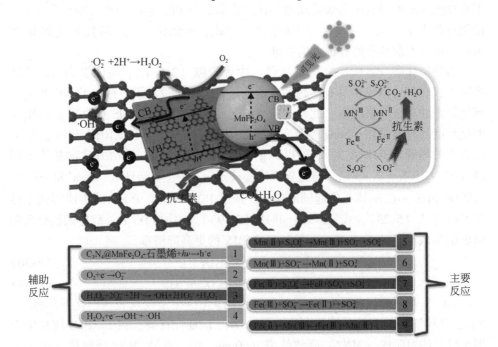

图5-38　MNZ在$vis/PDS/g\text{-}C_3N_4@MnFe_2O_4$-石墨烯体系中的降解机理

在PS的辅助下，金属氧化物基光催化剂可以在光辐射下有效降解抗生素。Chen等构建了$vis/PMS/BiVO_4$系统去除环丙沙星（CIP）。然而，在可见光照射下，$BiVO_4$对CIP的降解表现出较差的光催化性能（40min内为22.4%）。PMS的存在使去除率提高到94.38%。在上述机制中，PMS被用作电子受体，促进光生电子与空穴的分离。PMS的加入也降低了电荷传递阻力。由于h^+和$\cdot O_2^-$的主要作用，光催化是去除CIP的主要过程，而不是PMS介导的氧化。同样，由于光催化产生的h^+的重要作用，83%的盐酸四环素在$vis/PDS/Bi_2MoO_6$体系中在60min

内被分解。通过添加 PDS，改性 TiO$_2$（即聚乙烯醇辅助 TiO$_2$/Ti 膜和 Fe/TiO$_2$）和 BiFe 掺杂 ZnO 的光催化性能也得到改善，用于抗生素去除。共掺杂 Bi$_2$Fe$_4$O$_9$、CeO$_2$/Co$_3$O$_4$、CuBi$_2$O$_4$ 和 CuBi$_2$O$_4$/MnO$_2$，光催化剂在光/PS 体系中也表现出令人满意的抗生素去除性能。在这些体系中，光催化产生的活性物质如 h$^+$ 和 ·O$_2^-$ 比 PS 活化产生的 SO$_4^{2-}$ 和 ·OH 的贡献更大。与其他抗生素去除率相比，vis/PMS/CuBi$_2$O$_4$ 体系的抗生素降解率最高，在 30min 内达到 95% 以上。

3. CPPA 体系

与 PPA 和 PAP 系统不同的是，在 CPPA 系统中，光催化和过硫酸盐活化过程对抗生素的消除都起着至关重要的作用。光催化和过硫酸盐氧化过程在 CPPA 体系中发生协同作用，不仅抑制光诱导的电子空穴对的重组，还降低了 PS 活化的能量消耗。因此，对 CPPA 系统中抗生素去除的性能和潜在机制的研究吸引了更多的研究者。在 vis/PDS/Ag/AgCl/FeX 体系中，四环素降解速率常数达到 1.4110/min。在 vis/PDS/TiO$_2$/Fe$_2$O$_3$/沸石体系中，环丙沙星去除的动力学速率常数为 0.6013/min。在 CPPA 体系中存在 PS 活化和光催化的相互促进作用。PS 的加入使电子空穴对有效分离，从而增强了光催化过程。此外，光生成的电子和金属位点的良好氧化还原循环也提高了 PS 的活化。因此，光催化和 PS 活化产生的多种活性物质（如 ^{1}O$_2$、·O$_2^-$、h$^+$、·SO$_4^-$ 和 ·OH）有助于抗生素的降解。

采用传统的 TiO$_2$ 光催化剂在 CPPA 体系中去除抗生素，但 TiO$_2$ 的禁带宽度较宽（3.2eV），只能吸收紫外光，限制了其在抗生素光催化氧化中的应用。由于 PS 活化和光催化的协同作用，PS 氧化剂的引入获得了更高的抗生素去除率。在紫外线照射下 [式（5-42）~（5-46）]，PS 活化和光催化均可实现。此外，PS 作为电子受体，在光催化和 PS 活化之间产生了协同效应 [式（5-47）和式（5-48）]。例如，Ismail 等发现，与二元 UV/PDS 和 UV/TiO$_2$ 体系相比，UV/PDS/TiO$_2$ 体系表现出更高的磺胺肼去除效率（60min 内 100%）。同样，Grilla 等在中试工厂中研究了太阳能/PDS/TiO$_2$ 系统对甲氧苄啶（TMP）的去除。结果表明，在太阳能/PDS/TiO$_2$ 体系中，完全去除天然水中 TMP 的累计紫外线能耗低于 3kJ/L，低于太阳能/TiO$_2$ 体系的 5.5kJ/L。将 TiO$_2$ 与其他金属基材料结合，不仅可以提高 TiO$_2$ 的光催化活性，还通过引入金属活性位点同时促进 PS 活化。例如，在 vis/PDS/TiO$_2$/Fe$_2$O$_3$/沸石体系中，在 120min 内获得了 CIP 的完全降解；在太阳能/PDS/MIL-101（Fe）/TiO$_2$ 体系中，观察到 5min 内四环素的去除效率为 90.15%；磺胺甲噁唑在太阳能/PDS/CuO$_x$/TiO$_2$ 体系中 45min 内完全降解。

$$S_2O_8^{2-} + h\nu \longrightarrow 2 \cdot SO_4^- \tag{5-42}$$

$$HSO_5^- + h\nu \longrightarrow \cdot SO_4^- + \cdot OH \tag{5-43}$$

$$TiO_2 + h\nu \longrightarrow h_{VB}^+ + e_{CB}^- \tag{5-44}$$

$$h_{VB}^+ + H_2O \longrightarrow \cdot OH + OH^- \tag{5-45}$$

$$e_{CB}^- + O_2 \longrightarrow \cdot O_2^- \tag{5-46}$$

$$S_2O_8^{2-} + e_{CB}^- \longrightarrow \cdot SO_4^- + SO_4^{2-} \tag{5-47}$$

$$HSO_5^- + e_{CB}^- \longrightarrow \cdot SO_4^- + OH^- \tag{5-48}$$

其他含过渡金属的光催化剂在光催化和 PS 活化方面均表现出优异的活性。使用介孔 MnO@ MnO$_x$ 微球在太阳光和 PMS 存在下降解左氧氟沙星（LVFX）。在 PMS/MnO@ MnO$_x$ 系统的模拟阳光照射下，在 30min 内实现了 98.1% 的 LVFX 去除。该机理在图 5-39 所示。首先，表面氧空位促进了光载流子的分离，有利于光催化生成 h$^+$ 和 $\cdot O_2^-$［式（5-1）、式（5-2）］。其次，通过 Mn(II)/Mn(III) 的表面氧化还原位点和光激发的电子–空穴对以及光能，PMS 被激活生成 $\cdot SO_4^-$、$\cdot OH$ 和 $^1O_2$ 活性物质［式（5-3）~（5-14）］。最后，光解和光电子促进了 Mn(II)/Mn(III) 的氧化还原循环，加速了 PMS 的活化。此外，PMS 作为电子受体加强了光载流子的分离，从而增强了光催化作用。

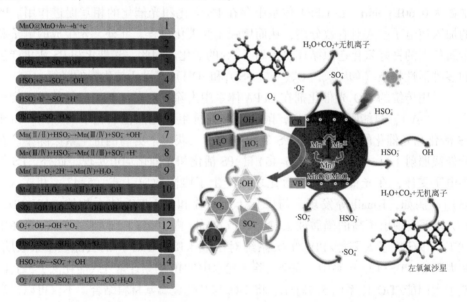

图 5-39　太阳光/PMS/MnO@ MnO$_x$ 体系内部反应机理

5.3.2　PPA、PAP 和 CPPA 系统的比较

PPA、PAP 和 CPPA 系统的内部机制差异如图 5-40 所示。①PPA 系统主要的抗生素降解机制是 PPA 系统中的 PS 激活。此外，紫外光、金属活性位和光激发

电子在 PS 活化中起着至关重要的作用。因此，主要的活性物质被确定为 ·SO$_4^-$ 和 ·OH，这是由于 PPA 体系中出色的 PS 活化。相反，光催化作为促进剂提供额外的活性物质（例如 ·O$_2^-$ 和 h$^+$）来加速抗生素的去除。②PAP 系统。与 PPA 系统相比，光催化在 PAP 系统中起主要作用。PS 氧化剂的关键作用是抑制电荷重组和加速电荷转移，以及增加 ROS。因此，·O$_2^-$ 和 h$^+$ 是 PAP 系统中的主要活性物质，而 PS 激活产生的 ·SO$_4^-$ 和 ·OH 则起次要作用。③PS 活化和光催化是 CPPA 系统中主要的抗生素降解过程。此外，PS 活化和光催化之间的协同效应导致多种活性物质（如 ·OH、·SO$_4^-$、·O$_2^-$ 和 h$^+$）的产生。例如，PS 氧化剂可以捕获光电子以产生活性自由基（·OH 和 ·SO$_4^-$），从而导致光激发电子和空穴的快速分离。此外，催化剂表面的金属位点作为 PS 活化位点和电子陷阱，提高 PS 活化与光催化的协同效应。

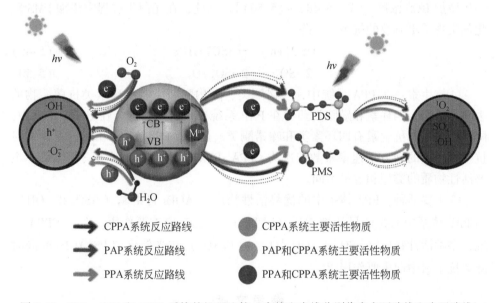

图 5-40　PPA、PAP 和 CPPA 系统的机理比较（实线和虚线分别代表主要路线和次要路线）

①催化剂：金属离子、金属氧化物和铁基 MOF 是 PPA 体系中常见的催化剂，因为过渡金属位点具有较高的 PS 活化活性。此外，g-C$_3$N$_4$ 基复合光催化剂和金属氧化物基复合光催化剂在 PAP 体系中得到了广泛的应用，这是由于改善了电荷分离的能带结构，从而提高了光催化效率。在 PS 活化和光催化衍生的协同体系中，金属基光催化剂被用于具有金属活性位点和快速电荷转移的 CPPA 体系。

②光辐射：紫外光和太阳光由于具有良好的 PS 活化能力，更适用于 PPA 体系。对于以光催化为主的 PAP 体系，制备了具有优良能带结构的光催化剂，使吸收波长发生了红移。此外，在 PAP 体系中加入 PS 氧化剂可显著促进光催化过

程。因此，在可见光或太阳光辐射下，PAP 系统可以获得令人钦佩的抗生素降解效率。光催化和 PS 活化是 CPPA 的主要反应过程系统。因此，任何波长范围的光辐射都可以应用于 CPPA 系统中，以加速抗生素的去除。

③氧化剂：UV/PDS 体系的高量子产率使 PDS 氧化剂在 PPA 和 CPPA 体系中的应用更加广泛。此外，PDS 和 PMS 两种氧化剂都成功地应用于 PAP 体系中，以促进光催化过程。但其促进效果依次为 PMS>PDS。CIP 在太阳光/PMS/PVA-辅助 TiO₂/Ti 体系中的降解率高于太阳光/PDS/PVA-辅助 TiO₂/Ti 体系。此外，vis/PMS/BiVO₄ 体系去除 CIP 的伪一阶速率常数比 vis/PDS/BiVO₄ 体系高出约 3 倍。PMS 之所以具有优异的促进作用，是因为其不对称的结构使其更容易被激活产生 ROS。此外，PDS 和 PMS 的不同反应途径导致抗生素的降解效率不同。PDS 只能捕获光激发的电子来产生 $\cdot SO_4^-$ 自由基，而 PMS 可以与电子和空穴同时反应，进一步增加 ROS 浓度 [式（5-48）~（5-50）]。因此，在光催化过程中添加 PMS 氧化剂实现了更有效的抗生素去除。

$$HSO_5^- + h^+ \longrightarrow \cdot SO_5^- + H^+ \tag{5-49}$$

$$2 \cdot SO_5^- \longrightarrow 2 \cdot SO_4^- + O_2 \tag{5-50}$$

④抗生素：在 PPA 系统中，喹诺酮类、β-内酰胺类和四环素类抗菌药物的去除率最高。四环素和磺胺类药物在 PAP 系统中被有效去除。在 CPPA 体系中，降解率最高的抗生素有四环素类和喹诺酮类。此外，PPA、PAP 和 CPPA 体系对抗生素去除的动力学速率常数依次为 CPPA>PPA>PAP，这归因于三种体系中主要活性物质的类型和数量不同。

⑤主要活种：PPA 体系中的优势活性物质是 AOPs 自由基（$\cdot SO_4^-$ 和 $\cdot OH$），而 PAP 体系中的光诱导活性物质（h^+ 和 $\cdot O_2^-$）也起着重要作用。对于 CPPA 系统，多种活性物质（$\cdot SO_4^-$、$\cdot OH$、$^1O_2$、h^+ 和 $\cdot O_2^-$）在光催化和 PS-AOPs 的同时降解抗生素中起主要作用[43]。

参 考 文 献

[1] Rana G, Dhiman P, Kumar A, et al. Functionalization of two-dimensional MXene-based nano-materials for water purifications and energy conversion applications: a review. Materials Science in Semiconductor Processing, 2023, 165: 107645.

[2] Asaithambi P, Yesuf M B, Govindarajan R, et al. A review of hybrid process development based on electrochemical and advanced oxidation processes for the treatment of industrial wastewater, Int. J. Chem. Eng., 2022, 2022 (1): 1105376.

[3] P Asaithambi, Esayas A, Baharak S, et al. Electrical energy per order determination for the removal pollutant from industrial wastewater using UV/Fe²⁺/H₂O₂ process: Optimization by response surface methodology. Environmental Chemistry for a Sustainable World, 2019, 18:

17-32.

[4] Maria C H, Juliana F d S D, Keiko T, et al. COD removal and toxicity decrease from tannery wastewater by zinc oxide-assisted photocatalysis: a case study. Environ. Technol., 2013, 35: 1589-1595.

[5] Olga S, Vincenzo V, Luigi R, et al. Photocatalytic activity of a visible light active structured photocatalyst developed for municipal wastewater treatment. J. Clean. Prod., 2018, 175: 38-49.

[6] Dawei W, Miguel A M, José Angel C M. Engineering and modeling perspectives on photocatalytic reactors for water treatmenton. Water Research, 2021, 202: 117421.

[7] Lin Y P, Mehrvar M. Photocatalytic treatment of an actual confectionery wastewater using Ag/TiO$_2$/Fe$_2$O$_3$: optimization of photocatalytic reactions using surface response methodology. Catalysts, 2018, 8: 1-17.

[8] Jaeyoung H, Ki Hyun C, Volker P, et al. Recent advances in wastewater treatment using semiconductor photocatalysts. Current Opinion in Green and Sustainable Chemistry, 2022, 36: 100644.

[9] Supamas D, Mayuree J, Joydeep D. Efficient solar photocatalytic degradation of textile wastewater using ZnO/ZTO composites. Appl. Catal. B Environ., 2015, 163: 1-8.

[10] Fang D, Xiaoying L, Yingbo L, et al. Novel visible-light-driven direct Z-scheme CdS/CuInS$_2$ nanoplates for excellent photocatalytic degradation performance and highly-efficient Cr (VI) reduction. Chem. Eng. J., 2019, 361: 1451-1461.

[11] Yasmin V, María B C, Edson L F, et al. Application of a novel rGO-CuFeS$_2$ composite catalyst conjugated to microwave irradiation for ultra-fast real textile wastewater treatment, J. Water Process Eng., 2020, 36: 101397.

[12] S A Younis, P Serp, H N Nassar. Photocatalytic and biocidal activities of ZnTiO$_2$ oxynitride heterojunction with MOF-5 and g-C$_3$N$_4$: a case study for textile wastewater treatment under direct sunlight. J. Hazard. Mater., 2021, 410, 124562.

[13] A Y Zhang, W K Wang, D N Pei, et al. Degradation of refractory pollutants under solar light irradiation by a robust and self-protected ZnO/CdS/TiO$_2$ hybrid photocatalyst. Water Res., 2016, 92: 78-86.

[14] S Singla, S Sharma, S Basu. MoS$_2$/WO$_3$ heterojunction with the intensified photocatalytic performance for decomposition of organic pollutants under the broad array of solar light. J. Clean. Prod., 2021, 324: 129290.

[15] R P Souza, T K F S Freitas, F S Domingues, et al. Photocatalytic activity of TiO$_2$, ZnO and Nb$_2$O$_5$ applied to degradation of textile wastewater. J. Photochem. Photobiol. A Chem., 2016, 329: 9-17.

[16] F Dalanta, T D Kusworo. Synergistic adsorption and photocatalytic properties of AC/TiO$_2$/CeO$_2$ composite for phenol and ammonia-nitrogen compound degradations from petroleum refinery wastewater. Chem. Eng. J., 2022, 434: 134687.

[17] J W Chen, J W Shi, X Wang, et al. Hybrid metal oxides quantum dots/TiO$_2$ block composites: facile synthesis and photocatalysis application. Powder Technol. , 2013, 246: 108-116.

[18] Dai W W, Zhao Z Y, Ballato J. Defect physics of BiOI as high efficient photocatalyst driven by visible light. J. Am. Ceram. Soc. , 2016, 99 (9): 3015-3024.

[19] Zhu S, Xu T, Fu H, et al. Synergetic effect of Bi$_2$WO$_6$ photocatalyst with C$_{60}$ and enhanced photoactivity under visible irradiation. Environ. Sci. Technol. , 2007, 41 (17): 6234-6239.

[20] A Y Zhang, W K Wang, D N Pei, et al. Degradation of refractory pollutants under solar light irradiation by a robust and self- protected ZnO/CdS/TiO$_2$ hybrid photocatalyst. Water Res. , 2016, 92: 78-86.

[21] S Singla, S Sharma, S Basu. MoS$_2$/WO$_3$ heterojunction with the intensified photocatalytic performance for decomposition of organic pollutants under the broad array of solar light. J. Clean. Prod. , 2021, 324: 129290.

[22] D Monga, S Basu. Tuning the photocatalytic/electrocatalytic properties of MoS$_2$/MoSe$_2$ heterostructures by varying the weight ratios for enhanced wastewater treatment and hydrogen production. RSC Adv. , 2021, 11: 22585-22597.

[23] N Tavker, M Sharma. Designing of waste fruit peels extracted cellulose supported molybdenum sulfide nanostructures for photocatalytic degradation of RhB dye and industrial effluent. J. Environ. Manag. , 2020, 255: 109906.

[24] D Monga, D Ilager, N P Shetti, et al. 2D/2D heterojunction of MoS$_2$/g-C$_3$N$_4$ nanoflowers for enhanced visible- light- driven photocatalytic and electrochemical degradation of organic pollutants. J. Environ. Manag, 2020, 274: 111208.

[25] F Deng, F Zhong, L Zhao, et al. One-step in situ hydrothermal fabrication of octahedral CdS/SnIn$_4$S$_8$ nano-heterojunction for highly efficient photocatalytic treatment of nitrophenol and real pharmaceutical wastewater. J. Hazard. Mater. , 2017, 340: 85-95.

[26] J Chen, H Zhang, P Liu, et al. Cross- linked ZnIn$_2$S$_4$/rGO composite photocatalyst for sunlight-driven photocatalytic degradation of 4- nitrophenol. Appl. Catal. B Environ. , 2015, 168-169: 266-273.

[27] F Deng, F Zhong, D Lin, et al. One- step hydrothermal fabrication of visible-light-responsive AgInS$_2$/SnIn$_4$S$_8$ heterojunction for highlyefficient photocatalytic treatment of organic pollutants and real pharmaceutical industry wastewater. Appl. Catal. B Environ. , 2017, 219: 163-172.

[28] C Xie, X Lu, F Deng, et al. Unique surface structure of nano- sized CuInS$_2$ anchored on rGO thin film and its superior photocatalytic activity in real wastewater treatment. Chem. Eng. J. , 2018, 338: 591-598.

[29] J Kim, W Choi. Response to comment on "platinized WO$_3$ as an environmental photocatalyst that generates OH radicals under visible light". Environ. Sci. Technol. , 2011, 45: 3183-3184.

[30] T H Jeon, W Choi, H Park. Photoelectrochemical and photocatalytic behaviors of hematite-

decorated titania nanotube arrays: energy level mismatch versus surface specific reactivity. J. Phys. Chem. C, 2011, 115 (14): 7134-7142.

[31] H Park, W Choi. Photoelectrochemical investigation on electron transfer mediating behaviors of polyoxometalate in UV- illuminated suspensions of TiO_2 and Pt/TiO_2. J. Phys. Chem. B, 2003, 107 (16): 3885-3890.

[32] H Kyung, J Lee, W Choi. Simultaneous and synergistic conversion of dyes and heavy metal ions in aqueous TiO_2 suspensions under visible- light illumination. Environ. Sci. Technol. , 2005, 39 (7): 2376-2382.

[33] J Ryu, W Choi. Substrate- specific photocatalytic activities of TiO_2 and multiactivity test for water treatment application. Environ. Sci. Technol. , 2008, 42 (1): 294-300.

[34] E R Carraway, A J Hoffman, M R Hoffmann. Photocatalytic oxidation of organic acids on quantum- sized semiconductor colloids. Environ. Sci. Technol. , 1994, 28 (5): 786-793.

[35] Kim S, Choi W. Kinetics and mechanisms of photocatalytic degradation of $(CH_3)_n NH_{4-n}^+$ ($0 \leqslant n \leqslant 4$) in TiO_2 suspension: the role of OH radicals. Environ. Sci. Technol. , 2002, 36 (9): 2019-2025.

[36] W Choi, J Lee, S Kim, et al. Nano Pt particles on TiO_2 and their effects on photocatalytic reactivity. J. Ind. Eng. Chem. , 2003, 9: 96-101.

[37] Lu J, Sun J, Chen X, et al. Efficient mineralization of aqueous antibiotics by simultaneous catalytic ozonation and photocatalysis using $MgMnO_3$ as a bifunctional catalyst. Chem. Eng. J. , 2019, 358: 48-57.

[38] Antoniou M G, de la Cruz, Dionysiou D D. Degradation of microcystin- LR using sulfate radicals generated through photolysis, thermolysis and e^- transfer mechanisms. Appl. Catal. B Environ. , 2010, 96 (3-4): 290-298.

[39] Kaur B, Kuntus L, Tikker P, et al. Photo-induced oxidation of ceftriaxone by persulfate in the presence of iron oxides. Sci. Total Environ. , 2019, 676: 165-175.

[40] Bi W, Wu Y, Wang X, et al. Degradation of oxytetracycline with $SO_4^{\cdot-}$ under simulated solar light. Chem. Eng. J. , 2016, 302: 811-818.

[41] Pugazhenthiran N, Murugesan S, Sathishkumar P, et al. Photocatalytic degradation of ceftiofur sodium in the presence of gold nanoparticles loaded TiO_2 under UV- visible light. Chem. Eng. J. , 2014, 241: 401-409.

[42] Gul I, Sayed M, Shah N S, et al. Solar light responsive bismuth doped titania with Ti^{3+} for efficient photocatalytic degradation of flumequine: synergistic role of peroxymonosulfate. Chem. Eng. J. , 2020, 384: 123255.

[43] Alexopoulou C, Petala A, Frontistis Z, et al. Copper phosphide and persulfate salt: a novel catalytic system for the degradation of aqueous phase micro- contaminants. Appl. Catal. B Environ. , 2019, 244: 178-187.

第6章 半导体光催化 CO_2 还原

6.1 CO_2 还原的基本原理

二氧化碳（CO_2）还原是一个将温室气体 CO_2 转化为有用化学物质或燃料的化学过程，涉及一系列复杂的物理和化学步骤。在 CO_2 还原过程中，首先需要提供能量来活化 CO_2 分子，使其从稳定的线性结构转变为更容易接受电子的状态。这个过程可以通过热催化、光催化或电催化来实现。接着，活化的 CO_2 分子在催化剂的作用下接受电子，这些电子可能来自于外部电源或光激发产生的电荷载体。催化剂在这个过程中起到降低反应活化能、加速反应速率和提高产物选择性的作用，它们可以是金属、金属氧化物、金属有机骨架（MOF）或其他类型的材料。

在催化剂的表面，CO_2 分子与电子结合，发生还原反应，转化为一氧化碳（CO）、甲烷（CH_4）、甲醇（CH_3OH）、乙烯（C_2H_4）等不同的化学产品。这些产物的种类和产率取决于所使用的催化剂类型、反应条件（如温度、压力、pH 和反应物浓度）以及能量输入的方式。

CO_2 还原反应的产物需要从反应体系中分离出来，这通常涉及物理或化学的分离技术，如蒸馏、吸附或膜分离。此外，整个 CO_2 还原过程的环境影响、经济可行性和可持续性也是需要考虑的重要因素。环境影响评估包括能耗、产物的环境友好性以及副产品的处理。经济可行性涉及生产成本、市场价值和投资回报率。可持续性关注于 CO_2 还原技术是否有助于减少温室气体排放、促进可持续能源循环[1,2]。

随着对 CO_2 还原技术研究的不断深入，这一领域有望在未来的能源和化学产业中发挥更加关键的作用，为减少温室气体排放提供有效的技术手段。

6.2 CO_2 光还原催化剂体系

6.2.1 光催化体系

典型的异相光催化是由半导体吸收能量等于或大于其带隙（E_g）的光子而启动的。然后，电子从半导体的价带（VB，电子占据的最高能带）被激发到导带（CB，基态时没有电子的最低能带），从而产生电子（e^-）–空穴（h^+）对。电子和空穴转移到半导体表面后，电子与受体发生反应，产生还原产物，空穴则与供体发生反应，产生氧化产物。不过，如果电子和空穴没有立即耗尽，它们可能会重新结合，从而损失能量。关于 CO_2 与 H_2O 光还原的传统反应体系，由于VB 空穴的能级比 O_2/H_2O 的氧化电位更正值，H_2O 会被半导体 VB 中的空穴氧化成 O_2 并释放出 H^+［图 6-1（a）］。电子将移动到半导体表面，还原吸附的 CO_2。反应路径和最终产物在很大程度上取决于半导体带的相对能级和相关反应中间产物的氧化还原电位。图 6-1（b）显示了参与二氧化碳还原的中间产物或产物的相对氧化还原电位。二氧化碳分子的一个电子还原成二氧化碳自由基阴离子（即$CO_2^{\cdot-}$）的氧化还原电位为 $-1.90eV$（$vs.$ NHE）[3,4]。大多数基于半导体的光催化剂都无法承受如此高的电位。从这个意义上说，光催化剂表面对 CO_2 的高效化学吸附有利于将 CO_2 的线性结构转化为弯曲形式，从而显著降低还原 CO_2 所需的能量障碍。考虑到 CO_2 的化学惰性和单电子还原的困难，有理由创建一个质子辅助的多电子转移过程，它比单电子转移过程所需的能量更少[5]。

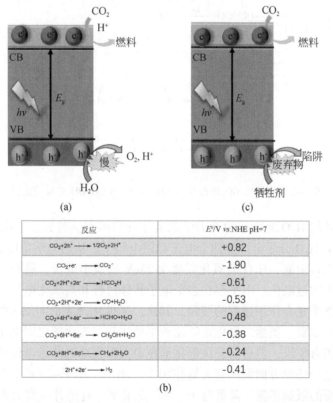

图 6-1　（a）纯水光催化 CO_2 还原示意图；（b）pH 为 7 的水中 CO_2 的各种氧化还原电位；
（c）加入牺牲剂光催化 CO_2 还原的示意图

　　由于光催化二氧化碳还原过程的机理相当复杂，可能存在分支途径，因此二氧化碳还原的确切机理细节至今尚未完全阐明[6]。图 6-2 展示了二氧化碳光催化还原过程中形成的最常见产物（如 CO、CH_4 和 CH_3OH）的可能反应途径。通常，CO 可通过 $\cdot CO_2^-$ 与 H· 自由基的反应、自身转化、氧空位上的解离 [图 6-2（a）] 或 HCOOH 的直接分解 [图 6-2（b）] 形成。生成的 CO 可通过 $\cdot CH_3$ 与 ·H 自由基和 ·OH 自由基的结合分别演化成 CH_4 和 CH_3OH，称为碳烯途径 [图 6-2（c）]。在第二条途径，即甲醛途径中，CO_2 被氢化形成 HCOOH 中间体，再与之反应生成 CH_3OH 和 CH_4 [图 6-2（d）]。第三种途径是乙二醛形成 CH_4 的途径，在一连串复杂的反应中涉及多个 C_2 化合物，其中包括还原和氧化步骤 [图 6-2（e）][7,8]。进一步的深入研究十分必要，采用原位/操作方法来实时和真实地揭示潜在的反应途径是非常可取的。

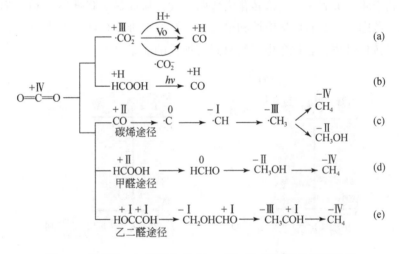

图 6-2　光催化 CO_2 还原生成 CO、CH_4 和 CH_3OH 的反应途径

　　二氧化碳与 H_2O 光还原的动力学取决于许多因素。首先，生成一个 O_2 分子的同时，两个 H_2O 分子会产生四个电子和四个质子。从热力学角度看，根据 H_2O 分裂的吉布斯自由能，H_2O 的氧化需要 1.23eV 的最小电位。然而，在实际操作中，存在很大的过电位。由于存在多个电子转移过程和高氧化电位，H_2O 氧化通常被认为是整个光合作用过程的瓶颈。其次，光催化剂表面对 CO_2 的吸附是 CO_2 光还原的关键步骤。虽然二氧化碳活化和半导体与二氧化碳之间电子转移的机理相当复杂且仍有争议，但目前公认催化剂在最大限度地降低过电位和将单电子转移转化为多电子还原方面发挥着关键作用[9]。第三，电子–空穴重组被广泛认为是另一个重要的限制步骤。降低电子–空穴重组率一直是开发高效光催化系统的关键问题。

6.2.2　光电催化体系

与光催化相比，光电催化扩大了材料的选择范围，在外部偏压的辅助下，可获得更高的电位，以满足二氧化碳转化对合适带位和氧化还原电位水平的要求。同时，光电催化提供了额外的光能，可降低电催化 CO_2RR 的过电位，这也可提高光诱导载流子在整个催化过程中的寿命。因此，人们采用了一些方法（如结构工程、掺杂共催化剂和异质结设计）来优化催化剂的活性，从而生成不同的含碳化合物，如 CO、甲酸盐、醇类和碳氢化合物。光电催化有更多的半导体可供选择，在外部偏压的辅助下，能更好地满足二氧化碳还原对合适带位和氧化还原电位水平的要求。同时，光电催化能降低光照射下二氧化碳还原的过电位。一般来说，光电催化二氧化碳还原过程可分为两种体系，即半电池和全电池。后者一直被视为理想的光电化学（PEC）二氧化碳转换，它在水性电解质中通过二氧化碳还原和 H_2O 氧化反应，分别在光阴极和光阳极产生碳质产物和氧气。因此，需要精心设计高效材料，以便在不使用任何牺牲试剂的情况下，在大光电电压下同时提高燃料的转化率和 OER。也就是说，光电极材料应具有合适的带状结构[10]。

具体而言，要求光阴极半导体的 CB 位置负于 CO_2 转化为化学品的还原电位，以实现 CO_2 活化和 C=O 键裂解，光阳极半导体的 VB 位置应正向于 H_2O 氧化电位。迄今为止，已开发出多种用于高效光电催化二氧化碳还原的电极材料，如原始半导体、掺杂杂原子的半导体、金属/半导体异质结、金属复合物/半导体混合物和纳米结构半导体等。这些策略旨在提高光吸收能力、光诱导载流子迁移率和催化稳定性，最终实现高效的光电催化二氧化碳还原，并获得令人满意的太阳能转换效率。

6.2.3　光热催化体系

光催化 CO_2 还原可以直接使用光催化材料来吸收太阳光、驱动其进行反应，从而在温和的条件下（室温和大气压）进行。然而，受限于 CO_2 分子的化学热力学稳定性好、化学惰性强的属性，CO 分子活化和加氢所需的能量较高。光催化 CO_2 还原反应对 CO 等的选择性可高达 90%，但是反应的转化率不高，光能利用效率低，所以反应非常低效，大多数产物生成速率仍在 $\mu mol/(g_{cat} \cdot h)$ 的水平，很难满足工业化生产的要求指标。虽然直接热催化 CO_2 还原的反应产物生成速率较高，达到 $mmol/(g_{cat} \cdot h)$ 的水平，已部分实现了工业化示范，但是反应的条件需要高压和高温，产品的转化率并不高（单程转化率小于 30%），能耗巨大，经济性较差。基于光催化的高选择性，结合热效应提供额外的驱动力，有利于提高 CO_2 还原合成化学品的生成速率。相关的研究成果表明，热力学稳定性较高的 CO_2 分子在催化剂上的吸附解离比较难，但是在热催化的反应过程中热能有

助于 CO_2 的解离[11]。目前，相关研究领域的科学家们已达成共识，光热耦合的催化效应可以改善单一光催化的不足。依托大量的研究工作，研究者对热增强光催化 CO_2 还原反应机理的探索取得了一定的成果。Cui 和 Liu 等利用 AuCu 还原 CO_2 制取乙醇的研究，证明了提高反应温度有利于活化反应物分子并加快反应速率。Zhang 和 Wang 等通过提高温度，使 Bi_4TaO_8Cl 和 $W_{18}O_{49}$ 组成的异质结之间的电荷传输得到显著增强。进一步，他们在利用 TiO_2 光催化剂为模板的研究中，证实了辅热可以加速小尺寸（2.33nm）Pt 纳米颗粒附近 H_2 分子的解离，促进 CO_2 加氢反应的进行。除了直接外加辅热的方式，Ye 研究团队与 Ni 和 Zhang 等也提出，部分金属纳米催化剂在光催化反应过程中具有光热效应或者等离激元效应，可以针对性地强化光热催化反应的环节，显著提高热能的利用效率，对 CO_2、H_2O、H_2 等反应物分子进行有效活化，促进催化反应进行[12]。随着现代分析表征技术的发展，热增强光催化反应机理方面的研究将会取得更大的进展。根据热源的供应方式，热增强的光催化 CO_2 还原路径主要分为外加热源、光热效应、等离激元增强等三种方式，这几类供热方式还与催化材料的性质相关。

6.2.4　金属氧化物

二氧化钛（TiO_2）已成为光催化还原二氧化碳的理想候选材料，可将二氧化碳气体转化为燃料，同时将可再生太阳能储存为化学键，实现碳循环闭环。TiO_2 是光催化过程的理想候选材料，因为它化学/热稳定性好，经济实惠，来源广泛，无毒，氧化电位高，具有合适的带状结构和较强的耐光腐蚀性。在光催化过程中，TiO_2 可用于治理污染。然而，对 TiO_2 进行改性以提高其性能，通常会受到其固有光学和物理化学特性的限制。由于二氧化钛的带隙（3.2eV）仅在紫外线照射下才具有光活性。虽然二氧化钛是一种理想的替代品，但由于光生电荷会立即重组，二氧化钛的二氧化碳转化效率较低[13]。因此，最好的办法是设计和改变二氧化钛的带隙，以获取可见光范围内的太阳能，从而提高光催化活性。因此，有必要对其表面进行改性，以增加电子-空穴对的重组时间。

6.2.5　硫化物

由 S 元素和一种或多种金属元素组成的金属硫化物（图 6-3），按元素组成一般分为二元金属硫化物（CdS、ZnS 等）、三元金属硫化物（$ZnIn_2S_4$、$CuInS_2$ 等）和多元金属硫化物（Cu_2ZnSnS_4 等）。S 3p 轨道占据的正向 VB 较少，有效载流子质量较小，这使得金属硫化物具有合适的能带结构、较宽的光响应范围和快速的电荷载流子动力学，从而实现了将 CO_2 转化为高附加值化学品的高光催化效率。例如，通过 L-半胱氨酸辅助的水热诱导方法，间隙碳掺杂使得合成的 SnS_2 纳米片结构、光物理性能得到改善，并延长了光吸收时间，从而使乙醛（CH_3CHO）

的演化率 [13.98μmol/(100mg·h)] 与未修饰的 SnS₂ [0.055μmol/(100mg·h)]
相比，在有 H₂O 存在、可见光照射的条件下提高了 250 倍[14]。此外，Jiao 等通
过简便的水热法制备了平均厚度为 2.46nm、富含锌空位（VZn）的 ZnIn₂S₄ 层状
光催化剂，这种催化剂增强了光吸收能力，延长了光诱导电荷载流子的寿命，从
而使光催化活性比富含 VZn 的催化剂提高了 3.6 倍。

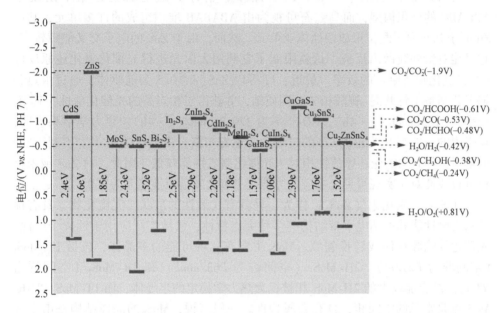

图 6-3　代表性金属硫化物半导体的能带位置和 pH=7 下 CO₂ 对 NHE 的氧化还原电位

　　二元金属硫化物指金属元素与硫元素的结合，由于其化学结构相对简单、合
成工艺方便、性质良好，因此受到研究人员的关注。二元金属硫化物分为五大光
催化体系：CdS、ZnS、MoS₂、SnS₂、Bi₂S₃ 和 In₂S₃。此外，还介绍了少数已研究
过的二元金属硫化物（Cu₂S、NiS/NiS₂ 和 CoS₂），以探讨它们的光催化特性[14]。
　　CdS：硫化镉（CdS）是 IIB ~ VIA 族中典型的 n 型半导体，具有窄带隙
（≈2.4eV）和负 CB 位置等诸多优点，因此以 CdS 为基础的材料在太阳能驱动的
催化反应中取得了丰硕成果，如将水分离成氢和将 CO₂ 转化为碳氢燃料。在 CdS
的晶体结构中，主要存在两种晶相：空间群为 $F3m$ 的立方锌蓝晶和空间群为
$P63mc$ 的六方晶型，其中 S²⁻ 和 Cd²⁺ 以四面体形式配位。六方晶型以 A-aB-bA-aB-
b 原子排列模式堆叠，而 A-aB-bC-cA-aB-bC-c 的堆叠模式则以锌蓝晶结构排列
（大写字母表示单一金属面，小写字母表示单一 S 原子面或反向）。目前，六方
CdS 已成为光催化领域研究最多的一种，因为与易褪色的立方相 CdS 相比，六方
CdS 具有热力学稳定构型。然而，在光催化过程中，严重的光腐蚀在很大程度上

削弱了 CdS 的光活性。此外，还需要进一步提高 CdS 的电荷分离效率。

ZnS：作为一种具有独特光学和电子特性的二元 IIB ~ VIA 族化合物，直接带隙半导体 ZnS 在光催化、光电催化和光检测器领域得到了广泛的研究。ZnS 主要有两种多晶体，即混合锌（空间群 $F\overline{4}3m$）和钨锌（空间群 $P63mc$）。前者带隙为 $\approx 3.72\text{eV}$，比后者（$\approx 3.77\text{eV}$）略窄。热力学稳定的立方相中出现了 ABCABC 的堆积构型，而乌兹石可视为由 ABABAB 堆积组成的许多单元，其中 Zn 原子和 S 原子配位形成四面体亚单元。然而，由于 ZnS 的电子交叉能障较宽，它只能对紫外线做出反应，这就限制了它利用太阳光进行光催化氧化还原反应（如二氧化碳还原）的效率。最近，Li 等以 $ZnS(\text{en})0.5$ 为前驱体，通过水热分解工艺制备了锌共混–钨酸相 ZnS 同质结，并获得了相当高的光催化活性，其 H_2 产率为 $31.5\text{mmol}/(\text{g} \cdot 4\text{h})$，CO 产率为 $279.3\mu\text{mol}/(\text{g} \cdot 4\text{h})$。热力学结果表明，在吸附的 ·CO 转化为游离 CO 的过程中，正吉布斯自由能（0.52eV）不利于 CO 的解吸，导致 CO_2 光还原活性相对于光催化制氢性能较低。因此，对 ZnS 纳米材料进行改性对于实现可见光响应的光催化二氧化碳还原性能尤为重要。

MoS_2：二硫化钼（MoS_2）作为一种具有代表性的层状二元硫化物，具有优异的光电性能和可调电子带结构等多种突出特性，已被广泛应用于锂离子电池、光催化等能源存储或转换领域。MoS_2 主要有三种可能的多晶体，包括 $1T\text{-}MoS_2$（空间群为 $P21/m$）、$2H\text{-}MoS_2$（空间群为 $P63/mmc$）和 $3R\text{-}MoS_2$（空间群为 $R3m$）。结合能较大的 $2H\text{-}MoS_2$ 相被视为热力学稳定的半导体，而 $1T\text{-}MoS_2$ 和 $3R\text{-}MoS_2$ 则是常见的中间相，具有金属特性。一般来说，MoS_2 的晶体结构是由堆叠的三明治状 S-Mo-S 层组成，各层之间存在微弱的范德瓦耳斯相互作用。具体来说，$2H\text{-}MoS_2$ 中的 Mo 原子和 S 原子配位形成 $[MoS_6]$ 三角棱柱单元，而 $1T\text{-}MoS_2$ 和 $3R\text{-}MoS_2$ 中的 Mo 原子和 S 原子相互连接形成 $[MoS_6]$ 八面体单元。S 原子在 c 轴方向上的堆积模式和层间距离的不同决定了 MoS_2 多晶体的不同特性和功能。例如，具有金属特征的二维 MoS_2 还可以通过水热合成固定为稳定的催化剂，用于高效制氢。此外，Anne Meier 通过在二氧化碳光还原应用中采用可调节的 CVD 合成工艺，证明了在 $2H\text{-}MoS_2$ 聚合物中加入可转移的 3R 相的好处。在花状 MoS_2 催化剂上产生的晶体缺陷和表面悬键有助于为二氧化碳分子和水的光驱动反应创造活性位点。此外，还开发了 MoS_2 与贵金属或其他半导体之间的复合材料，用于将二氧化碳高效光催化转化为碳氢化合物。

SnS_2：在非金属层状材料中，n 型半导体二硫化锡（SnS_2）具有 CdI_2 层状构型（$P3m1$ 空间群，$a = b = 0.3648\text{nm}$，$c = 0.5899\text{nm}$），其中两层六方紧密堆积的硫原子与一层锡原子夹在中间空间。相对较窄的带隙（$2.0 \sim 2.5\text{eV}$）和负还原电位理论上有利于可见光下的还原反应。此外，丰富的原料、环境友好性和低成本等优势使其在污染物修复和二氧化碳转化方面具有广泛的应用前景。值得注意的是，近五年来，SnS_2 在光催化 CO_2 转化为烃类燃料（如甲醇、甲烷）领域的研究正在兴起。虽然单组分 SnS_2 具有优异的光吸收能力和合适的能带结构，但它与大多数光催化剂一样，存在严重的电荷载流子重组问题，导致光催化活性不理想。

　　除了二元硫化物外，三元金属硫化物光催化剂在光催化二氧化碳还原应用中越来越有广阔的前景，例如，对 $ZnIn_2S_4$、$CdIn_2S_4$、$CuInS_2$ 等高效光催化剂的研究，以及各种改性策略的构建。偶尔也有关于 Cu_3SnS_4 和 $CuGaS_2$ 光催化剂的二氧化碳转化性能的报道。下面详细介绍这些三元金属硫化物光催化剂的晶体结构和光催化二氧化碳还原活性。三元 $ZnIn_2S_4$（ZIS）半导体作为铟基金属硫化物（MIn_2S_4）体系中的多型化合物，在温和条件下主要呈现热力学稳定的六方晶系，另外还有两种需要较高反应温度的多晶体（立方体和斜方体结构）。在这三种结构中，空间群为 $P63mc$ 的六方相 ZIS 因其独特的光学和电子特性以及较高的光催化活性而成为主要的研究目标。在其晶体结构中，S-Zn-S-In-S-In-S 沿 c 轴方向的堆叠源于 S 原子和 In 原子形成的八面体以及 Zn 原子和 In 原子与 S 原子配位形成的四面体。纳米板垂直组装的分层花状球体是六方 ZIS 常见的微观结构，这归因于其有序的各向异性生长过程。此外，ZIS 基材料还具有低毒性、可调带隙（$E_g = 2.2 \sim 2.6 eV$）和可见光响应以及良性光稳定性等各种诱人特性，因此在光催化应用（如 H_2 生产、污染物降解和 CO_2 转化）中很有吸引力。

　　$CdIn_2S_4$：作为 AB_2X_4 族的重要组成部分之一，三元硫化物半导体 $CdIn_2S_4$ 呈立方尖晶石构型，空间群为 $Fd3m$。在晶体结构中，S 原子与 Cd 原子连接形成 CdS_4 四面体，同时与 In 原子配位形成 InS_6 八面体。研究人员对 $CdIn_2S_4$ 的电子分布特征进行了研究，发现 CB 中出现的能量来自 Cd 原子和 In 原子的 5s 和 5p 轨道中的电子，而 VB 顶部则被 S 3p 轨道中的电子占据。由于 $CdIn_2S_4$ 具有相对较窄的带隙（$2.2 \sim 2.4 eV$）和较宽的光响应区域（>520nm），已将其用于各种光氧化反应，包括水分裂产生 H_2、CO_2 还原和细菌灭活。

　　$CuInS_2$：作为三元 I~III~VI2 族中的一员，$CuInS_2$ 包含三种多晶形态，包括黄铜矿结构、立方锌蓝晶结构和六方钨锌矿结构。一般来说，黄铜矿结构的 $CuInS_2$ 更容易在 1253K 以下形成，而其他两种相则被认为是黄铜矿相在高温下转化而来的高能转移态。在黄铜矿结构的 $CuInS_2$ 中，等价位点的 Cu 原子和 In 原子有序地排列在铜和铁阳离子的位置上，而其他两相 $CuInS_2$ 中的 Cu 原子和 In 原子则随机地排列在真正的锌蓝晶和乌兹晶的 Zn 晶格位点上。由于具有良好的光吸收特性，$CuInS_2$ 被开发成一种极具潜力和可持续的光催化候选催化剂，可用于 H_2 演化、CO_2 还原和污染物降解。

　　迄今为止，由于制备、结构和组成的复杂性，用于二氧化碳光氧化的四价金属硫化物还很少被探索。然而，近年来，作为 I2-II-IV-VI4 系统成员的四价

Cu_2ZnSnS_4（CZTS）半导体在太阳能光伏领域取得的巨大进步激发了人们对其光催化性能探索的浓厚兴趣，这得益于其固有的环境友好性、独特的光电特性以及窄带隙（≈1.5eV）和令人赞叹的光响应特性。在四元 CZTS 中可能会出现凯氏体、锡石结构和原始混合类 CuAu 结构，其中凯氏体基态结构可视为一种改良的 $CuInS_2$ 结构，其中两个 In 原子被 Zn 原子和 Sn 原子取代。CZTS 电子能带结构的第一性原理计算表明，CBM 和 VBM 的理想位置对 CO_2 分子的还原和 H_2O 的氧化非常有利。

6.2.6　有机半导体

光催化剂（包括均相和异相系统）是人工光合作用的核心。均相光催化剂主要是分子材料，具有明确且易于修饰的结构，是研究光催化结构-性质关系的良好候选材料。然而，均相催化剂和反应物易溶且混合均匀，这给催化剂循环带来了技术上的困难和经济上的劣势。对于异相光催化系统，催化剂和反应物存在于不同的物相中，易于重复使用并满足工业需求[15]。然而，对传统异相催化剂进行原子级结构控制以及相应的相关反应机理的精确研究通常具有挑战性。作为一种替代方案，由金属离子/簇和有机连接体构建的一类结晶多孔材料——金属有机骨架（MOF），具有原子级精确和可定制的结构以及独特的物理化学特性，弥补了异相催化剂和均相催化剂之间的差距。

MOF 由金属离子或团簇与多位有机连接体结合而成，通过金属配体配位键在三维（3D）空间形成结晶网络。这种新出现的无机-有机杂化材料具有类似半导体的行为，是光催化剂的绝佳候选材料，与传统半导体相比具有显著特点。MOF 骨架中的孔隙率特别高，可使活性位点更好地暴露在基质中，并有利于光生电荷/空穴的传输，MOF 的结构和化学可调性为带隙工程和（或）加入更多催化中心/位点提供了理想的平台。此外，局限在 MOF 中的催化活性位点可形成独特的微反应器，通过主客体相互作用改善底物的吸附和活化。总之，与传统半导体相比，MOF 具有以下重要特性：①超高孔隙率和表面积；②永久孔隙/通道；③高度暴露的催化活性位点；④功能性有机连接体；⑤足够的酸/碱位点；⑥易于定制的结构；⑦可设计的框架缺陷；⑧结构和性能的灵活性；⑨特定情况下的化学稳定性[16]。

与金属簇和有机连接体之间通过配位键结合的 MOF 不同，COF 完全由有机连接体通过网状化学共价键构建而成。由于 COF 具有较高的孔隙率和比表面积，而且结构可设计性相同，因此即使没有金属活性位点，COF 也具有与 MOF 相似的结构和催化特性。实际上，与 MOF 相比，COF 在用作光催化剂时具有几个特殊的优势：①基于强共价键的高化学稳定性和热稳定性；②由于在平面和堆叠方向上都具有扩展的 π-π 共轭结构，因此具有高电荷载流子迁移率。

　　在过去几十年中,一系列材料已被用作 CCS 催化剂,包括沸石、离子液体(IL)、纳米多孔材料、多孔有机聚合物、石墨烯、C_3N_4 材料、COF 和 MOF。由于太阳能的无限可用性,光催化二氧化碳还原是实现二氧化碳转化的最有吸引力和最有前途的策略[17]。首先,MOF 已被广泛用作二氧化碳捕集的吸收剂。在相对较高的负载压力下,由于具有巨大的内表面积和永久性孔隙/通道,二氧化碳捕获主要归因于物理吸附。在低负载压力下,MOF 与被吸附的二氧化碳分子之间的相互作用,即孔隙大小、极性和特定的表面功能位点起着重要作用,决定着二氧化碳的吸收能力。MOF 对二氧化碳的物理和化学吸附能力使其成为光催化还原二氧化碳的理想材料。另一方面,由于紫外线只占太阳光的 7% ,而大多数MOFs 只在紫外线范围内有较强的吸附能力,因此大多数研究人员把重点放在开发可见光驱动的 MOF 基材料上,以充分利用太阳能并提高光催化活性。

　　自发现以来,COF 就受到了广泛关注,并在包括光电子学在内的各个应用领域显示出巨大的潜力。COF 对酸、碱和高温等苛刻条件具有显著的稳定性,这确保了其在实际应用中的价值。可供选择的有机结构单元种类繁多,具有多种连接可能性,为结构设计和合成后修饰提供了无限的机会。用 N、S、卤素等杂原子对骨架进行额外的官能化处理,为结构的细化和特定应用的调整提供了可能。与含金属结构相比,作为非金属化合物,COF 具有更高的原子效率,不仅能降低应用材料的成本,还能极大地促进绿色化学原则和可持续发展[18]。同时,与 MOF相比,某些 COF 可能缺乏高结晶性,因为动态共价键化学在缺陷修正过程中的可操作性不强。另一方面,COF 的大规模制备并不容易,不过已经有一些成功的尝试。总之,尽管面临诸多挑战,COF 化学仍是材料科学中一个强大而有前途的领域。COF 中的 π-π 共轭网络和高度有序的孔阵列能够增强电子通过框架的传输。这种电荷分离可以调整带隙,使 COF 成为适用于光催化过程的优良半导体。

6.2.7　异质结

　　在光催化过程中,电子首先需要被具有足够能量的光子从半导体的价带(VB) 激发到其导带 (CB),在 VB 中留下空穴。对于光催化二氧化碳还原反应,产生特定产物的可能性取决于光催化剂 CB 的能级以及所需的二氧化碳还原产物的相应还原电位。因此,为了提高光活性,半导体的 CB 电位需要比相应的二氧化碳还原反应的 CB 电位负得多[19]。同时,在整个反应循环中,半导体的 VB 电位需要比氧化半反应的 VB 电位更正,这将阻碍光催化剂的光腐蚀。然而,单一半导体要同时具备二氧化碳还原反应和氧化半反应的整体电位是一项挑战;即使有这样的半导体,由于其带隙较宽,光响应范围也会大大缩小 [图6-4 (a)]。

　　在光催化过程中,这些半导体通常会受到光生电子-空穴对快速重组的影响,这明显降低了光转换效率,限制了它们的实际应用。因此,开发巧妙的方法来克服这些不足对提高光催化性能至关重要。迄今为止，人们已利用多种策略来提高光催化剂还原二氧化碳的活性。例如，添加辅助催化剂、掺杂和缺陷工程、晶面工程和控制形态。此外，通过耦合两种具有较窄带隙和合适带电位的半导体来构建异质结构也是可行的，因为这样可以充分利用每种成分的优点[19]。II型异质结是最典型的异质结结构之一，因为它经常出现在异质结结构中 [图6-4（b）]。显而易见，II型异质结系统的快速电荷转移途径可以抑制光生电子–空穴对的快速重组，促进其空间分离，从而大大提高太阳能的光电转换效率。然而，II型异质结中的电荷分离是通过牺牲具有较强氧化还原能力的光生电荷载流子来促进的，这不利于热力学要求较高的 CO_2 光还原反应。因此，当务之急是研究更高效的光催化系统，这些系统应同时具备卓越的氧化还原能力、高光利用率和电子–空穴分离效率，以实现二氧化碳还原[20]。

　　通常，Z型光催化系统由一个高 CB 位置的还原半导体（SC I）和另一个低 VB 位置的氧化半导体（SC II）组成。在光照射下，光生电荷载流子会形成独特的"Z"型传输路径 [图6-4（d）]，这使得 Z 型光催化系统与 II 型异质结光催化剂截然不同，尽管它们的能带结构相似。具体来说，在辐照条件下，电子从两种半导体的 VB 被激发到 CB，而光引发的空穴则留在它们的 VB 中。此后，SC II 的 CB 中的光激发电子转移到 SC I 的 VB 中与光诱导空穴重新结合，从而保留了这些光生电子和空穴，它们分别具有很强的还原能力和氧化能力。根据是否需要电子介质来实现 Z 型电荷转移机制，Z 型光催化系统主要分为间接型和直接型。毫无疑问，独特的 Z 型电荷转移机制使光催化系统的强氧化还原能力和宽光照响应范围相互兼容[21]。也就是说，所设计的 Z-scheme 光催化系统可以同时促进光收集，并分别保持还原性半导体和氧化性半导体的强还原性和强氧化性。此外，Z-scheme 系统所具有的快速电荷转移速率能显著抑制光诱导电子–空穴对的重组，从而提高有效电荷载流子的分离效率。此外，电荷载流子的分离还能进一步促进还原活性位点和氧化活性位点的空间分离，从而确保特定的光催化反应能在其相应的活性位点上发生。

6.2.8　等离子体共振

　　局部表面等离子体共振（LSPR）效应被称为共振光子诱导的价电子集体振荡，通常在被照亮的等离子体金属纳米结构（如金、银和铜纳米粒子）上观察到。几十年来，基于 LSPR 的光催化技术凭借其捕获光能并将其转化为化学能的高能力吸引了越来越多的关注。当质子金属纳米结构受到频率与金属纳米结构表面电子自然振荡频率相匹配的光子照射时，LSPR 效应就会产生，从而产生高能电子（也称为"热电子"）和空穴，分别驱动还原和氧化反应。一般来说，质子的弛豫时间为飞秒级。当等离子体金属纳米结构与半导体相邻，形成等离子体金

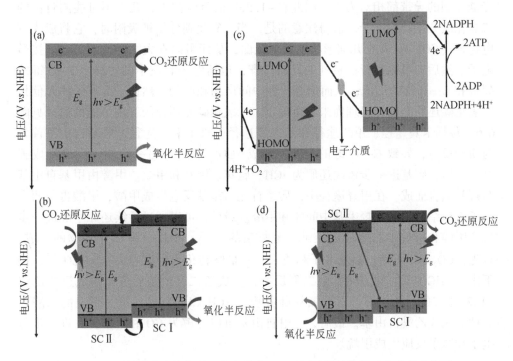

图 6-4　（a）单组分光催化剂上的光催化 CO₂ 还原过程的电荷迁移途径示意图；
（b）II 型异质结；（c）自然光合作用；（d）直接 Z-scheme 体系

属/半导体复合光催化剂时，由于等离子体激发的热电子可以从纳米结构注入半导体，因此这种弛豫过程会有效延长，这将有利于光催化[22]。

　　与基于半导体的光催化剂相比，质子光催化剂在光催化还原二氧化碳方面具有独特的优势：①质子纳米结构的引入可扩展光催化系统的响应光范围；②LSPR 的截面吸收比物理截面吸收高几个数量级，这意味着更高的吸光能力；③LSPR 激发可诱导同时产生电场、高能载流子和热效应，这可能为促进二氧化碳分子的活化提供协同效应。在质子光催化剂上进行二氧化碳光还原的过程通常包括 LSPR 的产生、质子纳米结构与半导体之间的能量转移以及表面的二氧化碳还原。

　　在 LSPR 的影响下，通过热电子注入或近场诱导激发，在等离子体光催化剂中形成移动电子和空穴，然后迁移到光催化剂表面引发反应。二氧化碳的还原过程涉及复杂的多质子/电子转移过程，而且在动力学上非常缓慢。各种二氧化碳还原物种形成所需的电位（与 pH=7 *vs.* SHE）和电子数见图 6-5。可以看出，推动 CO₂ 向 CO₂⁻ 的转化需要达到 -1.9eV 的电位（*vs.* SHE），这比形成任何 C₁ 产物所需的电位都要负，表明这一过程是反应的速率决定步骤。由于几乎所有半导体光催化剂的导带都相对为正，因此在–1.9eV 的负电位下，几乎不可能向自由的二氧化碳分子转移电子。值得注意的是，当二氧化碳分子被吸附时，它将成为带电物种（CO_2^{8-}），并在几何形状上发生扭曲，从而可以在大大降低的势垒下接受电子。然后，可以进行一系列的元素步骤，包括电子和质子的转移、C—C 键的裂解和 C—H 键的形成，从而形成各种中间产物和产物。然而，等离子体光催化二氧化碳还原的确切机理尚未完全确定。二氧化碳光还原的三种可能的途径见图 6-6，包括卡宾途径、甲醛途径和乙二醛途径。对于卡宾途径，羧基自由基首先与质子反应，导致 C—O 键的裂解，形成 ·CO，然后与另一个质子反应生成碳基。之后，碳基进一步依次还原为 ·CH、碳宾、甲基和甲烷。甲醇由甲基自由基与羟基结合而成。在甲醛途径中，质子首先与羧基反应生成甲酸，甲酸再与两个质子先后结合生成二羟甲基中间体和甲醛。最后，可以通过后续还原甲醛进一步生产甲醇和甲烷。乙二醛途径是一个复杂的途径，涉及一些 C_2 化合物的形成。首先，CO_2 分子不断地接受电子和质子，并最终转化为甲酰自由基 ·HCO[23]。接下来，·HCO 自由基之间发生二聚反应，生成乙二醛，然后依次生成反式乙烷–1,2–半二酮、乙二醛、乙烯氧基自由基（·CH_2CHO）和乙醛。形成的乙醛然后被氧化成乙酰自由基。最后，乙酰自由基可以分解为 CO 和甲基，并进一步与电子和质子反应生成甲烷。

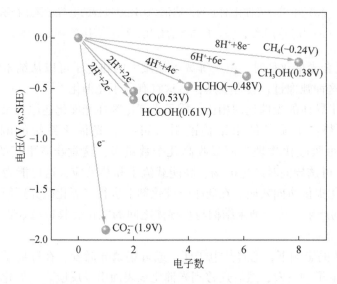

图 6-5　pH 为 7 的水溶液中，CO_2 光还原的一些主要产物及其对应的氧化还原电位的变化

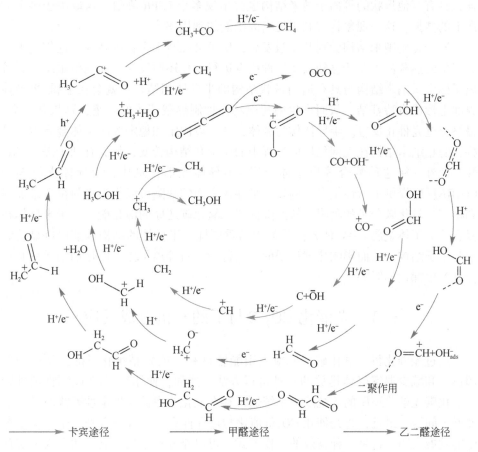

图 6-6　提出了三种 CO₂ 光还原的反应路径

质子纳米粒子的 LSPR 吸收与尺寸高度相关。一般来说，随着等离子纳米粒子尺寸的增大，LSPR 吸收峰会变宽并向长波长区域移动，这是由于多极激发的增加。此外，尺寸也会影响热电子的激发和注入。随着纳米粒子尺寸的增大，等离子纳米粒子周围的局部电场逐渐增大，热电子的产生也随之增加。还有人认为，尺寸相对较大的等离子纳米粒子能更有效地将热电子注入邻近的半导体，而尺寸较小的粒子则效率较低，这与热电子还原电势的变化有关。需要注意的是，尺寸过大的等离子粒子可能只起到电子-空穴重组汇的作用，而尺寸过小的等离子粒子通常表现出有限的等离子效应。等离子纳米结构形状的不同会导致 LSPR 吸收峰的位置和数量的不同。峰的位置和数量不同。例如，质子纳米球的电子云在各个方向上的分布相同，因此会产生一个 LSPR 吸收峰，而棒状质子纳米粒子通常会出现两个 LSPR 吸收峰，因为它们在横向和纵向具有不同的共振模式。同样，具有其他形状的等离子纳米结构也会出现多个 LSPR 峰值，这取决于多个方向上的共振。这一现象将有利于提高太阳能的利用率[24]。

质子金属纳米结构受到共振激发后，质子会在几十飞秒内弛豫，这使得大部分产生的热载流子在迁移到表面活性位点进行氧化还原反应之前发生重组。将等离子体金属纳米结构与具有适当带状结构的半导体相结合，就会在金属/半导体界面上形成肖特基结，从而产生内建电场，抑制热载流子的重组，延长其寿命，最终促进光催化反应。半导体作为载体，还可以固定和稳定等离子体金属纳米结构，防止纳米结构在光催化反应过程中的团聚和结构转变，从而有利于提高稳定性。此外，在这种复合等离子体金属-半导体光催化剂中，半导体支持剂为 CO_2RR 反应提供了活性位点。例如，半导体表面的缺陷可以作为吸附位点来加强和稳定二氧化碳分子的吸附，从而降低了二氧化碳还原的活化能。鉴于半导体在复合等离子体金属-半导体光催化剂中的重要性，半导体的结构调节可以显著影响其电子结构，从而影响热载流子的注入行为，对等离子体光催化剂的活性和选择性产生深远的影响。

6.3 光催化 CO_2 参与下的有机合成反应

通过光催化将二氧化碳还原成太阳能燃料和（或）精细化学品，是增加能源供应和减少温室气体排放的一种可行方法。然而，使用纯 H_2O 或牺牲剂进行二氧化碳光催化还原的传统反应系统通常存在催化效率低、稳定性差或原子经济性低等问题。最近，将光催化 CO_2 价值化与选择性有机合成整合到一个反应系统中的发展表明，这是一种高效的工作方式，可以充分利用光生电子和空穴来实现可持续经济和社会发展的目标[25]。

由于化石燃料的快速燃烧导致二氧化碳排放过多，引起了人们对气候变化和相关环境问题的极大关注。考虑到二氧化碳是一种经济、丰富和可再生的一碳（C_1）来源，将二氧化碳回收利用作为制造化学品和液体能源载体的原料，为创造可再生碳经济提供了可能。由于二氧化碳中的碳原子以最氧化的形式存在，相对来说很稳定，因此二氧化碳的活化和转化需要大量的能量。利用可持续的太阳能，通过异相光催化技术实现二氧化碳的价值化，具有操作简便、便于连续工业过程应用和可回收利用等优点。因此，它为产生高能电子和空穴以引发氧化还原转化提供了一种既经济又环保的途径。

在光催化二氧化碳转化的各种反应体系中，将二氧化碳还原与 H_2O 氧化耦合反应是一种理想的绿色工艺。然而，在非自然环境中，由于 O_2 演化的过电位较大，H_2O 是一种较差的电子供体。另一方面，O_2 和 H_2O 可能会接受电子，与 CO_2 的还原半反应竞争，并产生一系列破坏系统的活性氧（ROS）。此外，在中性

pH 下，CO_2 在 H_2O 中的溶解度较低，因此 CO_2 光还原过程将与 H_2 演化过程竞争。这些热力学和动力学限制共同导致光催化二氧化碳转化的效率低、选择性差。为了解决这些问题，通常采用三乙醇胺（TEOA）、乙醇和异丙醇等牺牲剂作为电子供体来捕获空穴，从而促进二氧化碳的光氧化还原。然而，这种策略也有一些缺点：浪费空穴能量，带来无用的氧化产物，增加系统成本。

将光催化二氧化碳增值与有机合成整合到一个反应系统中，开辟了一条极具吸引力的途径，可协同利用光激发电子和空穴，实现经济和社会可持续发展的目标。有机底物可以替代 H_2O 或空穴清除剂来生产高附加值化学品，同时注入质子和电子的还原等价物来促进 CO_2 的活化/还原，从而提高耦合反应系统的稳定性和整体催化效率。另外，厌氧反应气氛和涉及二氧化碳还原与有机合成的丰富反应中间产物，也可以为将二氧化碳价值化和有机物转化整合为一个反应系统提供兼容和有利的条件。考虑到这些协同效应，与使用 H_2O 或牺牲试剂进行单一功能的 CO_2 光还原相比，这种耦合策略在更有效地利用电子和空穴合作进行可持续光氧化催化方面更具吸引力。

鉴于最近光催化 CO_2 耦合策略在光催化二氧化碳价值化和有机合成领域的迅猛发展和巨大潜力，非常需要对这一新兴课题进行及时和全面的概述。这里，我们将注意力从传统的单一功能光催化反应转向合作反应系统，即通过异相光氧化催化将二氧化碳的价值化与有机合成结合起来，涵盖了耦合战略的基本方面、最新进展的重要见解、该领域的主要挑战以及巨大的前景和机遇。

6.3.1　异相光催化 CO_2 还原与有机反应相结合的机理和优势

传统的有机合成化学方法通常需要高温高压等苛刻的操作条件。光催化有机合成的特点是在温和的条件下进行反应，是一种可行的替代方法。此外，半导体光催化技术可在单个物质上同时产生氧化性和还原性物质，因此在通过光催化氧化/还原途径或结合这两种途径合成有机化合物方面显示出极大的多功能性。通常，有机化合物的光催化选择性氧化是在有氧反应条件下进行的，通常以空气（或 O_2）作为氧化剂 [图 6-7（a）]。在大多数情况下，大多数半导体的 VB 具有高度氧化性，可以直接氧化吸附在催化剂表面的物质。当使用 H_2O 作为溶剂时，空穴可氧化吸附的 H_2O 或表面羟基（–OH），形成氧化羟基自由基（·OH）。CB 电子通常会还原 O_2 并生成超氧自由基（$·O_2^-$）。H_2O_2 将通过 $·O_2^-$ 的歧化作用产生，或直接通过 O_2 的双电子还原或 H_2O 的双孔氧化作用产生。单线态氧（$^1O_2$）可通过光敏剂的三重态向 O_2 的能量转移或通过 $·O_2^-$ 与被捕获空穴的氧化作用形成[26]。

这些衍生的 ROS（·OH、$·O_2^-$、H_2O_2 和 $^1O_2$ 自由基）可在光催化剂表面或其附近参与各种氧化反应。控制它们的生成对于设计反应途径至关重要。·OH 自由基是一种高度非选择性的氧化剂，可将有机化合物矿化为小分子无机物。这种对氧化反应途径的不良影响可以通过调节 H_2O 与有机化合物之间的临界摩尔比来控制。·O_2^- 自由基的强氧化能力也会导致不可控的自氧化产物，这也是传统有氧氧化法对所需产物选择性低的主要原因。H_2O_2 不仅可以直接活化有机分子，还可以作为 ·OH 的来源，通过分解有效地活化健壮的键，如苯的不饱和 C (sp^2) —H 键和饱和碳氢化合物的 C(sp^3) —H 键。与 ·OH 和 ·O_2^- 相比，$^1O_2$ 的氧化能力更适中，可在驱动氧化过程的同时有效避免过氧化。基于之前对 $^1O_2$ 生成和反应性以及利用 $^1O_2$ 选择性合成各种有机化合物的研究，进一步探索 $^1O_2$ 物种的生成及其在耦合反应体系中的参与，可在提高总催化活性和选择性方面发挥重要作用[27]。如图 6-7（b）所示，VB 可以将有机底物氧化成相应的氧化产物。同时，底物中的 C—H 键被裂解，形成 H^+ 或其他 H 物种，然后被 CB 电子还原成 H_2 分子。这些开创性的研究和积极的成果极大地激发了人们对二氧化碳还原和选择性有机合成耦合反应系统的探索。

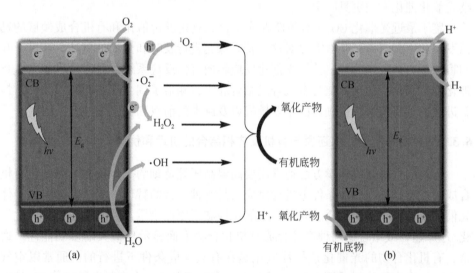

图 6-7　光催化"选择性"氧化偶氮化合物的图解
（a）以 H_2O 为溶剂的好氧气氛；（b）厌氧环境

　　耦合策略将光催化二氧化碳的有效利用与有机合成整合到一个反应系统中，是一种双赢的策略。一项全面的文献调查显示，耦合反应系统有以下几个优点。①有机基质可替代牺牲剂捕获光生空穴，提高整体催化效率。同时，二氧化碳转化的厌氧反应气氛可为有机物的选择性氧化提供有利条件，从而同时产生有价值的产物。②光催化氧化有机反应体系中二氧化碳的存在有助于提高某些有机转化的产率和（或）选择性，例如将水性苯酚氧化为对苯二酚、将环己烷氧化为环己酮或环己醇，以及胺的脱氢或氧化偶联。③溶解的二氧化碳可以降低溶液的pH并改变溶液的极性，增强产物的解吸能力，防止连续氧化，而催化剂表面的碳酸盐类物质可以提高电荷载流子分离的效率。④更深入的研究表明，二氧化碳可能参与了氧化半反应，帮助催化反应。总之耦合策略提供了一个优异的解决方案。设计具有成本效益的系统，实现二氧化碳的价值化和有机物转化，从而促进其实际应用，实现太阳能到燃料的高效转换。

迄今为止，基于这种耦合策略的反应系统可分为两大类。一类是以特定的反应系统利用 CO_2 作为可再生的 C_1 中间体以合成高附加值有机化学品［图 6-8 (a)］。在目前已确立的光诱导二氧化碳插入有机底物的过程中，提出了不同的反应机制，包括活性有机底物或中间体与二氧化碳的直接偶联，以及有机自由基与一电子还原的 CO_2 种（ $\cdot CO_2^-$ ）或二氧化碳的其他还原产物［如甲酸 (HCOOH)］的偶联。另一类是近年来构建的二氧化碳还原与氧化有机合成协同光氧化反应的双功能反应系统［图 6-8 (b)］。在该系统中，电子和空穴分离，并分别用于二氧化碳还原和有机物氧化，从而同时产生有价值的氧化和还原产物。

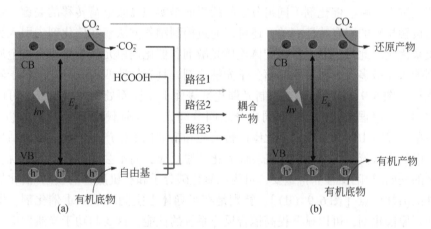

图 6-8　光催化二氧化碳价值化与有机合成耦合反应系统示意图

(a) 将二氧化碳插入有机底物的耦合策略；(b) 将二氧化碳还原与有机合成耦合的双功能反应

为了实现耦合反应，采用具有合适带边位置的半导体至关重要。首先，半导体的能带位置应符合氧化还原电位的具体要求，以便顺利产生耦合反应中涉及的相关氧化/还原物种。一般来说，对于配对反应系统而言，CB 级应比 CO_2 的还原电位更负，而 VB 级应比有机底物的氧化电位更正。图 6-9 (a) 显示了几种半导体光催化剂在 pH 为 7 的溶液中，相对于二氧化碳还原和典型有机合成过程中可能涉及的产物/自由基的氧化还原电位的能带排列。如 CdS、$ZnIn_2S_4$、$BiVO_4$ 和

g-C_3N_4等具有适当波段排列的可见光响应半导体，在二氧化碳还原和某些典型的有机化合物氧化方面都具有能力和竞争力。这些半导体的热力学驱动力可通过构建异质结构进一步调整 [图6-9（b）]，这为操纵目标化合物的选择性提供了一种可行的方法。至于具有高氧化还原能力的大带隙半导体，如 TiO_2 和 ZnS，掺入适当的掺杂剂以形成局域或脱局域电子态，并采用质子金属或染料作为光敏剂，是将其光吸收率扩大到宽光谱以驱动耦合反应的可行方法 [图6-9（b）]。众所周知，在厌氧反应条件下，CdS、ZnS 和 $ZnIn_2S_4$ 等金属硫化物通常会受到光腐蚀，这是因为过量的光诱导空穴积累会将表面硫离子（S^{2-}）不可逆地氧化为硫（S^0）。在这方面，牺牲剂通常在及时有效地消耗反应体系中的光生空穴以防止空穴诱发腐蚀方面发挥着重要作用。对于光催化 CO_2 价值化与有机合成相结合的耦合反应体系，有机基质有责任加速光催化剂表面的空穴消耗，以确保半导体的光催化稳定性和活性，这进一步强调了合理调节反应条件的重要性。

半导体的带隙工程和带排列在调节光催化反应过程中电荷载流子的光收集和热力学方面起着至关重要的作用。除这些热力学参数外，与动力学相关的光化学和光物理性质、电荷载流子转移效率、反应位点和表面反应速率也对耦合反应系统产生重大影响。催化剂不同组分之间的界面是实现高效电荷转移的关键，这不仅与接触材料的固有特性有关，还可以通过控制制备方法或在催化剂中引入界面介质来优化。此外，通过桥接配体连接光敏剂和催化剂单元或直接将有机金属催化剂拴入光敏多孔有机基质的超分子光催化剂，具有加速两种成分之间电子转移的优势 [图6-9（c）]。适当控制光催化剂表面下或界面处的内置电场，可以提供驱动力，以理想的方式在不同成分之间分离光生电荷载流子 [图6-9（c）]。要在单个隔室中同时实现二氧化碳的价值化和精细化工生产，需要丰富的活性位点，以加强载流子的转移和促进表面氧化还原反应，而不会受到相反的干扰。催化剂的表面/缺陷工程非常重要，可为二氧化碳分子和有机底物的吸附/活化提供额外的活性位点 [图6-9（d）]。特别是在半导体上空间沉积双重催化剂，即氧化和还原催化剂，可以显著提高耦合反应系统的性能，这要归功于光激发电子和空穴的快速协同消耗。但在不同的反应条件（如溶剂、辐照源和温度）、有机基质的类型/浓度以及半导体的尺寸/形态下，与热力学和动力学相关的光化学或光物理过程会有所不同。

6.3.2　光催化 CO_2 嵌入有机反应中

由于二氧化碳的热力学稳定性和动力学惰性，传统的以二氧化碳为原料进行有机合成的二氧化碳插入反应需要高活性反应物或苛刻的反应条件。光催化将 CO_2 与有机化合物固定在一起可规避这些要求，方法是采用半导体作为催化剂来收集光能，从而为有机底物和 CO_2 的价值化开辟一条新途径。迄今为止，通过光

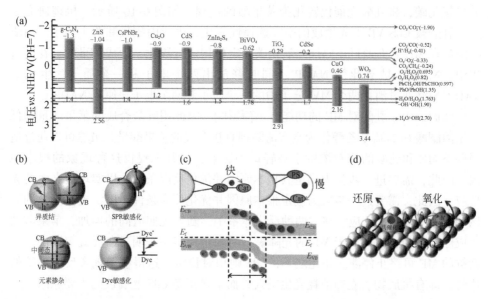

图 6-9　（a）在 pH 为 7 时，各种半导体或光催化剂相对于参与 CO$_2$ 还原和典型有机合成的化合物与自由基的氧化还原电位的带边位置，促进 CO 还原与有机合成耦合反应的策略；（b）带隙工程、异质结构构建、用于光收集的表面等离子体共振；（c）用于电荷转移的界面优化；（d）用于 CO$_2$ 和有机基质的吸附活化以及表面反应的缺陷和共催化剂工程

催化羧化作用将二氧化碳插入有机基质中形成 C—C 键的过程，根据半导体的相对带隙排列以及二氧化碳和有机物的氧化还原电位，已知可通过三种机制进行。具体来说，①如果有机化合物能被光生空穴激活，形成高能反应性有机中间体，这些有机中间体就能很容易地与 CO$_2$ 形成新的 C—C 键，同时消耗电子。如果采用 CB 值过低的半导体作为光催化剂来启动 CO$_2$ 的还原反应，这种反应途径就能发挥作用。②如果光催化剂能够还原 CO$_2$ 并形成单电子还原产物（即 ·CO$_2^-$，则生成的 ·CO$_2^-$ 可与光生空穴同时诱导的另一个有机自由基顺利耦合，形成 C—C 耦合产物。③对于没有足够还原电位来实现 ·CO$_2^-$ 的光催化剂，二氧化碳可能首先被还原成多电子还原产物，因为二氧化碳的多电子还原在热力学上更为有利。然后，这些产物与同时被空穴诱导的活性有机自由基相互作用，生成目标产物。

1. 有机中间体与二氧化碳的耦合

1992 年，Inoue 等以 CdS 和苹果酸酶（ME）为催化剂，以 2-巯基乙醇为空穴清除剂，以甲基紫精（MV）、烟酰胺腺嘌呤二核苷酸磷酸（NADPH）和铁氧还原酶（FNR）为电子介质，实现了二氧化碳固定在丙酮酸中生成苹果酸。为了避免使用空穴清除剂，他们进一步研究了通过固定乳酸氧化的中间产物丙酮酸中的二氧化碳，将乳酸光催化转化为苹果酸的过程。如图 6-10 所示，机理研究表明，乳酸被 CdS VB 上光生成的空穴选择性氧化，生成丙酮酸和两个质子。丙酮酸随后在 ME 表面通过还原性二氧化碳固定作用进行羧化，生成苹果酸，在此过程中，NADPH 被氧化为 NADP⁺，同时释放出两个电子和一个质子。生成的 NADP⁺ 最终通过消耗两个 MV⁺ 分子中的一个质子和两个电子还原成 NADPH。

　　然而，由于乳酸对 ME 的功能有负面影响，因此用乳酸合成的苹果酸量远低于用丙酮酸和 2-巯基乙醇作为空穴清除剂直接合成的苹果酸量。虽然可以通过适当调整 ME 和乳酸的相对浓度来减轻这种影响，但并未提供这种现象的根本原因。因此，需要进一步努力确定其根本原因并优化反应条件，以实现更高效的光反应。因此，需要进一步努力确定根本原因并优化反应条件，以实现更高效的光诱导酶促 CO_2 固定反应。在这两种反应体系中，随着光照时间的增加，苹果酸的生成停滞不前，这归因于 ME 的光降解，因为对照实验表明，向反应溶液中添加新鲜的 ME 可终止停滞。相比之下，CdS 则相对稳定，这得益于耦合反应系统的优势，即有机底物会立即消耗光生空穴，而空穴正是 CdS 光腐蚀的主要原因。

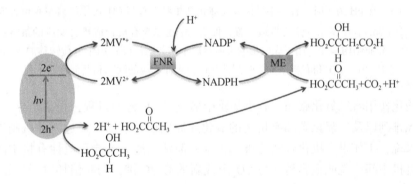

图 6-10　通过丙酮酸与 CO_2 的偶联，光催化将乳酸转化为苹果酸的反应方案

2. 有机自由基与二氧化碳 $\cdot CO_2^-$ 物种的耦合

　　在二氧化碳的价值化过程中，由于二氧化碳分子的线性结构与 $\cdot CO_2^-$ 自由基阴离子的弯曲结构之间存在很高的重组能，因此将二氧化碳直接还原为活性 $\cdot CO_2^-$ 是一大挑战。当半导体具有将 CO_2 还原成 $\cdot CO_2^-$ 的强大还原能力时，形成的 $\cdot CO_2^-$ 物种可作为亲核物与催化剂表面的空穴氧化有机自由基偶联。光诱导一电子还原 CO_2 到 $\cdot CO_2^-$ 已成为一个重要而活跃的研究领域，在羧化反应中具有广阔的应用前景。

　　2014 年，Macyk Q 小组研究了 Ru@ZnS 催化乙酰丙酮（acac）与 CO_2 的光催化羧化反应，该反应同时生成 2-乙酰基-3-氧代丁酸和 3，5-二氧代己酸。提出的机理包括①来自 ZnS CB 的电子通过 Ru 介导的单电子将 CO_2 还原成 $\cdot CO_2^-$；②将 acac 单孔氧化成相应的自由基；③ $\cdot CO_2^-$ 和 acac 衍生的自由基耦合形成目标产物。使用 5,5-二甲基-1-吡咯啉-N-氧化物（DMPO）作为自旋捕获剂进行的自旋捕获 EPR 实验证实了 $\cdot CO_2^-$ 的产生。$\cdot CO_2^-$ 的生成需要特别强的还原剂，而根据提供的 ZnS CB 值，它无法满足 $\cdot CO_2^-$ 生成的要求。上述矛盾可以用制备的 ZnS 的特殊结构来解释，它具有结晶度低和缺陷丰富的特点。为了进一步证实这一推测，作者比较了用不同合成方法制备的两种材料（ZnS-A 和 ZnS-B）的光催化性能，认为反应活性的差异与它们的形态、带隙排列、CB 边电位和表面状态的不同有关。遗憾的是，本研究没有对制备的 ZnS 的实际能带结构进行实验测量，也缺乏 ZnS 的光稳定性测试。

3. 有机自由基与二氧化碳还原产物的耦合

对于没有足够负 CB 电位来实现 CO_2 单电子还原的半导体，通过质子辅助多电子还原途径进行 CO_2 光还原在热力学上更为有利。根据典型的催化剂和反应体系，提出了有机自由基与 CO_2 还原产物（如 HCOOH 的双电子还原产物）耦合的具体反应机制。Sclafani 等利用基于半导体（TiO_2、WO_3）的催化剂实现了光催化将 CO_2 加入苯酚，所使用半导体的 CB 和 CO_2 的氧化还原电位（$CO_2+e^-+H_3O^+ \longrightarrow \cdot CO_2H+H_2O$）。即使考虑到二氧化碳的吸附能和表面态的形成，式（6-1）的热力学与半导体的 CB 水平之间的差距仍然过大。因此，还原反应不可能通过式（6-1）进行。由于式（6-4）的热力学电势（$-0.11V$ *vs.* SHE）比半导体的 CB 更负，因此假定 CO_2 首先被还原成 HCOOH，然后转变成羧基（$\cdot CO_2H$），再与空穴氧化的苯酚自由基偶联形成 2-羟基苯甲酸。

同时，吸附的—OH 可被光生空穴氧化形成 $\cdot$OH，然后与苯酚自由基偶联形成邻苯二酚。需要注意的是，$\cdot$OH 可进一步侵蚀邻苯二酚和 $\cdot CO_2H$，生成 CO_2 和 H_2O [式（6-9）]，或侵蚀 2-羟基苯甲酸，生成其他氧化产物，并随后裂解芳香环，这是非常不可取的。也许微反应器和连续生产工艺更适合这种反应。此外，除了儿茶酚和 2-羟基苯甲酸之外，这项研究还没有发现 HPLC 分析检测到的其他未知产物，这一点令人遗憾。值得注意的是，当使用不同的催化剂时，由于吸附的各种物质之间的竞争氧化作用，产物比例也不同。例如，锐钛型二氧化钛有利于生成 2-羟基苯甲酸，而 Pt（2.0 wt %）-WO_3 则会大量生成邻苯二酚。此外，还发现 TiO_2（Degussa P25）和金红石型 TiO_2 的光活性低于锐钛型 TiO_2。这项工作表明，通过调节半导体催化剂的表面物理化学和电子特性，可以有效地操纵耦合反应系统的反应性。

$$CO_2 + e^- + H_3O^+ \xrightarrow{\quad\times\quad} \cdot COOH + H_2O \tag{6-1}$$

$$TiO_2 + h\nu \longrightarrow TiO_2(h_{vb}^+, e_{cb}^-) \tag{6-2}$$

$$CO_{2(gas)} \rightleftharpoons CO_{2(sol)} \rightleftharpoons CO_{2(ads)} \tag{6-3}$$

$$CO_{2(ads)} + 2e^- + 2H_3O^+ \longrightarrow HCO_2H_{(ads)} + 2H_2O \tag{6-4}$$

$$HCO_2H + h^+ + H_2O \longrightarrow \cdot CO_2H + H_3O^+ \tag{6-5}$$

$$OH_{(ads)}^- + h^+ \longrightarrow \cdot OH \tag{6-6}$$

苯酚 $_{(ads)}$ $+ h^+ + H_2O \longrightarrow$ 苯酚自由基 $_{(ads)}$ $+ H_3O^+$ (6-7)

苯氧自由基 反应生成 3-羟基苯甲酸（$\cdot CO_2H$ 路径）和 邻苯二酚（OH^- 路径） (6-8)

$$\cdot CO_2H + \cdot OH \longrightarrow CO_2 + H_2O \tag{6-9}$$

最近，Aresta 等进一步研究了使用填充氧化石墨烯（PGO）和负载 CuO 组成的催化剂光催化 CO_2 插入 acac 的 C—H 键的情况。在白光照射下，裸露的 PGO 上形成了两种异构体羧酸：2-乙酰基-3-氧代丁酸（产率为 1.26%）和 3,5-二氧代己酸（产率为 2.3%），而空白的 CuO 上仅产生了微量的羧化产物。在负载了 CuO 的 PGO（即 CuO@PGO）上，由于催化剂物种之间的协同效应，总产物产率提高 10% 以上（2-乙酰基-3-氧代丁酸和 3,5-二氧代己酸的产率分别为 4.54% 和 5.66%）。值得注意的是，与 Ag/AgCl 相比，PGO 和 CuO@PGO 的 CB 电平约为 $-1V$，比 $CO_2/\cdot CO_2^-$ 的氧化还原电位更正，因此无法驱动 CO_2 单电子还原为 $\cdot CO_2^-$。因此，羧酸盐产物的生成不能用有机底物与 CO_2 有机底物与 $\cdot CO_2^-$ 自由基形成 C—C 键。

一般来说，羧化过程是由 acac 被一孔氧化成相应的自由基［即 $\cdot acac_{(-H)}$］，然后将两个电子和两个质子转移到 CO_2 形成 HCOOH 开始的，其氧化还原性质与光催化剂的氧化还原性质相一致。最后，通过 ·$acac_{(-H)}$ 和 HCOOH 之间的相互作用产生了羧酸盐产物。在二氧化碳气氛下进行的反应中，混合物中直接检测到了 HCOOH，从而验证了羧化过程中 HCOOH 的存在；在氮气气氛而不是二氧化碳气氛下，所有其他反应条件相同的情况下，检测到了 HCOOH 直接羧化生成 acac 的过程中产生 $acac_{(-H)}$-CO_2H。由 acac 底物提供的两个不同的羧化反应位点内部亚甲基（—CH_2）和末端甲基（—CH_3）——分别导致生成 2-乙酰基-3-氧代丁酸和 3,5-二氧代己酸。

尽管在通过异相光催化将二氧化碳插入有机基质这一前景广阔的策略中提出了不同的反应机制，但所宣称的机制主要是推测性的，并以在原位条件下检测到的反应性 ·CO_2^- 物种为基础。我们非常需要直接证据来验证其他反应性自由基和中间产物。在这种情况下，应更加重视设计可靠的原位检测策略，如原位 EPR、原位 FTIR 和原位拉曼光谱，以跟踪形成的自由基或中间产物，从而进一步证实所提出的机制和（或）发现新的潜在反应途径。同时，还可进行同位素标记实验（如 $^{13}CO_2$），以确认二氧化碳是否成功进入有机底物以及确切的反应机制。迄今为止，通过异质光催化技术实现这一策略的研究还非常有限。与此形成鲜明对比的是，许多研究通过均相光催化成功地实现了从二氧化碳和各种有机底物开始的 C—C 键形成，包括 $C(sp^3)$—X（X=H、N）键、$C(sp^2)$—X（X=H、N、卤化物）键和 $C(sp)$—H 键的羧化，甚至只用温和的电子供体，如胺、汉茨酯和甲酸酯。

6.3.3　CO_2 还原与有机选择性氧化合成反应的耦合

除了直接将二氧化碳光催化插入有机底物外，构建一个双功能光催化反应系统，将二氧化碳还原和氧化有机合成配对进行合作反应，为实现二氧化碳和有机物的同时价值化提供了另一种耦合策略。此外，双功能反应系统还能同时在还原和氧化两端生产出更有价值的化学产品。近年来，这种双功能光催化反应系统已经建成并得到深入研究。典型的例子包括 CO_2 还原与醇氧化的耦合、不饱和 C—C 键的氧化、碳氢化合物脱氢以及胺氧化成亚胺[27]。

参 考 文 献

[1] Liang X, Wang X, Zhang X, et al. Frustrated Lewis pairs on In（OH）$_{3-x}$ facilitate photocatalytic CO_2 reduction. ACS Catalysis, 2023, 13（9）：6214-6221.

[2] Liu Z, Xu B, Jiang Y J, et al. Photocatalytic conversion of methane: current state of the art, challenges, and future perspectives. ACS Environmental, 2023, 3（5）：252-276.

[3] Wang X, Ma R, Li S, et al. *In situ* electrochemical oxyanion steering of water oxidation electro-catalysts for optimized activity and stability. Advanced Energy Materials, 2023, 13（24）：2300765.

[4] Yuan L, Qi M Y, Tang Z R, et al. Coupling strategy for CO_2 valorization integrated with organic synthesis by heterogeneous photocatalysis. Angewandte Chemie, 2021, 133 (39): 21320-21342.

[5] Zhang M, Mao Y, Bao X, et al. Coupling benzylamine oxidation with CO_2 photoconversion to ethanol over a black phosphorus and bismuth tungstate S-scheme heterojunction. Angewandte Chemie International Edition, 2023, 135 (36): e202302919.

[6] Huo H, Wu F, Kan E, et al. Overall photocatalytic CO_2 reduction over heterogeneous semiconductor photocatalysts. Chemistry-A European Journal, 2023, 29 (40): e202300658.

[7] Domínguez-Espíndola R B, Arias D M, Rodríguez-González C, et al. A critical review on advances in TiO_2-based photocatalytic systems for CO_2 reduction. Applied Thermal Engineering, 2022, 216: 119009.

[8] Yang G, Zhu X, Cheng G, et al. Engineered tungsten oxide-based photocatalysts for CO_2 reduction: categories and roles. Journal of Materials Chemistry A, 2021, 9 (40): 22781-22809.

[9] Zhang W, Mohamed A R, Ong W J. Z-scheme photocatalytic systems for carbon dioxide reduction: where are we now? . Angewandte Chemie International Edition, 2020, 59 (51): 22894-22915.

[10] Liu L, Wang S, Huang H, et al. Surface sites engineering on semiconductors to boost photocatalytic CO_2 reduction. Nano Energy, 2020, 75: 104959.

[11] Gao W, Li S, He H, et al. Vacancy-defect modulated pathway of photoreduction of CO_2 on single atomically thin $AgInP_2S_6$ sheets into olefiant gas. Nature Communications, 2021, 12 (1): 4747.

[12] Wang F, Lu Z, Guo H, et al. Plasmonic photocatalysis for CO_2 reduction: advances, understanding and possibilities. Chemistry-A European Journal, 2023, 29 (25): e202202716.

[13] Cheng S, Sun Z, Lim K H, et al. Emerging strategies for CO_2 photoreduction to CH_4: from experimental to data-driven design. Advanced Energy Materials, 2022, 12 (20): 2200389.

[14] Qin D, Zhou Y, Wang W, et al. Recent advances in two-dimensional nanomaterials for photo-catalytic reduction of CO_2: insights into performance, theories and perspective. Journal of materials chemistry A, 2020, 8 (37): 19156-19195.

[15] Zhou Y, Wang Z, Huang L, et al. Engineering 2D photocatalysts toward carbon dioxide reduction. Advanced Energy Materials, 2021, 11 (8): 2003159.

[16] Zhang W, Jin Z, Chen Z. Rational-designed principles for electrochemical and photoelectrochemical upgrading of CO_2 to value-added chemicals. Advanced Science, 2022, 9 (9): 2105204.

[17] Wagner A, Sahm C D, Reisner E. Towards molecular understanding of local chemical environment effects in electro- and photocatalytic CO_2 reduction. Nature Catalysis, 2020, 3 (10): 775-786.

[18] Wang J, Lin S, Tian N, et al. Nanostructured metal sulfides: classification, modification strategy, and solar-driven CO_2 reduction application. Advanced Functional Materials, 2021,

31（9）：2008008.

[19] Xin Z K, Huang M Y, Wang Y, et al. Reductive carbon-carbon coupling on metal sites regulates photocatalytic CO_2 reduction in water using ZnSe quantum dots. Angewandte Chemie International Edition, 2022, 61（31）：e202207222.

[20] Bui T S, Lovell E C, Daiyan R, et al. Defective metal oxides: lessons from CO_2RR and applications in NO_xRR. Advanced Materials, 2023, 35（28）：2205814.

[21] 罗志斌, 龙冉, 王小博, 等. 热增强的光催化二氧化碳还原技术. 化工进展, 2021, 40（9）：5156-5165.

[22] Luo T, Gilmanova L, Kaskel S. Advances of MOFs and COFs for photocatalytic CO_2 reduction, H_2 evolution and organic redox transformations. Coordination Chemistry Reviews, 2023, 490：215210.

[23] Sun K, Qian Y, Jiang H L. Metal-organic frameworks for photocatalytic water splitting and CO_2 reduction. Angewandte Chemie International Edition, 2023, 62（15）：e202217565.

[24] Gong E, Ali S, Hiragond C B, et al. Solar fuels: research and development strategies to accelerate photocatalytic CO_2 conversion into hydrocarbon fuels. Energy & Environmental Science, 2022, 15（3）：880-937.

[25] Qi M Y, Xu Y J. Efficient and direct functionalization of allylic sp^3 C—H bonds with concomitant CO_2 reduction. Angewandte Chemie International Edition, 2023, 23：e202311731.

[26] Xia Y S, Zhang L, Lu J N, et al. A triple tandem reaction for the upcycling of products from poorly selective CO_2 photoreduction systems. Nature synthesis, 2024, 3：406-418.

[27] Li J Y, Tan C L, Qi M Y, et al. Exposed zinc sites on hybrid $ZnIn_2S_4$@CdS nanocages for efficient regioselective photocatalytic epoxide alcoholysis. Angewandte Chemie International Edition, 2023, 3：e202303054.

第7章　半导体光催化有机合成

7.1　醇 的 氧 化

选择性氧化醇为羰基化合物被视为将生物质原料转化为合成有机化学中高价值化合物的潜在途径之一。特别是对于苯甲醇（BA）和肉桂醇（CA）等芳香醇的选择性氧化，被认为是研究醇类氧化的理想反应之一。随着全球能源危机的加剧，传统的醇类热催化氧化转化为相应的羰基化合物受到了极大的关注，并且已经报道了许多高效的催化剂来实现高转化率和高选择性，但仍然需要更绿色的替代品来解决传统的醇类热催化转化的限制。因此，人们在设计和制备高效的异构双金属 Au-Pd/TiO$_2$ 半导体光催化剂进行了大量研究。这些催化剂以分子氧作为氧化剂，在 80～120℃ 的条件下，可以在有溶剂或无溶剂的情况下，高效地将 BA、CA 甚至伯烷基醇选择性地氧化为相应的羰基化合物。例如，在 100℃ 和 0.2MPa O$_2$ 压力下，Au-Pd/TiO$_2$ 催化剂对 BA 的氧化反应表现出较高的转化频率（TOF）、稳定的转化率和选择性。然而，在 CA 氧化反应中，当反应温度较高时，观察到了催化剂失活的问题。因此，仍然需要进一步的研究和改进。

迄今为止，已经研究开发了多种环境友好的催化剂，包括 WO$_3$、CeO$_2$、CdS、金属有机骨架材料 [如 UiO-66、MIL-58/100/101（Fe）、MIL-125（Ti）等]、共价有机骨架和 g-C$_3$N$_4$。这些催化剂可以在不需要高温、高压和有毒氧化剂的条件下，实现对醇分子的选择性氧化。这种环境友好的技术为醇的氧化提供了更可持续和低成本的解决方案。通过使用这些催化剂，可以有效地将醇转化为羰基化合物，而不会对环境产生负面影响。这些催化剂的开发为实现醇的可持续转化提供了新的途径[1]。

7.1.1　制备醛酮

基于光催化在经济和环境方面的优势，人们一直致力于利用光催化技术来生产高附加值的化学品。在这个领域，光催化选择性氧化有机原料（如醇），被认为是一种有潜力的方法来合成醛酮化合物。如图 7-1 所示，醇的光催化选择性氧化可以分为两种类型：一种是利用氧气（或空气）作为氧化剂的有氧氧化，另一种是在无氧条件下进行的醇脱氢反应。醇脱氢反应不仅可以生成相应的醛酮化合物，而且与氢气的产生相结合，被视为一种精确的双功能光催化系统。在醇的氧化过程中，醇分子的羟基团被吸附在光催化剂表面，在光生能量的作用下与周围的水分子、氧分子或自由基发生相互作用，产生一系列反应活性物质（ROS），包括超氧自由基（ $\cdot O_2^-$ ）、单线态氧（ $^1O_2$ ）、过氧化氢（ H_2O_2 ）和羟基自由基（ $\cdot OH$ ）。这些 ROS 的生成对于醇的氧化过程起到重要作用。

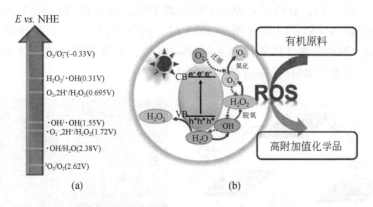

图 7-1 （a）各种活性氧的氧化还原电位（ E 和 NHE）；（b）光驱动 ROS 生成[2]

芳香醛在医药、农药和化妆品工业中具有重要的作用。作为一种典型的芳香醛，BAD 通常由苯甲酰氯水解和甲苯选择性氧化生产，但也会产生大量的有机氯、苯甲酸和含氯有机溶剂。因此，环境友好的生产 BAD 的路线是非常可取的。一般来说，当使用更多的具有反应活性的芳香醇作为底物时，通过光催化策略实现了醇到相应醛的高效、选择性和定量转化。值得注意的是，在光催化氧化醇的过程中，光催化剂对可见光的吸收能力和电荷载体的分离效率起着至关重要的作用。迄今为止，含有金属氧化物、硫化物、金属有机骨架（MOF）和共轭聚合物的各种类型的光催化剂被认为是有效的候选者。通过掺杂、缺陷工程、助催化剂工程和异质结构工程来调节具有适当带隙和光捕获能力的光催化剂，以进一步提高光催化剂的活性和性能。

此外，研究表明贵金属的局域表面等离子体共振（LSPR）有利于提高 TiO_2 对可见光的吸收能力和光催化活性。一些研究集中于 Au 修饰 TiO_2 的 LSPR 用于光催化氧化 BA。Kumar 等合成了不同相（无定形、锐钛矿和金红石）的等离激元 Au NPs 修饰的 TiO_2。与 Au-TiO_2(am) 和 Au-TiO_2(ant) 相比，Au-TiO_2(ana) 的光催化氧化 BA 效率最高达到 96%，在多次循环后具有较高的稳定性和可重复使用性。Au-TiO_2(ana) 具有降低光生载流子复合和载流子跨界面转移的能力，从而促进了 BA 的转化。这种等离子体介导的 BA 有氧氧化生成 BAD 的机理如图 7-2（a）所示。在可见光照射下，由于 Au NPs 的 LSPR 作用，产生的热电子转移到 TiO_2 的 CB 中；因此，实现了 e^- 和 h^+ 的分离。然后 e^- 将 O_2 还原成 $\cdot O_2^-$，进一步夺取 BA 的 H 原子生成—OOH；同时带负电荷的醇类物质与带正电荷的 h⁺ 反应，释放出 BA 的另一个 H 原子，生成 BAD 和 H₂O₂。Zhang 等利用三种不同形貌的 Au 纳米颗粒（Au 纳米球、Au 纳米棒和 Au 纳米星）分别负载在 TiO₂ 上，发现 Au 纳米星具有更强的 LSPR 效应。此外，Au 纳米星尖端附近的强局域电场可以增加 e⁻ 的寿命，有利于 e⁻ 从 Au 转移到 TiO₂。这使得 AuNS@TiO₂ 具有比其他催化剂更高的光催化活性［图 7-2（b）］。富氧空位（OVs）的 BiOCl 也被用于负载 Au，形成等离子体催化剂 Au-OVs-BiOCl，充分利用等离子体金属产生的热载流子，实现了 BAD 的高选择性［图 7-2（c）］。

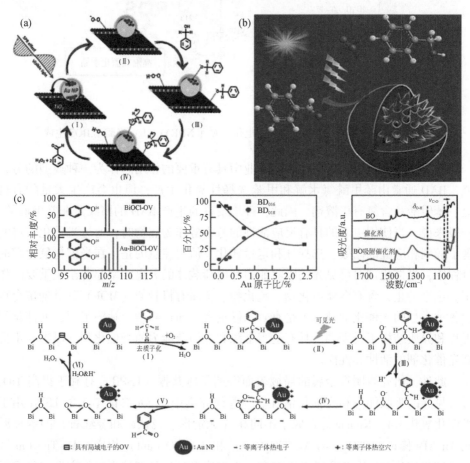

图 7-2　(a) 可见光照射下使用 Au-TiO₂ 光催化剂将 BA 转化为 BAD 的合理反应机理[3]；(b) 可见光诱导下 Au NS@TiO₂ 光催化剂对 BA 的选择性氧化[4]；(c) BiOCl-OV 和 Au-BiOCl-OV 在 ¹⁸O₂ 气氛下产生的 BAD 的质谱，随着 Au 在 Au-BiOCl-OV 上负载量的增加，¹⁸O 标记 BAD 的相对比例；纯 BA 和光催化剂（BiOCl-OV 或 Au-BiOCl-OV）吸附前后的傅里叶变换红外光谱，并提出了 BA 在 Au-BiOCl-OV 上选择性氧化的机理[5]

与传统的热催化不同，光催化反应可以同时引发自发反应（吉布斯自由能 $G_0<0$）和非自发反应（$G_0>0$）。在自发反应中，光能作为光催化剂的能量来源，可以帮助光催化剂打破能垒，使反应以更快的速度或在更温和的条件下进行。而在非自发反应中，一部分光能转化为反应产物，以化学能的形式储存。多金属氧酸盐（POMs）作为光催化剂是众所周知的，POM 具有很高的氧化能力，这是由于在紫外光照射下，从 O 到 M（M＝W 和 Mo）的电荷转移激发态，从而实现有机底物的氧化。2009 年，Farhadi 和 Zaidi 通过溶胶-凝胶技术制备了磷钨酸-氧化锆（POM/ZrO₂）纳米复合材料，应用于富氧条件下光催化氧化伯、仲苄醇成相对应的醛和酮，具有非常高的转化率[6,7]。

7.1.2　制备含 C—C 或者 C—O 化合物

有机合成化学是制造大量产品和其他精细化学品的核心，包括染料、农药、药品、食品添加剂等，是日常生活中不可或缺的一部分。然而，许多重要有机化学品的传统工业路线通常在苛刻的操作条件下进行，并且需要"强力"催化剂，如强酸或强碱，以及有毒的无机/有机试剂，这会降低反应的选择性，并对环境造成严重的破坏。相比之下，利用太阳光作为唯一清洁能源，将选择性有机合成与半导体光催化相结合，具备高选择性、设置简单和温和的反应条件，现已成为一个迅速发展的研究领域。

当有机底物中的 C—H 键被光激发的空穴激活和断裂时，从 C—H 键中消除的质子可以很容易地与 CB 中的光生电子相互作用，然后最终演化为 H₂ 分子，而形成的自由基中间体则容易发生后续的偶联反应，从而构建 C—C 键。这种构建 C—C 键的途径是十分吸引人的且符合原子经济，然而由于热力学上的不利因素，即 $\Delta G>0$ [图 7-3（a）]，这种途径面临一定的困难。

在光催化中，吸收的太阳能将用于提高从反应物到自由基中间体的化学势，从而将反应驱动到产物侧 [$\Delta G<0$，图 7-3（a）]。一般来说，具有比 H⁺/H₂ 能级（$-0.41V$ *vs.* NHE）更高（更负）的 CB 最小值和比有机底物氧化还原电位更低（更正）的 VB 最大值的半导体可能催化这样的双功能光催化体系。如图 7-3 所示，大多数半导体，如 CdS、In₂O₃、TiO₂ 和 ZnO，具有 VB 的最大值与常见有机底物（醇类、硫醇类、胺类、烃类、杂环类等）的氧化还原电位相匹配，这意味着这些有机原料中的 C—H 键的活化和断裂可以由光激发半导体的含能空穴引发[8]。

Wang 课题组[9]报道了利用 MoS₂-泡沫修饰的 CdS 纳米棒复合催化剂，实现了可见光驱动的甲醇的 C—H 活化和 C—C 偶联。在这个过程中，利用光激发的电子和空穴，同时产生了 H₂ 和乙二醇（EG）。之后又构建了一系列三元 ZnₘIn₂Sₘ₊₃（$m=1$，2，3）纳米片（NSs）[10]，并用一些典型的助催化剂（CoP、MoS₂、

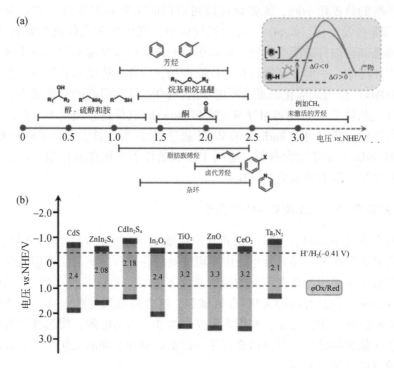

图7-3　(a) 普通有机基质的近似氧化还原电位，插图：涉及光活化的双功能
光氧化还原反应系统的能量图；(b) 代表性半导体光催化剂的能带结构

Ni₂P、Pd、Pt 等) 修饰，用于可见光驱动的甲醇或乙醇与二元醇和 H₂的 C—C 偶
联反应。与空白 Zn₂In₂S₅相比，合成的 CoP/Zn₂In₂S₅表现出 5 倍于空白 Zn₂In₂S₅
的 EG [18.9mmol/(h·g)，在模拟太阳光照射下，图7-4 (a)] 产率，同时具有
高于90%的 EG 选择性和高于4.5% (12h) 的 EG 产率。此外，CoP/Zn₂In₂S₅催
化剂还具有较好的乙醇脱氢偶联制 2,3-丁二醇 (2,3-BD) 的性能。如图 7-4
(b) 所示，在可见光照射下，CoP/Zn₂In₂S₅催化剂上 2,3-BD 的生成速率和选择
性分别为 3.2mmol/(h·g) 和 53%。使用 5,5-二甲基-1-吡咯啉-N-氧化物
(DMPO) 作为自旋捕获剂进行电子顺磁共振 (EPR) 测试，在甲醇或乙醇的偶
联反应过程中，可以观察到 DMPO-CH₂OH 或 DMPO-CH(OH) CH₃加合物的特征
六重态峰，反映了光催化反应过程中存在·CH₂OH 或 α-羟乙基自由基[·CH
(OH)CH₃]。图7-4 (c) 提出了甲醇或乙醇偶联生成二元醇和 H₂的反应机理。
质子还原为 H₂发生在 CoP 助催化剂表面，而醇到二醇的脱氢偶联可能发生在 Zn₂
In₂S₅ NSs 的硫醇基团 (—SH) 上，这可以作为优先活化 O—H 键完整的醇中
α-C—H键的活性位点。在光照射下，巯基可以捕获空穴产生硫基，用于从醇的
α-C—H 键中提取氢，得到·CH₂OH 或·CH(OH)CH₃自由基中间体，用于随后的

C—C 偶联生成二元醇。此外，还有研究表明，Ru 掺杂的 $ZnIn_2S_4$ 光催化剂可利用可见光驱动木质纤维素协同生产 H_2 和柴油前驱体[11]。这一进展明确展示了利用双功能光催化氧化还原策略从地球丰富的原料中生产 H_2 燃料和有价值化学品的可行性和经济性。

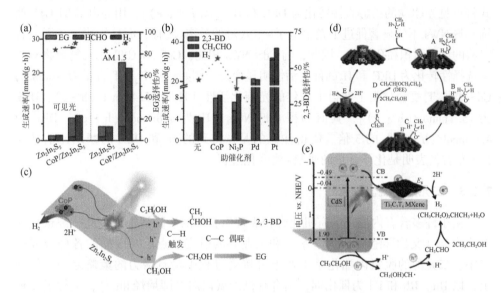

图 7-4　（a）在可见光或 AM 1.5 模拟阳光下，甲醇在 $Zn_2In_2S_5$ 和 $CoP/Zn_2In_2S_5$ 上脱氢偶联；（b）在氙灯照射下，不同助催化剂修饰的 $Zn_2In_2S_5$ 上脱氢催化乙醇到 2,3-BD 的光催化性能；（c）在 $CoP/Zn_2In_2S_5$ 上同时产生 H_2 和二醇的机制；（d）乙醇在 TiO_2 NSs-Pd 复合材料上光催化转化为 DEE 的示意图；（e）可见光照射下 CdS-$Ti_3C_2T_x$ 复合材料光催化析氢结合 DEE 合成过程示意图

　　除了乙醇转化的 C—C 偶联产物（即 2,3-BD）外，Xu 等[12]还制备了尺寸可控的 Pd 纳米立方体（NCs）负载在 TiO_2 NSs（TCs）上，用于乙醇脱氢 C—O 偶联制备 1,1-二乙氧基乙烷（DEE）和 H_2。通过修饰 Pd NCs 作为助催化剂，可以显著提高同时产 H_2 和 DEE 的光活性。其中，TCs 复合材料的产氢速率 [51.5mmol/(h·g)] 和 DEE 生成速率 [7.7mmol/(h·g)] 分别比纯 TiO_2 NSs 提高了 514 倍和 95 倍。与前述醇自由基的脱氢偶联机理不同，DEE 的形成机理主要涉及乙醇氧化为乙醛以及随后的缩醛化反应 [图 7-4（d）]。具体来说，表面吸附的乙醇分子可以去质子化生成烷氧基负离子，进一步与光激发空穴相互作用，产生一个 α-碳自由基和一个质子。随后，α-碳自由基进一步与空穴反应生成乙醛和另一个质子。最终，得到的乙醛可以通过酸辅助催化缩醛化反应与剩余的两个醇缩合生成缩醛（DEE）。同时，从乙醇中提取的质子与电子相互作用并

被还原为 H_2。这项工作对乙醇的脱氢-缩醛化制备有价值的 DEE 和 H_2 表现出优异的光活性。然而，获得的 H_2 和 DEE 偏离了化学计量比，导致碳平衡不理想。最近，Xu 课题组进一步提出了由 CdS 纳米线（NWs）和 $Ti_3C_2T_x$ NSs（记为 CdS-$Ti_3C_2T_x$）[13] 组成的二元复合光催化剂的应用，用于在酸性条件下以化学计量的方式将可见光驱动的乙醇直接转化为 DEE 和 H_2 [图 7-4（e）]。用导电的 $Ti_3C_2T_x$ 修饰 CdS NWs 不仅显著促进了光生电子-空穴对的分离/转移，而且优化了二元复合材料的比表面积和孔结构。因此，与 CdS NWs 相比，CdS-$Ti_3C_2T_x$ 二元复合物对乙醇选择性转化为 DEE 和 H_2 的催化活性明显增强。例如，在 $Ti_3C_2T_x$ 含量为 10wt% 的 CdS-$Ti_3C_2T_x$ 复合材料上获得了最佳的光催化活性 [H_2 为 15.4mmol/（h·g），DEE 为 15.1mmol/（h·g）]，其值为裸 CdS NWs [H_2 为 4.8mmol/（h·g），DEE 为 4.6mmol/（h·g）] 的 3 倍。值得注意的是，得到的 H_2 和 DEE 的摩尔比估计在 1.0 左右，表明是化学计量的脱氢-缩醛化过程。

7.1.3　二元醇的脱氢酯化

由于许多含有内酯环的有机化合物表现出有趣的生物活性，因此从醇选择性合成内酯（又称环酯）成为学术界和工业界的研究热点。在内酯的各种合成路线中，二元醇的脱氢内酯化是工业上可接受过程中最具潜力的策略之一。传统上，以 Ru、Rh 和 Pd 为催化剂，结合有机助氧化剂（即烯烃和酮），进行了多种二元醇的均相催化内酯化反应。

随着人们对能源和环境问题的日益关注，利用高效、可重复使用的催化剂在室温条件下实现二元醇的太阳能催化内酯化反应，并伴随着 H_2 的生成，已经引起了人们的广泛关注。例如，Yoshida 等[14] 报道了邻苯二甲醇（1,2-BD）在负载 Pt 的 TiO_2 光催化剂上脱氢内酯化高选择性合成苯酞，并与其他多种二元醇反应生成内酯。如图 7-5 所示，1,2-BD 在 Pt 负载的锐钛矿型或金红石型 TiO_2 光催化剂上催化反应的产物分布随时间的变化表现出不同的反应过程。在 Pt/TiO_2（A，锐钛矿）样品催化反应的初始阶段，2-羟甲基苯甲醛（2-HBD）优先生成，苯酞的收率逐渐增加。值得注意的是，Pt/TiO_2（A）样品上的内酯化反应在 3h 后提供了 60% 的低苯酞选择性。3h 后的碳平衡也很低（约 60%），表明有其他副产物生成以及反应物或产物的分解。对于 Pt/TiO_2（R，金红石）样品，在最初的 1h 内可以获得 90% 的苯酞产率和 90% 的高选择性，其中没有检测到中间体 2-HBD。即虽然 Pt/TiO_2（R）的 BET 比表面积小于 Pt/TiO_2（A），但 Pt/TiO_2（R）的苯酞收率是 Pt/TiO_2（A）的 3.6 倍，说明金红石相更有利于该内酯化反应（图 7-6）的进行。此外，该催化体系也可应用于其他二元醇合成内酯[8]。

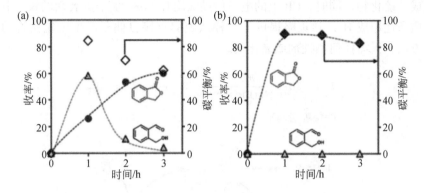

图7-5　（a）Pt/TiO$_2$和（b）Pt/TiO$_2$(b) 光催化剂上1,2-苯二甲醇光催化内酯化的时间谱

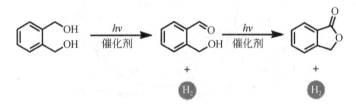

图7-6　Pt/TiO$_2$光催化剂上不同二元醇的内酯化反应

7.1.4　硫醇的脱氢氧化

　　硫醇的氧化偶联可以产生多种含有 S—S 键的化合物，例如二硫化物、硫代亚磺酸酯和硫代磺酸盐。硫代磺酸酯的合成可以通过硫醇的二聚化以及硫醇与磺酰基前体的交叉偶联实现。而硫代磺酸盐是一种用于与其他有机化合物偶联的平台化合物，可作为合成各种含硫化合物的中间体。此外，硫代磺酸酯还常常在生物活性材料中被发现，因此也可以应用于制药领域[15]，在蛋白质的三级结构和官能化以及药物输送系统中都起着至关重要的作用。二硫化物还可以作为合成化学中的保护基团以及作为弹性体和橡胶工业中的硫化剂[8]。

　　最近，Wu 等[16]利用 CdSe 量子点作为可见光驱动的光催化剂，建立了一种绿色、可循环和高效的催化体系，在室温条件下实现了硫醇到二硫化物和 H$_2$ 的光氧化偶联反应。机理研究表明，硫醇的脱氢偶联发生在 CdSe QDs 表面而不是溶液中。如图 7-7 所示，去质子化的硫醇可以通过 Cd—S 键直接与 CdSe QDs 表面结合，从而构建 QD-硫醇共轭物。然后，CdSe QDs 的激发促进电子向 CB 转移，并在 VB 中留下空穴。随后，CdSe 量子点的激发态被结合的巯基化合物猝灭，从而提供硫中心自由基（RSC），这些自由基在 CdSe 量子点表面发生偶联反应生成二硫化物。同时，CB 上的电子借助吸附在 CdSe 量子点表面的镍（Ⅱ）离子将质子还原成 H_2。该策略提供了一种从硫醇直接自偶联产生二硫化物的有前途的方法，无需任何牺牲剂或氧化剂。

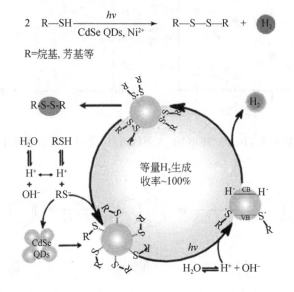

图 7-7　硫醇与制氢相结合光催化合成二硫化物的机理

7.2　环烃的脱氢反应

环烃催化脱氢是一种典型的烃类重整反应，通常需要高温/高压和化学计量的氧化剂或添加剂来克服不利的热力学。烃的无受体脱氢目前引起了巨大的研究兴趣，因为它不仅避免了传统工艺中使用化学计量氧化剂作为质子偶联剂，而且释放出的氢气是反应过程中唯一的副产物[8]。

7.2.1　环己烷制取苯

饱和六元环烷烃的无受体脱氢转化为芳烃是合成取代芳烃分子的一种有吸引力的策略。在一项开创性的工作中，Li 等[17]通过 $NaBH_4$ 辅助的化学还原法制备了一系列贵金属（Ru、Pd、Ir、Pt 和 Au）修饰的 TiO_2 纳米颗粒，在可见光照射下将环己烷无氧脱氢为苯和 H_2。如图 7-8（a）所示，在所获得的金属@ TiO_2 二元复合材料中，Pt@ TiO_2 NPs 在环己烷脱氢制苯反应中表现出最高的光催化活性。通过进一步优化合成过程中的 Pt 负载量和 $NaBH_4$ 浓度，在氙灯照射 2h 后，环己烷的转化率接近 99%，苯的选择性接近 100%，化学计量的 H_2 产量为

15mmol/(h · g)。与 GaN 或 Al_2O_3 载体相比，Pt 物种与 TiO_2 载体之间存在较强的界面相互作用，这是由于"强金属–载体相互作用"效应使电子从 TiO_2 转移到 Pt 上，从而形成富电子的 Pt 物种，Pt 的 4f XPS 图谱 [图 7-8 (b)] 证明了这一点。这些带负电的 Pt 物种可以作为路易斯碱活性位点，在环己烷脱氢过程中发挥作用。对于光沉积法制备的 Pt@TiO_2-M 样品，尽管 Pt@TiO_2-M 和 Pt@TiO_2-N 样品中 Pt 颗粒的负载量、尺寸和形状相似，但由于缺少带负电的 Pt 物种，其对环己烷脱氢的光催化活性要低得多。值得注意的是，在 $NaBH_4$ 辅助还原过程中，TiO_2 可以在 Pt 物种附近产生 Ti^{3+} 和 V 缺陷，导致电子从 Ti^{3+} 转移到 Pt 物种。在该催化体系中，负载的 Pt 物种可以同时作为可见光敏化剂，因为带内跃迁和活性位点可以触发环己烷的脱氢反应。值得注意的是，计算得到 420nm 处的 AQY 在 6.0% 以上，这与大多数分解水系统 [图 7-8 (c)] 相比是有利的。

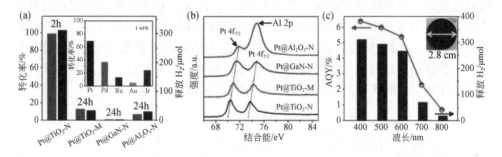

图 7-8　(a) 不同 Pt 修饰催化剂的环己烷转化率和 H_2 产率，反应条件：环己烷 (0.1mmol)，Pt@TiO_2-N (10mg)，氙灯照射 ($\lambda \geq 420nm$)，插图显示了环己烷在不同金属修饰的 TiO_2 NPs 上的转化率 (1 wt%)；(b) 不同 Pt 修饰催化剂的 Pt 4f 的高分辨率 XPS 光谱；(c) AQY 和 H_2 产率随光波长的变化规律，插图显示 Pt@TiO_2-N 催化剂能在石英反应器中均匀扩散

7.2.2　N 杂环的脱氢

催化 N-杂环无受体脱氢制备氮芳香杂环化合物引起了广泛关注。这是因为氮芳香杂环化合物（如喹啉类化合物）在制药工业中有广泛应用，并且可以在室温条件下使用太阳光进行引发。例如，Wang 课题组报道了在蓝光 LED 照射下，四氢喹啉 (THQ) 和其他含氮杂环在六方氮化硼 (h-BCN) 光催化剂上的无受体脱氢反应[18]。h-BCN 光催化剂对 THQ 脱氢反应的催化性能与反应溶剂高度相关。在甲醇 (6%)、乙醇 (5%)、叔丁醇 (10%)、四氟乙烯 (41%) 和六氟丙烯 (22%) 溶液中，蓝光 LED 照射 12h 后喹啉的产率较低。当使用异丙醇或 H_2O 作为溶剂时，喹啉的产率分别达到 86% 和 80%，在 420nm 下产氢的最佳 AQY 为 2.0%。

金属-有机骨架材料（MOFs）作为一类新兴的晶态多孔材料，具有可裁剪的结构，已被证明是很有前途的半导体材料。最近，Deng 等报道了一系列基于卟啉的 MOF，包括 PCN-221、PCN-222、PCN-223、PCN-224、MOF-525 和 Al-PMOFs 上的氮杂脱氢反应[19]。这些基于卟啉的 MOF 是由相同的卟啉连接体，即 5,10,15,20-四（4-羧基苯基）卟啉（TCPP）合成的，它们的 TCPP 活性位点之间的距离不同 [图7-9（a）]。如图7-9（c）所示，催化性能与活性中心间距的倒数之间存在合理的线性关系。具有最短相互作用位点距离的 PCN-223 在 300W 氙灯（$\lambda \geq 390nm$）辐照下对 THQ 的脱氢表现出最高的转化频率（TOF）29cm³/h，这甚至与目前在高温下进行的脱氢反应的热催化过程相媲美。为了阐明活性位点的体积密度是否对光催化活性有直接影响，测量了无溶剂形式的每个 MOF 的体积密度，如图7-9（b）所示。值得注意的是，活性位点的体积密度对催化性能表现出不规则的影响 [图7-9（d）]，证实了对于这些活性位点高度集中的 MOF，传统的作用于多孔晶体的体积密度法则似乎不太可能在这里奏效。在此背景下，TCPP 活性位点之间的距离可能是影响 MOF 催化性能的主要因素。这项工作证明了具有半导体特性的新兴 MOF 基材料的可行性，以操纵活性位点之间的距离，从而实现高效的可见光驱动的氮杂环脱氢反应。

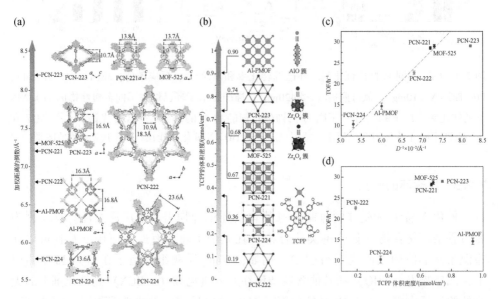

图7-9 （a）不同卟啉基 MOF 中 TCPP 活性位点之间的距离示意图；（b）相应卟啉基 MOF 中 TCPP 的体积密度；不同 MOF 上 THQ 脱氢的 TOF 与（c）活性位点之间距离的加权平均倒数和（d）它们的体积密度

7.3　烷烃［C(sp³)—H］氧化制备醛酮

通过氧化 sp³ C—H 键在分子中引入羰基（C＝O）是有机合成化学中的一个重要过程[20]。鉴于羰基在药物广泛组成中的重要性，许多催化 C(sp³)—H 键氧化成 C＝O 键的方法被报道。迄今为止，许多金属，如铁、钯、锰、钴、铱等，已被用于开发温和条件下选择性 C—H 氧化的催化体系。这些研究为该氧化反应的催化作用提供了有益的见解。此外，Fe 是最常见的元素之一，在氮基配体的帮助下表现出对烷烃 C—H 键氧化的高活性，一些无机配体（Anderson 型多金属氧酸盐）负载铁可以实现烷烃 C—H 键的氧化，以开发可回收的催化剂。

近年来，光催化为烷烃 C—H 键在温和条件下的氧化提供了一种有前途的替代方法。在光的照射下，各种烷烃 C—H 键氧化反应被开发出来。均相铁基分子光催化剂已被报道用于烷烃 C—H 键的氧化，如双铁双卟啉结构、四卤合铁（Ⅲ）配合物和三氯化铁。此外，铁盐在 C—H 键氧化方面具有易得、毒性低、反应活性高等优点。然而，铁盐的光响应能力一般较弱，即使在高压卤素或汞弧灯的照射下，其反应活性和化学选择性也不理想。为了解决这个问题，可以利用分子铁盐与异质半导体材料的耦合来提高 C—H 键氧化反应的光响应性、反应活性和选择性。多金属氧酸盐（POM）是一大类具有金属位点的阴离子簇催化剂，在紫外光（UV）照射下被成功地用作合成 C＝O 键和脱氢的分子光催化剂。氮化碳（g-C₃N₄）是一种典型的可见光固体光催化剂，与无机光催化剂相比，其主要优点是在水和有机溶剂中具有良好的分散能力，并保留了与氮（N）相关的缺陷位点用于锚定阳离子和阴离子，但对烷烃的 C(sp³)—H 键氧化过程表现出较差的光催化活性。

鉴于此，Liu 等报道了一种在可见光（λ=425nm）的照射下，使用 A-C DMS 纳米局部氮化碳（A-C/g-C₃N₄）在室温下非均相光催化烷烃 C—H 键氧化的方法。他们筛选用于环己烷（**1a**）与叔丁基过氧化氢（TBHP 或 'BuOOH）发生 C(sp³)—H 键氧化生成环己酮（**2a**）的光催化剂（图 7-10）

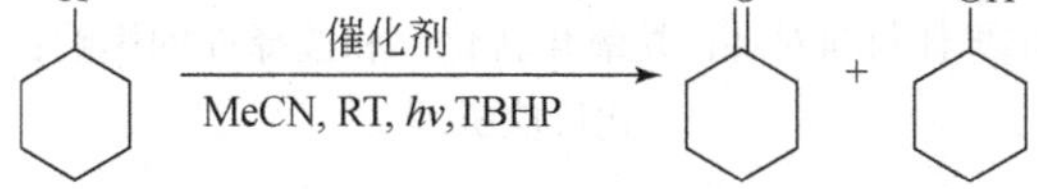

图 7-10　反应参数和条件对反应效率的影响

基于上述结果，Liu 等提出了一个暂定机理，如图 7-11（j）所示。在可见光照射下，A- C/g- C$_3$N$_4$的价带（VB）中的空穴（h$^+$）和导带（CB）中的电子（e$^-$）产生。然后，CB带中的光生电子将TBHP活化为其活化形式（·^{t}BuO）并释放OH$^-$，·^{t}BuO去除1个烷烃质子，生成叔丁醇和烷基自由基（通过TEMPO捕获）。同时，TBHP被·^{t}BuOO物种中的光生空穴氧化，随后与烷基自由基反应生成自由基加成产物3（经NMR确证）。随后，在A-C/g-C$_3$N$_4$的作用下，3被选择性地分解成酮2和叔丁醇。

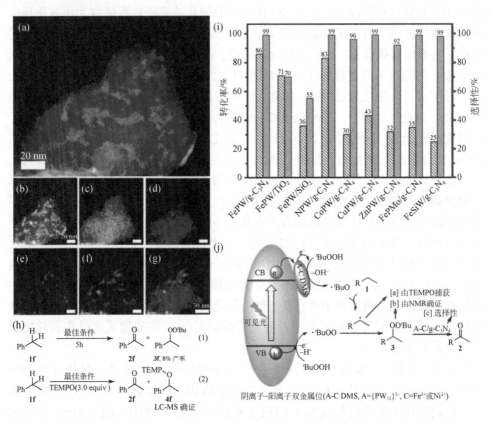

图7-11 （a）FePW/g-C$_3$N$_4$的高分辨率TEM图像；（b）高分辨率STEM图像，以及FePW/g-C$_3$N$_4$组分的C（c）、N（d）、Fe（e）、W（f）和重叠（g）的元素映射；（h）控制和诱捕实验；（i）A-C DMS和半导体材料对环己烷氧化转化率和选择性的影响；（j）提出的烷烃光氧化反应机理

在最佳反应条件下，进一步探讨了光催化C（sp^3）—H键氧化法的适用范围和局限性（图7-12）。首先考察了脂肪族碳氢化合物的影响（2a～e）。所有的碳氢化合物都以中等到良好的产率被氧化成所需的酮。此外，含有双键的环己烷也以55%的产率（2d）得到了相应的产物。图7-12中，2f～2n，吸电子和供电

子取代的乙苯衍生物通常具有良好的耐受性，以良好至优异的产率得到含有烷基、烷氧基、卤代物、乙酰基和硝基官能团的目标产物。乙苯邻位、间位和对位取代基的影响是，相应酮的产率遵循 para->meta->ortho-（**2i～2k**）的顺序。结果说明，乙苯衍生物的反应活性受取代基位阻效应的影响。然后考察了其对乙苯侧链上不同官能团（烷基、卤化物、酯、酰基、芳基）的耐受性。其中大多数被顺利地氧化成所需的酮，产率中等到很好（**2o～2s**）。分别以 92%、85% 和 77% 的产率（**2t～2v**），以较好的耐受性，以芴烯、吲哚和四氢呋喃为底物来传递相应的产物。此外，杂环底物 2-乙基呋喃、2-乙基噻吩酮和 2-乙基吡啶也以适中的产率（**2w～2y**）得到了所需的酮。

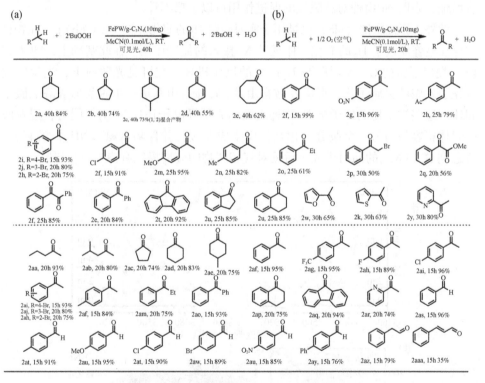

图 7-12　反应参数和条件对反应效率的影响

7.4　胺类的氧化偶联

由于亚胺或咪唑类化合物在农业、制药和合成化学中具有广泛的应用，可以在温和的条件下使用太阳光和适当的光催化剂，选择性的胺的自偶联制备亚胺或咪唑类化合物是相当重要的实验室和工业步骤之一。例如，Zhang 等通过使用 Ni

修饰的超薄 CdS NSs（Ni/CdS）光催化剂在可见光照射下促进了胺到相应亚胺的脱氢偶联和 H_2 的产生。与纯 CdS NSs 相比，Ni/CdS 的产氢量提高了 18 倍，在 420nm 处的 AQY 达到 44% 以上，用于 4-甲氧基苄胺的转化。更重要的是，一系列带有不同官能团（芳香族、杂环族、脂肪族等）的伯胺和仲胺被转化为相应的亚胺，选择性高达 95% 以上，具有潜在的应用前景。为了揭示催化机理，原位 EPR 被用来监测 Ni 物种在胺的脱氢偶联过程中的作用，如图 7-13（a）所示。在光照射下，碳中心的 α-胺自由基形成，随后被 DMPO（αH = 19.8，αN = 14.5）捕获，表明原始 CdS NSs 和 Ni/CdS 都可以通过光诱导空穴引发胺的去质子化。然而，与纯 CdS NSs 相比，Ni/CdS 中 DMPO-α-胺自由基加合物的信号强度仅略有增加，表明 Ni 物种对胺脱氢的促进作用可以忽略不计。

　　此外，原位质谱（MS）已被用于实时跟踪 H_2 的演化 [图 7-13（b）]。Ni 物种的存在显著促进了 H_2 的演化，体现了 Ni 掺入的促进作用。在此基础上，图 7-13（c）提出了胺的 C—N 偶联与 H_2 产生的反应机理。在可见光照射下，光生空穴首先引发胺的去质子化，形成 α 胺自由基，α 胺自由基进一步脱氢形成醛亚胺中间体。这些被抽提的质子被 Ni 物种表面的光诱导电子还原为 H_2。同时，醛亚胺中间体很容易与另一个胺分子相互作用生成亚胺，并伴随着氨（NH_3）的释放。考虑到 H_2 和 NH_3 的同时生成，后续对气相产物的分离提纯有待进一步研究。

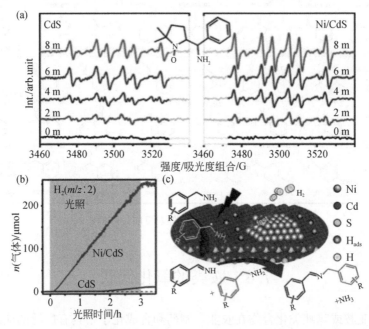

图 7-13　（a）在 N, N-二甲基甲酰胺（DMF）溶液中，在苯胺和 DMPO 的存在下，在光照或不光照下记录的 CdS 和 Ni/CdS 的原位 EPR 光谱；（b）原位质谱法测定的苯胺脱氢过程中 H_2 的量；（c）在 Ni/CdS 催化剂上胺氧化与 H_2 合成的示意图

　　除了传统的半导体光催化剂，具有代表性的紫外光响应的 MOF 材料 PCN-777 具有共轭的 4,4',4"-(1,3,5-三嗪-2,4,6-三基)-三苯甲酸配体和 Zr-oxo 簇，用于苄胺到 N-苄基苯甲醛亚胺的 C—N 偶联和 H_2。在不同条件下研究了含 Pt 的 PCN-777（Pt/PCN-777）复合材料的光催化性能，以比较牺牲反应系统和双功能光催化系统。在三乙醇胺作为空穴捕获剂的存在下，Pt/PCN-777 复合材料表现出优异的产氢速率，为 0.59mmol/(h·g)。使用 $AgNO_3$ 作为电子清除剂，生成 N-苄基苯甲醛亚胺的另一个氧化半反应以 1.51mmol/(g·h) 的速率进行，选择性超过 99%。在产氢和苄胺氧化的耦合作用下，可以获得 0.33mmol/(g·h) 的产氢速率和 0.49mmol/(g·h) 的苄胺转化率，N-苄基苯甲醛亚胺选择性为 90%［图 7-14（a）］。结合 Pt/PCN-777 复合物上芳环上不同取代基的苄胺选择性氧化偶联的产氢 Hammett 图，验证了苄胺氧化偶联过程的主要自由基中间体［图 7-14（b）］。根据 Hammett 图的合理线性和负斜率，可以推断碳正离子物种（·$PhCH_2$ NH_2^+）是由苄胺氧化偶联过程中的光激发空穴产生的。采用循环伏安法进一步研究了苄胺的氧化过程［图 7-14（c）］。随着苄胺加入量的增加，第一个氧化峰电流逐渐增大，表明苄胺可以与 PCN-777 的最高占据轨道（HOCO）的空穴发生反

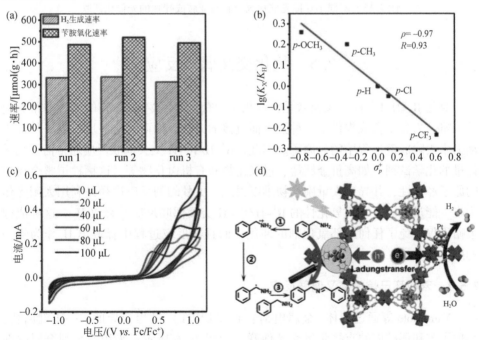

图 7-14　（a）Pt/PCN-777 在氙灯照射下选择性氧化苯甲胺生成 H_2 和 N-苄基苯甲二胺的回收实验；（b）Hammett 图结合不同对取代基苯甲胺的选择性氧化进行光催化 H_2 演化；（c）在 CH_3CN 中加入不同量苄胺时 PCN-777 的循环伏安测定；（d）反应机理

应。在上述分析的基础上，提出整体反应机理如图 7-14（d）所示。通常，苄胺分子被氧化成·$PhCH_2NH_2^+$，然后被反应溶剂（DMF）去质子化，得到以碳为中心的苄胺自由基（·$PhCHNH_2$）。该自由基可与另一苄胺分子偶联得到目标产物 N-苄基苯甲醛亚胺，从而实现苄胺的空穴氧化。

除了生产亚胺外，Wang 课题组报道了一种通过可见光驱动的胺在室温条件下环化合成取代咪唑的新途径。如图 7-15 所示，以苄胺为原料，在 Ar 气氛下，用 455nm 蓝色 LED 照射，在一系列半导体上展开研究。此外，这种 Mo-$ZnIn_2S_4$催化剂还可以很好地与含有一个或两个不同取代基的胺反应，以中等至优异的总产率（31%～96%）和出色的转化率（>93%）生成三取代和四取代咪唑。

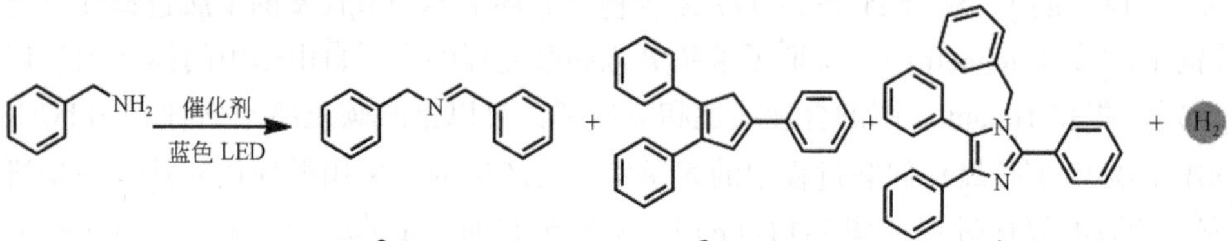

图 7-15　不同半导体光催化剂上胺与亚胺或咪唑的光催化偶联

7.5　氧化交叉偶联反应

氧化 R^1-H/R^2-H 交叉偶联是合成化学中获得 C—C/C—X 键的一种非常有趣的策略，为分子合成提供了一种强大而直接的方法。然而，这些反应需要外部驱动力来去除成键过程中的氢原子。因此，R^1-H/R^2-H 交叉偶联反应通常需要化学计量的化学试剂，如高价金属盐、过氧化物和有机卤化物等，这牺牲了整个反应的原子经济性，并导致大量副产物难以提纯。更梦幻的反应途径是利用太阳光作为唯一能量输入，实现氧化性的 R^1-H/R^2-H 交叉偶联反应并释放 H_2。这种成键策略不仅避免了任何外部氧化剂的使用，而且在反应过程中释放出 H_2 作为唯一的副产物。

7.5.1　苯和环己烷的交叉偶联反应

Yamamoto 等通过配体-金属电荷转移（LMCT）过程介导的 C—H 键活化，实现了苯和环己烷的直接脱氢交叉偶联。如图 7-16 所示，采用一系列金属改性的 TiO_2光催化剂（M/TiO_2）在紫外光或可见光照射下引发苯和环己烷的偶联反应，既得到了自偶联产物（联环己基和联苯，分别记为 BCH 和 BP），也得到了交叉偶联产物（苯基环己烷，记为 PCH）。X 射线吸收精细结构（XAFS）谱表明，Pd 助催化剂在 UV-vis 或可见光照射下反应后的化学状态基本相同。因此，选择性的显著差异表明，通过调节从 UV-vis 到可见光区的照射光波长，反应通过不同的路径进行。吸附的苯物种与 TiO_2 表面之间的 $\pi-\pi$ 相互作用激发 LMCT 带，诱导电子从苯分子转移到 TiO_2 的 CB。在 Pd/TiO_2 催化剂上测定了该交叉偶联反应的 KIE，以探究自由基偶联机理。当用环己烷-d^{12}（C_6D_{12}）代替环己烷时，k_H/k_D 值为 1.0，而用苯-d^6（C_6D_6，逆 KIE）代替环己烷时，k_H/k_D 值略低于 1。这些结果表明，苯和环己烷的 C—H 键断裂不是反应的限速步骤，反应是通过环己基自由基加成到苯中进行的。

　　在上述结果的基础上，提出了表面–苯络合物介导的 LMCT 过程选择性生成 PCH 的机理。在紫外光照射的催化体系中，TiO_2 的 VB 中的空穴与环己烷和苯作用生成相应的自由基，同时产生自偶联和交叉偶联产物。在可见光激发下，吸附在 TiO_2 上的苯可以发生 LMCT 激发，得到的苯自由基阳离子可以选择性地活化环己烷得到环己基自由基。然后，环己基自由基进攻苯分子，通过 Pd 辅助的加成–消除途径制备 PCH。

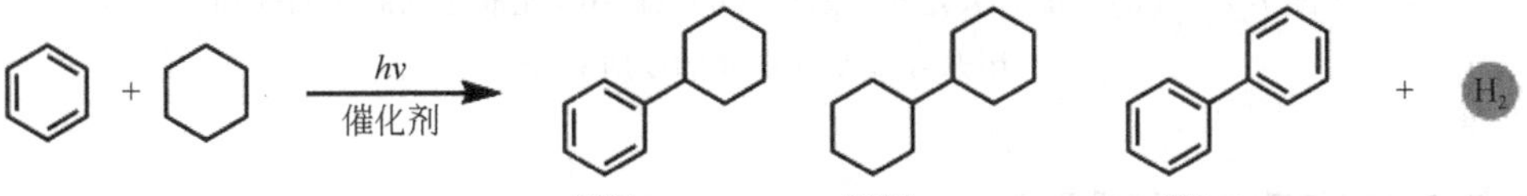

图 7-16　苯与环己烷的光催化交叉偶联

7.5.2　甲苯和丙酮的交叉偶联反应

　　最近，Yoshida 课题组利用金属负载的 TiO_2 光催化剂，在不使用任何额外化学试剂的情况下，报道了甲苯和丙酮之间的选择性交叉偶联反应。在该体系中，发现交叉偶联产物的选择性可以通过负载在 TiO_2 上的金属助催化剂的性质进行灵活调节。更具体地说，Pd 负载的 TiO_2 催化剂（Pd/TiO_2）允许丙酮和甲苯的芳环之间的交叉偶联产生邻位取代产物，即 1-（邻甲苯基）丙-2-酮（图 7-17 **1a**），具有高达 77% 的区域选择性。相反，对于 Pt/TiO_2 催化剂，它促进了丙酮和甲苯的甲基之间的交叉偶联，形成 4-苯基丁烷-2-酮（图 7-17 **1b**），这是苯丙胺类药用化合物的共同前体。EPR 测试和动力学实验表明，甲基取代和芳香取代两种交叉偶联产物的形成遵循不同的反应路径，这取决于金属助催化剂的性质（图 7-12）。首先，Pt/TiO_2 催化剂催化 **1a** 形成的机理如图 7-17（a）所示。位于 TiO_2VB 中的空穴氧化丙酮分子生成丙酮基自由基物种和质子。随后，丙酮基自由基通过 Pd 辅助催化攻击甲苯分子，形成自由基过渡态。最后，从这个过渡态中消除一个氢

原子形成产物 **1a**。该路径被理解为 Pd 辅助的自由基加成–消除机理，是决定产物选择性的最关键步骤。图 7-17（b）展示了 Pt/TiO$_2$ 催化剂催化生成 **1b** 的反应路径。丙酮和甲苯的甲基基团都可以被空穴氧化，产生相应的自由基和质子。然后，两个自由基物种可以结合得到丙酮基化的产物 7。这样的自由基–自由基耦合机制是一个双光子过程，这显然不同于前述的自由基加成–消除机制。

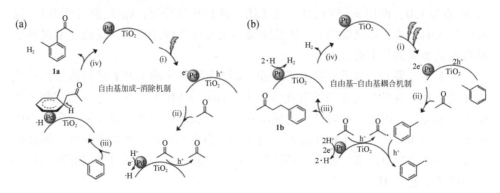

图 7-17　（a）Pd/TiO$_2$ 光催化剂和（b）Pt/TiO$_2$ 光催化剂催化丙酮和甲苯脱氢交叉偶联的反应途径

7.5.3　醚与苯的交叉偶联反应

　　Yoshida 课题组报道了利用 Pd/TiO$_2$ 光催化剂实现醚与苯的选择性交叉偶联反应。如图 7-18 所示，考察了几种典型的环状和链状醚与苯的光催化脱氢交叉偶联反应。以乙醚（DE，**1a**）为例，该反应通过 DE 的 α 位与苯形成 C—C 键，得到主要产物 1-乙氧基乙基苯（1-EEB，**2a**），同时检测到与 DE 的 β 位反应的微量产物 2-乙氧基乙基苯（2-EEB）。形成 α-取代的突出选择性可归因于 α-C—H 键（397kJ/mol）相对其 β-对映体（427kJ/mol）较低的键断裂能。值得注意的是，检测到极少量的自偶联产物（即 2,3-二乙氧基丁烷和联苯），表明生成的 α-烷氧基自由基优先与苯反应，而不是与另一个 α-烷氧基自由基或 DE 反应。

　　此外，Yamamoto 等构建了一种由 TiO$_2$ 光催化剂和 Al$_2$O$_3$ 负载的 Pd-Au 双金属催化剂组成的混合催化剂，在温和的条件下用于各种单取代苯和 THF 之间的选择性交叉偶联反应，生成相应的交叉偶联产物和 H$_2$，其活性优于上述 Pd/TiO$_2$ 光催化剂。图 7-19 提出了这种混合催化剂上的脱氢交叉偶联反应的机理。具体来说，由于苯中的 sp^{2}C—H 键强于 THF 中的 sp^{3}C—H 键（苯中 C—H 键解离焓为 473.1kJ/mol，四氢呋喃中 C—H 键解离焓为 385.3kJ/mol），TiO$_2$ 的 VB 中的空穴首先氧化 THF 的 sp^{3}C—H 键，产生自由基物种和质子。质子与局域在 TiO$_2$ 导带上的光生电子反应生成氢自由基。同时，THF 自由基倾向于迁移到 Pd-Au 双金属

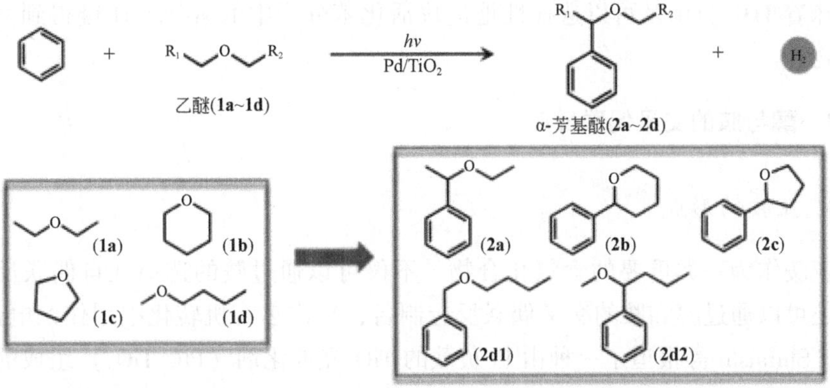

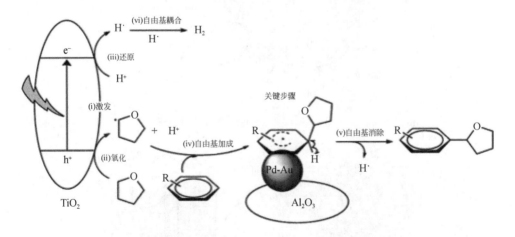

途径	乙醚	产物	时间/h	产量/μmol	收率/%	选择性/%
1	**1a**	**2a**	3	12.9	23	99
2	**1b**	**2b**	3	16.8	30	99
3	**1c**	**2c**	3	4.1	18	99
4	**1d**	**2d1**	1	4.1	1.1	99
		2d2		7.0		

图 7-18　不同醚与苯之间的光催化交叉偶联

图 7-19　TiO$_2$ 光催化剂和负载 Pd-Au 双金属 NPS 的 Al$_2$O$_3$ 催化剂
组成的混合催化剂对苯与四氢呋喃直接脱氢交叉偶联的机理

催化剂上，并攻击取代苯的芳环上的 sp^{2}C—H，导致交叉偶联产物和氢自由基的
形成。最终，两种氢自由基在 TiO$_2$ 表面或 Pd-Au 双金属催化剂表面结合形成氢分
子。在该催化体系中还生成了少量的 THF 自偶联产物 octahydro-2,2'-双环呋喃，

这意味着 THF 自由基可以选择性地进攻活化苯分子中的 sp^2 C—H 键得到交叉偶联产物。

7.5.4 醇与胺的交叉偶联反应

1. 亚胺的形成

亚胺作为一类重要的含氮化合物，不仅可以通过胺的选择性自偶联反应制备，还可以通过醇和胺的交叉偶联反应制备，在许多有机转化中用作亲电试剂。例如，Shiraishi 等报道了一种由 Pt 负载的 TiO_2 光催化剂（Pt@TiO_2）组成的催化体系，在紫外光照射下通过串联催化机理实现了伯胺和醇一锅法合成亚胺。亚胺的合成过程是通过 Pt 辅助催化醇氧化为醛，并伴随着 H_2 的生成，然后在 TiO_2 表面的路易斯酸位点的催化下醛与胺缩合生成亚胺 [图 7-20（a）]。

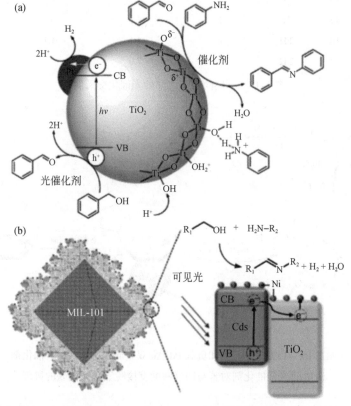

图 7-20 （a）在 Pt@TiO_2 光催化剂上生产亚胺的拟议机制；（b）醇与胺在可见光照射下的脱氢交叉偶联反应示意图

　　此外，Kempe 等利用 MOF MIL-101(Cr) 负载的 Ni NPs 修饰的 CdS/TiO$_2$异质
结光催化剂（Ni/CdS/TiO$_2$@ MIL-101），在室温条件下，可见光驱动伯醇和胺的
C-N 交叉偶联生产 H$_2$、H$_2$O 和亚胺［图 7-20（b）］。在该体系中，选择苄醇和
苯胺进行 C-N 交叉偶联反应，在室温下以中等至优异的产率（53%～93%）得
到亚胺。在不使用添加剂或牺牲电子给体的情况下，观察到对官能团的显著耐受
性。甲基、甲氧基、卤素和羟基取代的苄醇，以及具有相同取代基的胺组分，对
此类交叉偶联反应具有良好的耐受性。

2. 苯并咪唑类化合物的形成

　　苯并咪唑及其衍生物在天然产物和药物中间体的合成中起着至关重要的作
用，由于其作为杀菌剂和抗癌药物具有优异的生物活性而被广泛研究。一般来
说，制备苯并咪唑最常见的方法是邻芳二胺与羧酸或其衍生物偶联。Shiraishi 及
其合作者报道了在 Pt 负载的 TiO$_2$光催化剂（Pt@TiO$_2$）上，通过邻芳二胺和醇
之间的交叉偶联反应，在温和的反应条件下无氧化剂和无酸合成苯并咪唑。苯并
咪唑的形成是通过接力光催化和催化过程来促进的，即通过 TiO$_2$表面的直接空穴
氧化过程将醇转化为醛，以及 Pt 辅助催化醛和邻芳二胺缩合产生的苯并咪唑啉
中间体脱氢（图 7-21 和图 7-22）。最初，TiO$_2$光催化剂产生的空穴将乙醇氧化为
乙醛，乙醛与邻苯二胺（1）自发缩合生成单亚胺中间体（4）。产物 2-甲基苯并
咪唑（2）由 4 环合后再经苯并咪唑啉中间体（5）脱氢得到，其中 4 和 5 处于化

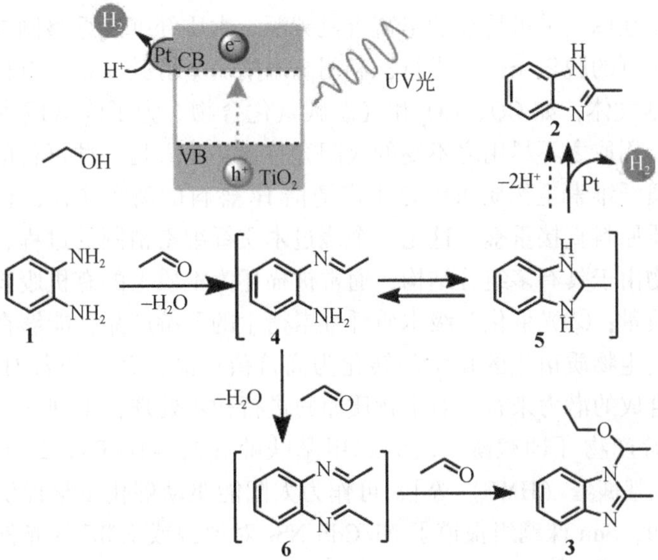

图 7-21　Pt@TiO$_2$光催化剂上胺和醇合成苯并咪唑的机理

学平衡。另一方面，亚胺 **4** 可以很容易地与另一个醛反应生成二亚胺中间体（**6**），从而生成副产物 1-（1-乙氧乙基）-2-甲基-1H-苯并咪唑（**3**）。为了抑制 **3** 的生成，在经典反应中，促进 **5** 到 **2** 快速转化的氧化剂是必不可少的，而在 Pt@TiO$_2$ 催化体系中，Pt NPs 通过催化脱氢途径促进 **5** 到 **2** 的快速和选择性转化。值得注意的是，该催化体系对多种取代苯并咪唑的合成具有良好的耐受性。将含有 **1** 的各种芳香醇和脂肪醇溶液与 Pt@TiO$_2$ 光催化剂进行光照处理，成功得到了相应的取代苯并咪唑，且具有优异的产率（>82%）。此外，5- 和（或）6- 取代的衍生物也以非常高的产率（>83%）得到。这一过程将光催化和催化作用结合在一起，有望为合理构建高效的太阳能驱动有机转化的高活性半导体基光催化剂开辟一条新的思路。

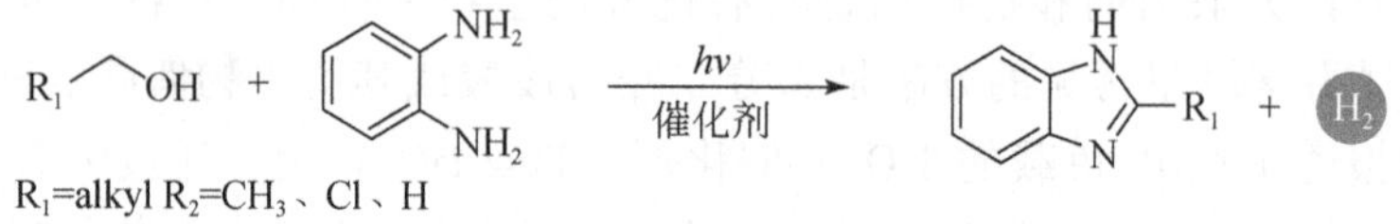

图 7-22　邻芳二胺和醇合成苯并咪唑

7.6　生物质资源的光催化反应

木质纤维素生物质由木质素、纤维素和半纤维素组成，占植物总生物量的 90% 以上，是地球上最可持续的丰富有机碳源。木质纤维素重整制氢主要通过气化进行，在苛刻的脱氢条件下进行，利用高温高压分解其复杂的有机结构并释放 H$_2$，以及其他气体，如 CO、CO$_2$ 和气态碳氢化合物。为了降低成本和增加该过程的选择性，用取之不尽用之不竭的太阳光替代热输入是一种可行的选择。太阳能驱动的木质纤维素生物质重整是生产清洁 H$_2$ 燃料的新兴途径，包括：①未经加工的生物质原料直接重整，这是一个绕过木质纤维素精制的过程，其生物质衍生的氧化产物由于具有多组分结构，通常被描述为本质上的有机废物；并且分散的相对分子质量；②光催化升级木质纤维素衍生的下游产品，能够在室温条件下有效地将这些生物质衍生的化学品转化为高价值产品，并伴随着 H$_2$ 的产生。从选择性有机合成的潜力来看，对生物质原料进行初步处理，得到一系列木质纤维素衍生的下游产物 [即糠醇、2,5- 二甲基呋喃（2,5-DMF）、2- 甲基呋喃（2-MF）、5- 羟甲基糠醛（HMF）等]，可作为太阳能驱动催化重整提供增值化学品的原料。例如，Sun 课题组报道了 Ni/CdS NSs 对糠醇或 HMF 的光催化提质以及 H$_2$ 的产生。对于糠醇的光催化氧化，在前 2h 内，H$_2$ 的释放量迅速增加，然后在 8h 后趋于稳定。同时，在可见光照射 22h 后，Ni/CdS NS 上糠醇转化为糠醛的转化率和选择性接近100%。除优异的活性外,循环试验表明,在连续4次循环下,每次光催化运行均可实现90%以上的糠醇转化率。此外,使用 Ni/CdS NSs 可以在碱性条件下将 HMF 转化为其增值的羧酸盐(即2,5-二甲酰基呋喃和呋喃-2,5-二羧酸)。

最近,Wang 等使用 Ru 掺杂的 ZnIn$_2$S$_4$光催化剂(Ru-ZnIn$_2$S$_4$),证明了可见光驱动的从木质纤维素衍生的下游产品协同生产 H$_2$ 和柴油前体。在该体系中[图7-23(a)],2-MF 和2,5-DMF 可以分别从处理含戊聚糖和己聚糖的木质纤维素中选择性制备,它们都有希望通过脱氢 C—C 偶联产生含有柴油前体(DFPs)典型碳原子的含氧化合物,并伴随着 H$_2$ 的产生。随后,在 Pd/Nb$_2$O$_5$ Yb(CF$_3$SO$_3$)$_3$催化剂上进行加氢脱氧反应,生成了由大量直链和支链烷烃组成的复杂烷烃混合物。如图 7-23 所示,与其他金属掺杂的 ZnIn$_2$S$_4$ 催化剂相比,Ru-ZnIn$_2$S$_4$ 在2,5-DMF 与 DFPs 和 H$_2$ 的直接脱氢偶联反应中表现出更高的可见光催化活性。在光照12h 后,2,5-DMF 的脱氢偶联主要生成二聚体(C$_{12}$,4.69g/g$_{cat}$)和三聚体(C$_{18}$,1.84g/g$_{cat}$),以及40.3mmol g/g$_{cat}$ 的 H$_2$。还得到了极少量的四聚体(C$_{24}$,0.24g/g$_{cat}$),较高的低聚物的量忽略不计。通过使用 Ru-Zn$_2$In$_2$S$_5$ 催化剂,H$_2$ 和总 DFPs 的形成速率进一步增加,分别为6.0mmol/(g$_{cat}$·h)和1.04g/(g$_{cat}$·h)(图7-23)。值得注意的是,该催化体系还能很好地实现 2-MF/2,5-DMF 混合物的交叉偶联,以体积比为3∶1为例,用于靶向具有更丰富组分的 DFPs。为探究该策略制备柴油燃料的可行性,采用 Pd/Nb$_2$O$_5$ 催化剂结合路易斯酸 Yb(CF$_3$SO$_3$)$_3$引发 DFPs 加氢脱氧制备烷烃。因此,除正癸烷、正十二烷和正十一烷的总收率为51.6%外,其他产物主要为支链烷烃,由4-乙基癸烷和 C$_{16}$-C$_{18}$支链烷烃组成,总收率为24%。

图 7-23(c)为可见光驱动的 2,5-DMF 脱氢偶联与 H$_2$产生的机理。在可见光激发下,光生空穴氧化 2,5-DMF 的糠基 C—H 键,产生糠基自由基和质子。糠基自由基发生共振并随后发生 C—C 偶联,得到二聚体异构体。然后该二聚体与2,5-DMF 或另一二聚体反应生成三聚体和四聚体作为 DFPs。同时,产生的质子与 Ru-ZnIn$_2$S$_4$ 的 CB 中的光生电子反应,然后被还原为 H$_2$。

如前所述,从可持续的观点来看,木质纤维素衍生的下游产品的光催化升级代表了将地球丰富的生物质高效转化为清洁 H$_2$ 燃料和增值化学品的新机会。然而,从规模和发展现状来看,木质纤维素生物质的光催化重整落后于热催化过程。木质素气化是从一系列木质素原料和模型化合物中生产合成气(CO 和 H$_2$)的典型热过程。木质素气化得到 H$_2$ 的产率取决于木质素的种类、实际反应条件(操作温度、操作压力、气化剂、停留时间等)、反应器规模等。例如,Zimbardi 等对富含木质素的发酵残渣进行了自热气化,以评估进料速率在20kg/h 以上的中试装置的性能。获得的合成气产量为1.94kg/kg 干残渣,其中 H$_2$ 和 CO 分别为

27.2g 和 696g。木质纤维素类生物质的光催化重整还处于起步阶段，相关的研究工作报道均在毫克到克级尺度。因此，未来应加大力度致力于实现高效大规模的生物质光重整。受电催化生物质提质和集成光电催化水分解过程的最新发展启发，未来的工作可以聚焦于构建结合光催化和电催化优势的光电化学体系。在该系统中，沉积在导电基底上的 n 型半导体光催化剂被用作氧化生物质转化的光阳极，并通过外部电路将暗对电极（例如 Pt 板）连接到光阳极上用于 H_2 的生产。

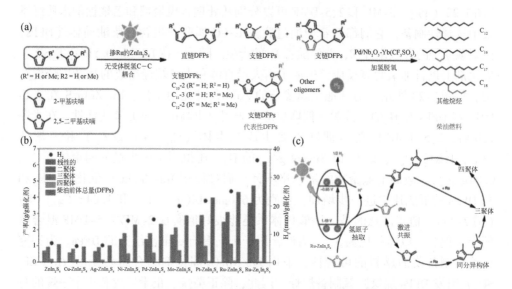

图 7-23　（a）2,5-二甲基糠醛和 2-甲基糠醛转化为柴油燃料的示意图；（b）蓝色 LED（455nm）照射下金属掺杂剂促进 2,5-DMF 光催化脱氢偶联的比较；（c）提出的 2,5-DMF 在 Ru-ZnIn$_2$S$_4$ 光催化剂上 C—C 耦合机理

7.7　药物合成中的光催化反应

利用光来诱导化学反应具有吸引力，因为光子是无痕试剂，可以在温和的条件下提供能量来激活底物、试剂或催化中间体。传统上，光化学反应主要使用紫外光激发底物或试剂。然而，这些光源的高能量需要特殊设备，并且会引发无选择性的反应，难以预测和控制。随着可被低能光子激活的光催化剂（PC）的发展，可见光驱动的可持续化学合成成为可能。光催化剂可以通过各种机理场景启动转化 [图 7-24（a）]，特别是可见光光催化在有机合成中得到了广泛认可，被视为一种强大的工具。在光照时，激发的催化剂（·PC）接受或给予一个电子，从而使氧化或还原消耗循环成为可能，具体取决于反应混合物中存在的底物和试

剂。在氧化消耗循环中，激发态催化剂还原一个电子受体（A），产生强氧化剂（·PC⁺）。这种被氧化的催化剂形式可以从适当的给体（D）中接受一个电子，完成催化循环。根据反应条件的不同，可以发生逆反应来完成还原消耗循环。氧化还原反应也可以伴随着协同的质子转移［质子耦合电子转移（PCET）］。相反，光催化氢原子转移（HAT）是通过 PC 均裂 C—H 键进行的，或者在单电子转移（SET）之后进行。此外，PC 还可以将其激发态能量传递到不能在给定波长吸收光的底物或试剂，从而引发化学反应。

　　光催化可以与"常规"催化（双催化）相结合，以实现仅使用一种催化剂无法实现的反应［图 7-24（b）］。将光催化与过渡金属催化（金属光催化）相结合，可以在温和的条件下实现选择性的碳–杂原子和碳–碳交叉偶联反应。成功的关键是通过 SET 过程、自由基加成或光敏化来调节过渡金属配合物的氧化态。该策略使用镍配合物进行了广泛的研究，并进一步扩展到一系列其他过渡金属，包括丰富的第一行过渡金属，如钴、铜和铁。将光和有机催化相结合，涉及激发

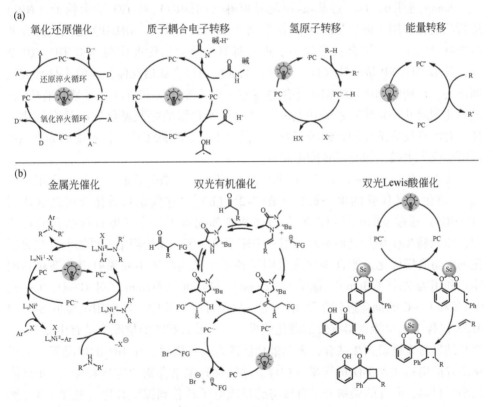

图 7-24　光催化合成的一般机理

（a）不同的光催化模式；（b）选择双催化的例子

态 PC 的 SET，例如烯胺中间体，以实现醛的高对映选择性 α-官能化。催化剂上的 Lewis 酸与某些底物形成活化的络合物，这些络合物可以与 PC 相互作用来发生反应，例如 [2+2] 环加成反应。

可见光催化的优点奠定了其在药物化学中的各种应用，包括药物发现、生物偶联、后期 C—H 官能化和同位素标记。大多数光催化反应，包括前面描述的例子，都依赖于一小部分光催化剂，例如均相的 Ir 或 Ru 多吡啶配合物、一些有机染料，以及一些半导体材料，它们具有合适的氧化还原电位或三重态能量，并且具有长寿命的激发态。具有短激发态寿命的生色团在其他研究领域也显示出巨大的潜力。大量的有机染料被用作敏化剂，染料吸附或结合在半导体材料（如 TiO_2）的表面。由于产生的空间邻近性，即使具有短激发态寿命的染料也能有效地将电子注入半导体导带中。这导致电荷分离物种可以持续几微秒。与具有长寿命激发态的分子 PCs 相比，迄今为止，仅有少数关于染料敏化半导体作为 PCs 用于有机合成的报道。

Nauth 等用 6，7-二羟基-2-甲基异喹啉（DHMIQ）对 TiO_2 纳米粒子（NPs）进行功能化，用于催化叔胺的 α-氰基化 [图 7-25（a）]。DHMIQ 是发色团和儿茶酚部分的组合，结合在半导体表面。将氧化还原活性配体与球形 TiO_2 NP 结合，球形 TiO_2 NP 是由钛（IV）丁醇盐与油酸通过合成后配体交换的水热合成法制备的。得到的 TiO_2-DHMIQ 复合物在整个可见光光谱和近红外区域都有吸收。该催化剂对几种叔胺在乙腈中与三甲基硅基氰化物的好氧氰化反应具有催化活性。对所有反应条件的详细研究表明，微量水显著降低了产率，可能因为在 NPs 周围形成了水膜，抑制了光催化能力。

最近，Reischauer 等将发色团和镍配合物固定在 TiO_2 表面，得到了可用于金属-光催化交叉偶联的单一材料 [图 7-25（b）]。这些染料敏化金属光催化剂（DSMPS）通过添加染料和镍配合物（两者都配备了与半导体材料结合的官能团）以及将 TiO_2 添加到底物和碱溶液中来原位组装。操作简单，再加上三组分催化剂的高度模块化，能直接筛选适用于各种交叉偶联和不同辐射源的染料和配体。利用蓝光（440nm）、绿光（525nm）和红光（666nm）对 C—O、C—S、C—N 和 C—C 的耦合进行了研究。在一系列对照实验中，发现用绝缘的 SiO_2 和 Al_2O_3 代替 TiO_2 也能获得有效的催化效果，但在没有载体的情况下没有生成产物。这些结果与光谱研究相结合，表明催化活性有两种机制。在 TiO_2 的情况下，电子从激发的染料注入 TiO_2 的导带（CB），并转移到镍络合物"穿透粒子"。如果使用绝缘材料，激发的染料分子直接将能量或电子转移到镍络合物（粒子上）。然而，与"穿透粒子"机制相比，后一种过程的效率要低得多，导致反应时间非常长。

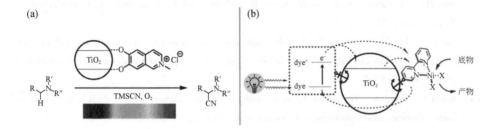

图 7-25　获取高波长光催化合成的策略
（a）非无害配体的功能化 TiO_2；（b）染料敏化金属光催化剂

参 考 文 献

[1]　Tang D Y, Lu G L, Shen Z W, et al. A review on photo-, electro- and photoelectro- catalytic strategies for selective oxidation of alcohols. Journal of Energy Chemistry, 2022, 77: 80-118.

[2]　Luo L, Zhang T T, Wang M, et al. Recent advances in heterogeneous photo-driven oxidation of organic molecules by reactive oxygen species. ChemSusChem, 2020, 13: 5173-5184.

[3]　Kumar A, Choudhary P A, Krishnan V K. Selective and efficient aerobic oxidation of benzyl alcohols using plasmonic Au-TiO_2: influence of phase transformation on photocatalytic activity. Applied Surface Science, 2022, 578: 151953.

[4]　Zhang H W, Li X, Chooi K S, et al. TiO_2 encapsulated Au nanostars as catalysts for aerobic photo-oxidation of benzyl alcohol under visible light. Catalysis Today, 2021, 375: 558-564.

[5]　Li H, Qin F, Yang Z P, et al. A new reaction pathway induced by plasmon for selective benzyl alcohol oxidation on BiOCl possessing oxygen vacancies. JACS, 2017, 139: 3513-3521.

[6]　Farhadi S, Zaidi M. Polyoxometalate-zirconia (POM/ZrO_2) nanocomposite prepared by sol-gel process: a green and recyclable photocatalyst for efficient and selective aerobic oxidation of alcohols into aldehydes and ketones. Applied Catalysis A: General, 2009, 354: 119-126.

[7]　Qin K J, Zang D J, Wei Y G. Polyoxometalates based compounds for green synthesis of aldehydes and ketones. Chinese Chemical Letters, 2022, 34: 107999.

[8]　Qi M Y, Conte M, Anpo M. Cooperative coupling of oxidative organic synthesis and hydrogen production over semiconductor-based photocatalysts. Chemical Reviews, 2021, 121: 13051-13085.

[9]　Xie S J, Shen Z B, Deng J, et al. Visible light-driven C—H activation and C—C coupling of methanol into ethylene glycol. Nature communications, 2018, 9: 1181.

[10]　Zhang H K, Xie S J, Hu J Y, et al. C—H activation of methanol and ethanol and C—C coupling into diols by zinc- indium- sulfide under visible- light. Chemical Communications, 2020, 00: 1-4.

[11]　Luo N C, Montini T, Zhang J, et al. Visible-light-driven coproduction of diesel precursors and hydrogen from lignocellulose-derived methylfurans. Nature energy, 2019, 4: 575-584.

[12]　Weng B, Quan Q, Xu Y J. Decorating geometry- and size-controlled sub-20 nm Pd nanocubes

onto 2D TiO_2 nanosheets for simultaneous H_2 evolution and 1, 1-diethoxyethane production. J. Name, 2016, 00: 1-3.

[13] Lia J Y, Lia Y H, Zhang F. Visible-light-driven integrated organic synthesis and hydrogen evolution over 1D/2D CdS-$Ti_3C_2T_x$ MXene composites. Applied Catalysis B: Environmental, 2020, 269: 118783.

[14] Wada E, Tyagi A, Yamamoto A, et al. Dehydrogenative lactonization of diols with a platinum-loaded titanium oxide photocatalyst. Photochem. Photobiol. , 2017, 16: 1744.

[15] Jang H Y. Oxidative cross-coupling of thiols for S—X (X = S, N, O, P, and C) bond formation: mechanistic aspects. Org. Biomol. Chem. , 2021, 19: 8656.

[16] Li X B, Li Z J, Gao Y J, et al. Mechanistic insights into the interface-directed transformation of thiols into disulfides and molecular hydrogen by visible-light irradiation of quantum dots. Angew. Chem. Int. Ed. , 2014, 53: 2085-2089.

[17] Li L, Mu X Y, Liu W B, et al. Simple and efficient system for combined solar energy harvesting and reversible hydrogen storage. JACS, 2015, 137: 7576-7579.

[18] Zheng M F, Shi J l, Yuan T, et al. Metal-free dehydrogenation of N-heterocycles by ternary h-BCN nanosheets with visible light. Angew. Chem. Int. Ed. , 2018, 57: 5487-5491.

[19] Gong X, Shu Y F, Jiang Z. Metal-organic frameworks for the exploitation of distance between active sites in efficient photocatalysis. Angew. Chem. Int. Ed. , 2020, 59: 5326-5331.

[20] Sterckx H, Morel B, Maes B U W. Recent advances in catalytic aerobic oxidation of $C(sp^3)$— H bonds. Angew. Chem. Int. Ed. , 2019, 131: 8028-8055.

第 8 章　半导体理论计算与光催化

8.1　光吸收的调控

8.1.1　离子掺杂改性

在半导体理论计算与光催化领域中，离子掺杂改性技术是提升材料性能的关键策略之一。通过精确控制特定离子的引入，这种技术可以使半导体材料的光学吸收特性发生根本性改变，从而显著提高其在光催化应用中的效率。离子掺杂不仅有助于调整材料的带隙宽度，还能够改变其电子结构和表面性质，这些改变对于材料的光催化性能至关重要，可以使材料的光学吸收特性发生显著变化，进而提高光催化效率，使得材料能够更有效地利用光能，特别是太阳光能。

离子掺杂的原理涉及精确地将特定离子（可为金属离子或非金属离子）引入半导体的晶格结构中，通过替换晶格中原有的原子来实现。这种替代过程不仅可以引入新的电子能级和改变能带中的电子态密度，还可能导致晶格结构的畸变或局部电荷分布的重新分布。这些变化对材料的光学和电子特性有重大影响，尤其是通过调节材料的带隙宽度来适应更宽的光谱吸收范围，特别是扩展到可见光区域。引入的离子根据其电负性能造成晶格的局部场变化，进而影响载流子的输运行为，如扩展光吸收范围到可见光谱，从而提高材料对太阳能的利用效率。此外，离子掺杂还能在半导体材料内部引入或增加缺陷态，这些新增的缺陷态不仅可以增加材料表面的活性位点，还可以作为电子或空穴的捕获中心，有效减少光生载流子的复合，从而显著提高光催化中电子-空穴对的分离效率与迁移速度。缺陷态的引入通过提供额外的表面反应位点，增强了材料与反应物之间的相互作用，进而增加了光催化反应的选择性和活性。同时，这些缺陷也可能促进特定化学反应路径，提高催化反应的效率与稳定性。这使得离子掺杂成为改善半导体光催化性能的非常有效的方法。

实施离子掺杂有多种方法，包括但不限于以下几种，其中有水热法、磁控溅射法、固相反应法、溶液相法、化学气相沉积法和离子注入法等。每种方法都有特定的优势和局限性。例如，水热法适用于难以在常压下溶解的物质，能够在较低的温度相比传统高温炉中实现材料的合成与掺杂，有助于保持材料的稳定性。然而，水热法的反应条件和设备要求较高，控制过程相对复杂。磁控溅射法是一种物理气相沉积技术，通过利用磁场控制等离子体中的离子来沉积薄膜。磁控溅射法可以非常精确地控制薄膜的厚度和成分，适用于需要高质量薄膜的半导体和光电器件。然而，设备成本较高，且对操作环境的要求较严格。例如，Meng 等[1]通过磁控溅射法制备了含不同银体积分数的 Ag-TiO$_2$ 纳米结构薄膜，并对其光催化活性进行了研究。实验结果表明，适量的银（2.5% ~5%）能够显著提高 TiO$_2$ 薄膜的光催化效率，这种增强效果归因于可见光响应的扩展、锐钛矿相的形成、氧阴离子自由基和 Ti^{3+} 反应中心的增多以及改善了电子-空穴对在薄膜表面的分离。Shen 等[2]通过水热法在 CTAB 辅助下合成了不同含量 Cu^{2+} 掺杂的 ZnIn$_2$S$_4$ 光催化剂，发现铜掺杂量的增加导致了 ZnIn$_2$S$_4$ 微球形貌的变化和光催化活性的提高。这种提高主要是因为其光吸收范围的扩大和带隙的缩小，因此通过元素掺杂可以有效调整 ZnIn$_2$S$_4$ 的能带结构和拓宽光吸收区域，进而提高其光催化效率。

离子掺杂作为一种可以有效提升半导体材料性能的手段，在环境净化和能源转换领域的应用中展现出巨大的潜力。通过精心选择和设计掺杂的离子种类以及精准控制其在材料中的掺杂浓度，研究人员能够显著改善半导体材料的光电特性，如增强其对光的吸收能力、提高光生载流子的分离效率以及增加其光催化活性。这些改进可以直接提高其在太阳能电池、光电检测、环境污染处理及光催化制氢等方面的应用性能，因此离子掺杂是推动绿色能源技术发展和环境净化技术进步的关键技术之一。尽管离子掺杂技术已经在多个领域取得了显著成功，但发展过程中仍然面临着一些挑战。一方面，对于离子掺杂所引起的材料微观结构和性能变化机制的理解尚不充分，这限制了研究人员精确预测和控制掺杂效果。深入研究和理解掺杂机理，对于优化掺杂策略、设计新型高效半导体材料具有重要意义。另一方面，掺杂改性材料的长期稳定性和它们在实际应用过程中对环境的影响也是未来研究中急需关注的重点问题。同时，材料本身及其生产和使用过程中可能对环境产生的影响也需要全面评估，以确保这些技术的可持续发展。因此，未来的研究工作不仅需要注重对离子掺杂改性材料的基础科学研究，深入探讨掺杂机制，还应该从应用的角度出发，对材料的性能进行全方位的评估和优化。

8.1.2　新材料的设计

在新材料的设计领域，科学家面临的挑战是如何开发具备高效光吸收和优异载流子分离特性的半导体材料，设计这样的新材料通常需要考虑以下关键因素。

首先就是新材料的组成。新材料的组成是影响其物理、化学性能的基础。研究人员可以通过调节元素的种类和比例来调控材料的能带结构，从而实现对光吸收范围和强度的调节。例如，Ti 基半导体光催化剂通常都具有较宽的带隙，只对紫外光区域的光子响应。为提高其光吸收效率，引入一些贵金属负载，可以缩小其带隙宽度，使之能吸收更多波长范围的光源[3]。

其次是新材料的晶体结构，晶体结构的优化对于新材料的性能同样重要。通过控制晶格参数和晶体对称性，研究人员能够在微观尺度上调控材料的电子性质和光学性质。例如，新型钙钛矿型复合氧化物 ABO_3，因其具有更大的结构容忍度，其结构和性能调控的范围较大。因此，可以通过调控晶格结构相似的两种钙钛矿材料制备光催化材料，使得界面光生载流子转移和传输具有了全新的驱动力，有利于光催化反应的进行[4]。选择合适的晶体结构可以增强载流子的迁移性和减少复合概率，从而提高其光催化效率。另外，界面工程和表面修饰对于新材料的设计也是至关重要的。很多高效的光催化材料都是复合结构，它们通过界面工程来实现高效的载流子分离和转移。鉴于此，科研人员利用 Bi 系层状结构有利于电子转移的特性，以 $(BiO)_2CO_3$ 为基础，采用原位热分解法制备了具有良好循环稳定性与可见光活性的 $\alpha\text{-}Bi_2O_3/(BiO)_2CO_3$ 异质结催化材料，大幅提高了光生载流子的分离效率[5]。表面修饰能够直接影响材料表面的反应活性和稳定性，是新材料设计中的一个关键环节。通过在材料表面引入特定功能团、原子或者金属纳米颗粒，可以改变材料表面的化学性质和电荷分布，从而增强其催化活性和选择性，例如金纳米粒子的负载可以有效地吸收可见光并促进电子的转移和分离。

最后，由于光催化材料在实际应用中会暴露于各种环境条件下。因此，新材料需要拥有良好的化学稳定性、机械稳定性和光稳定性。通过改变材料的制备条件或施加后处理步骤，如退火、相变等，可以提高材料的环境稳定性。此外，通过利用密度泛函理论（DFT）计算和其他先进的计算模拟技术，科学家们能够在纳米尺度上精确地预测光催化材料的电子结构和光学性质。这样的理论支持不仅为新材料的合成和设计提供了强有力的指导，而且对于深入理解复杂的光催化机制也至关重要。通过这些高级的计算模拟技术，科学家可以在实验前有效地预测材料性能，从而显著提高研究的效率和成功率。设计出高效且稳定的光催化材料，需要科学家们在跨学科领域内进行紧密合作。物理学、化学、材料科学及计算科学等领域的知识和技术的融合，使得科研团队能够全面考虑材料的组成、晶体结构、表面修饰及环境稳定性等多方面因素，以设计出既高效又稳定的光催化材料。进一步，随着人工智能和机器学习技术的日益成熟和应用，新材料的设计和优化过程正在变得更加高效和精确。这些技术不仅能够处理和分析庞大的数据集，以发现新的材料和优化方案，也能够预测材料的性能和稳定性，从而为光催化技术的未来创新打下坚实的基础。

总之，光催化材料的研发是一个高度复杂且跨学科的过程，涉及材料学、化学、物理学及计算科学等多个领域。通过优化材料的制备流程和后处理技术，深入理解光催化机制，以及利用最新的人工智能和机器学习技术，科学家们正朝着设计出更高效、更稳定的光催化材料迈进。

8.2 载流子分离动力学过程

8.2.1 轨道、带边与有效质量

在半导体材料中，载流子的运输与能带理论密切相关，而能带理论又与材料的电子轨道、带边和有效质量密切相关。深入理解这些概念对于设计高效的光催化材料至关重要。

半导体材料中的电子轨道结构决定了电子的能级分布和电子在材料中的运动方式。电子可以占据不同的能级，分别对应于材料的价带和导带。通过控制电子轨道结构，可以调节材料的光学性质和电子传输性能。带边指的是在能带结构中，价带的最高能级（价带顶）与导带的最低能级（导带底）。在半导体材料中，价带和导带之间的能隙决定了材料的电学性质和光学性质。调节带边结构可以改变材料的光吸收范围和光催化活性。载流子在晶体中的运动受到晶格的周期性势场的影响，其运动行为可以用有效质量来描述。有效质量是一种相对的概念，指的是在描述载流子运动时所采用的等效质量，可以理解为载流子在晶格中的"惯性"。通过调节材料的晶格结构和成分，可以改变载流子的有效质量，从而影响其迁移率和光催化性能。载流子迁移率是衡量材料导电性能的重要指标，也直接影响光催化反应的效率。载流子在材料中的迁移受到晶格缺陷、杂质和界面等因素的影响。因此，通过调控电子轨道、带边结构和有效质量，可以有效地提高载流子的迁移率，从而增强光催化性能。

在新材料的设计过程中，科学家常常通过研究电子轨道结构、带边结构和载流子有效质量的变化规律，进而在材料工程中考虑这些影响因素，最终有针对性地设计出具有优异光催化性能的材料。例如，通过合理设计材料的晶格结构和界面工程，可以有效地调控带边结构和有效质量，从而实现高效的载流子分离和转移，进而提高光催化反应的效率和选择性。设计出的新型材料往往需要通过实验验证其光催化性能。科学家们通常会利用各种实验手段，如光电化学测试、表面分析技术等，来评估材料的光催化活性、稳定性和反应机理。通过实验验证，可以验证理论设计的有效性，并进一步优化材料的结构和性能，使之更加适用于实际应用场景。

综上所述，轨道、带边和有效质量等概念在新材料设计中扮演着重要的角色。通过深入理解和控制这些因素，可以实现对光催化材料性能的精确调控，为解决能源和环境问题提供新的解决方案。

8.2.2　非绝热分子动力学

　　非绝热分子动力学在半导体材料的理论计算以及光催化中的应用主要涉及对光激发下半导体材料中载流子的行为和分离机制的深入理解。通过精确模拟电子和核的相互作用，这一研究将有助于优化半导体材料的性能，尤其是在光催化反应中的应用。

　　光催化材料，如二氧化钛（TiO_2），经光激发后可产生电子（e^-）和空穴（h^+）对，这对光催化反应至关重要（图 8-1）。非绝热分子动力学模拟允许对这些载流子的生成、迁移和复合过程进行详细研究。尤其是在材料表面或缺陷附近，载流子行为会受到显著影响，非绝热动力学能够揭示复杂界面处的激发态动力学。在半导体光催化中，非绝热效应可导致电子从更高能态快速跃迁到较低能态，同时影响载流子的分离效率。例如，在多相结构的光催化剂中，非绝热耦合可以帮助预测和设计提升界面载流子分离的概率，从而增强催化活性。通过对非绝热耦合和能级对齐的分析，可以优化材料的电子结构以实现更高的光转换效率。在理论上，采用基于第一原理的多体波动函数和密度泛函理论（DFT）结合非绝热动力学模拟（如基于时间依赖的 DFT，TDDFT），可提高对光催化半导体材料电子行为的预测精度。此外，现代计算方法如 GW- BSE（Green's function- GW 和 Bethe-Salpeter 方程）也被用于更准确地描述激发态性质。对于理论模型和计算结果的验证，使用飞秒激光技术，如飞秒时间分辨荧光光谱和飞秒暂态吸收光谱，可以实时监测材料在激发后的电子动力学和载流子行为。这些技术提供了实验数据支持非绝热动力学模型的准确性和可靠性，进一步推动材料设计的优

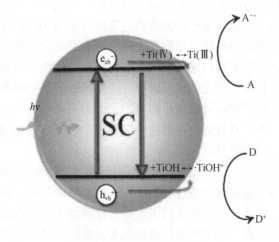

图 8-1　光催化反应机理[6]

化。通过对半导体光催化材料中非绝热过程的深入理解，科学家可以设计出新的材料或改性现有材料以提高其光催化效率。例如，通过调整材料的带隙、掺杂方式或制造复合材料结构，可以有效控制光生成载流子的复合速率和分离效率，从而促进更有效的化学转换过程。

非绝热分子动力学在半导体理论计算及光催化材料设计中发挥关键作用，特别是在理解和控制载流子的分离与迁移过程中。通过精确模拟和实验验证，可以不断优化材料性能。随着计算技术的发展，未来在这一领域的研究将更为深入和广泛，推动光催化技术向更高效和更环保的方向发展。

8.3　表面催化过程

光催化技术在环境净化、能源转换等领域有广泛应用。光催化反应的效率在很大程度上取决于表面催化过程，其中包括材料表面的吸附、反应和脱附等关键步骤。因此，对这些表面过程的深入理解和控制是设计和开发高效光催化材料的关键。在光催化中，吸附过程是反应物稳定的附着在催化剂表面的第一步。这一步对于接下来的化学转化至关重要。理想的催化剂表面应能促进有效的吸附，并确保反应物在合适的位点和方向上吸附，以便进行有效的分子间相互作用和反应。常用的方法包括表面修饰和调整催化剂的表面性质，如使用硫酸盐、磷酸盐等改性剂来增加表面羟基，从而改善吸附效果。此外，构建具有特定表面位点的催化剂，如在 TiO_2 表面引入钯、铂等金属位点，可以显著增强某些特定光催化反应的活性[7]。这一过程中，催化剂的物理和化学性质对反应路径和能量壁垒有显著影响。例如，TiO_2 的晶体相（金红石、锐钛矿和板钛矿）对光催化活化水分解的效率有直接影响。理论和实验研究表明，金红石相的 TiO_2 在光催化分解水过程中表现出更高的活性，而锐钛矿相则在光催化降解有机污染物中更为有效。通过第一性原理计算，科学家可以预测和调整表面反应的活性位点和反应路径，从而设计出更高效的催化剂。在光催化反应中，产品的脱附是影响催化效率的另一个关键因素。产品的顺利脱附可以防止催化剂表面的积碳和毒化，从而维持催化剂的活性和稳定性。设计具有适当表面粗糙度和化学组成的催化剂能够促进产品的快速脱附，避免催化剂的过早失活。

在光催化过程中，吸附、反应和脱附三个基本步骤的优化对于设计高效的光催化材料至关重要。通过对这些过程的深入了解和精准控制，科学家可以显著提升光催化的性能。目前，利用纳米技术改造催化剂的表面结构已经成为提高光催化效率的重要研究方向。纳米技术使得研究人员能够开发出具有特定纳米形状的催化材料，例如纳米线、纳米管或纳米片等。这些具有特殊形态的纳米结构因其较大的表面积和丰富的活性位点，常常展现出比传统材料更加优异的光催化性能。纳米线、纳米管和纳米片等结构通过提供更多的表面反应区域，增加了分子与催化剂接触的机会，这样更多的反应活性点得以利用，从而效率得到提升。此外，这些纳米结构的独特物理和化学性质也可能引入新的光催化机制，例如通过调控电子–空穴对的分离和迁移，优化光生成载流子的利用效率。例如，纳米线由于其独特的维度和较高的长宽比，表现出更好的电荷传输性能。而纳米管和纳米片由于其开放的结构，可以提供更多的接触面，促进更有效的光吸收和反应物分子的吸附。进一步，这些纳米结构的表面可以通过化学或物理方法进行功能化或修饰，以引入特定的功能团体或构建异质结构，这可以进一步增强催化活性或特定的光反应性能。例如，通过在纳米结构的表面镀上一层其他的半导体材料，可以形成异质结结构，这样的结构可以有效地分离和传输光激发下产生的电子与空穴，从而提高光催化效率。例如 CdS/TiO_2，通过利用不同材料间的协同作用和异质结界面，可以进一步提高光催化效率和光能利用率[8]。光催化过程中的表面反应十分复杂，涉及吸附、反应和脱附等多个步骤。通过深入研究这些表面过程，结合先进的表面科学技术和理论计算，我们不仅能够更好地理解光催化机理，还可设计出更活跃、更稳定、更高效的光催化材料。未来，随着纳米技术和表面科学的不断进步，以及对光催化原理更深刻的认识，将有助于推动光催化技术在更广泛的领域应用。

8.4　人工智能与光催化

8.4.1　机器学习简介

在现代科学研究的背景下，机器学习被广泛应用于多个领域，尤其在材料科学中发挥着越来越重要的作用。特别是在光催化材料的研发场景中，机器学习技术的心脏部分在于其强大的数据处理与分析能力，能够从复杂且庞大的数据集中提炼出有价值的信息。通过分析实验数据和计算模拟的结果，机器学习算法可以自动识别材料属性与性能之间的内在联系，为科学家提供预测模型，这些模型不仅可以预测光催化材料的行为，还能为材料设计提供指导。这种从数据中学习并预测的能力极大地提高了研究效率和创新速度，使科学家能够迅速识别最有前景的材料候选，从而显著提升研发的成本效率和成功率。

监督学习作为机器学习中最常见的学习类型之一，在光催化材料研究中的应用尤为显著。通过对大量的带有明确输入（如材料的化学组成和结构）和输出（如材料的光催化效率）标签的数据进行训练，模型能够揭示不同类型的材料特性与其性能之间微妙的数学关系。这种方法不仅加速了新光催化材料的发现流程，还提高了材料优化的精度。科学家可以利用模型作为预测工具，来估计未知材料在实际应用中的表现，有效避免了耗时耗力的盲目实验。归根结底，机器学习在光催化材料研究中的引入代表了一种从经验驱动向数据驱动转变的科学范式。这种转变不仅提升了研究的科学性和系统性，还为未来材料科学和相关应用领域的深入探索及创新开辟了新的道路。随着技术的进一步发展和优化，机器学习将在光催化材料的发展中扮演更加核心与革命性的角色。在当今科技日益进步的时代，机器学习作为一种先进的数据驱动分析技术，在材料科学领域，尤其在光催化材料的研发中扮演了重要的角色，图 8-2 为机器学习在光催化领域的典型应用模型[9]。机器学习算法通常被划分为监督学习、非监督学习和强化学习。在光催化材料的研究中，监督学习尤为常见，其通过训练含有输入和输出标签的数据集，来建立一个数学模型，该模型能够对新的数据进行有效的预测。

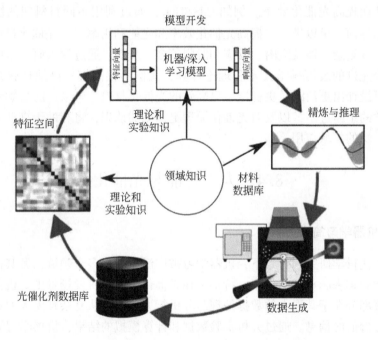

图 8-2　机器学习在光催化剂领域的应用模型[9]

在光催化材料的开发中，传统的试错方法既耗时又耗资金。机器学习技术可以通过分析历史数据来预测材料的性能，从而有效缩短研发周期。通过构建数据库，包括已知光催化剂的化学组成、晶体结构、表面属性等信息，可以使用机器学习模型来识别出那些可能具有高效光催化活性的新材料。除了发现新材料，机器学习也可以用于优化现有材料的性能。通过分析不同制备条件、掺杂元素和工艺流程对光催化效率的影响，机器学习模型可以预测在特定应用下最佳的材料制备参数。机器学习方法还可以辅助科学家理解复杂的光催化机理。例如，通过分析大规模的实验数据和理论计算结果，模型可以揭示促进或抑制光催化反应的关键因素，如电子结构、光吸收性能和表面活性位点的影响。

尽管机器学习在光催化材料研究中展示了巨大的潜力，但也存在一些挑战。数据的质量和数量是制约机器学习应用的主要因素。高质量的实验数据通常不易获取，且数据集的大小直接影响模型的准确性和泛化能力。此外，数据的多样性和复杂性要求模型具有高度的适应性和灵活性。

未来，随着数据库的不断丰富和计算能力的提升，预计机器学习将在光催化材料的发现与优化中发挥更加重要的作用。此外，与其他类型的人工智能技术，如深度学习和强化学习的结合，将进一步推动光催化领域的发展。通过这些智能工具的帮助，科学家将能更快地设计出新一代高效、环境友好的光催化材料，为能源转换和环境保护提供更多的可能性。机器学习技术正逐渐成为光催化研究领域的一支强大的助力，其对未来材料科学的贡献值得期待。

8.4.2　机器学习与光催化剂设计

随着人工智能的快速发展，机器学习技术在光催化剂的设计与开发中扮演着越来越关键的角色。通过集成大量的实验数据和先进的计算模型，机器学习方法不仅能加速新光催化剂的发现，还能在理解光催化机理和优化反应条件方面提供前所未有的见解。

在传统的光催化剂设计方法中，研究人员通常依赖于经验和逐个试验的方法来寻找具有高效能的催化剂，这种方法不仅耗时长、成本高，而且效率低下。随着机器学习技术的引入，光催化剂的设计进入了一个全新的阶段。通过利用大数据和高效算法，机器学习能够在庞大数据集中识别出影响材料性能的关键因素，快速预测催化剂的性能，极大地提高了研究的效率和准确性。机器学习在光催化剂设计中的应用依赖于大量可靠、高质量的数据，这些数据包括但不限于光催化剂的组分、结构、制备条件，以及在不同条件下的性能表现。通过对这些数据的分析，机器学习算法可以捕捉到材料属性与其光催化性能之间的复杂关系。目前，公开的数据库和文献报道作为数据来源，在一定程度上支撑了这一研究方向，但数据的收集和标准化仍然是一个挑战。在拥有大量数据后，如何从这些数据中提取有用信息并建立有效的预测模型成为关键。常见的机器学习算法有随机森林、支持向量机、神经网络等。这些算法能够处理高维数据，并从中学习到材料属性与光催化性能之间的非线性关系。通过训练这些模型，研究人员可以预测未知材料的光催化性能，从而快速筛选出有潜力的光催化剂候选。

鉴于此，中国科学院大学苏刚团队提出基于高通量第一性原理计算结合机器学习方法，成功从 5300 个二维八面体氧卤化合物中筛选出无毒、廉价、稳定、高迁移率和高光吸收系数的性能优异的二维光电材料，克服了传统"试错法"

存在的效率低下、资源浪费等问题[10]。研究人员可以通过收集不同掺杂元素、晶体相、表面修饰等因素对二维八面体氧卤化合物催化效率的影响数据，来训练机器学习模型。模型训练完成后，可以用于预测新的、未曾制备的催化剂的性能，甚至提出未被实验尝试过的新型材料组合或制备方法。这一过程显著节省了实验资源，加速了高性能光催化剂的发现。尽管机器学习对光催化剂的设计提供了有力的工具，但机器学习模型的预测仍需通过实验来验证。因此，一个高效的研究流程应该是实验和机器学习相结合，即实验数据为机器学习提供训练材料，而机器学习的预测结果又指导实验的开展，两者相辅相成，不断迭代优化。

　　未来，随着更多高质量数据的获取、更先进算法的开发以及计算能力的提升，机器学习在光催化剂设计中的作用将会越来越大。此外，机器学习不仅可以用于静态材料的筛选，还将扩展至动态条件下的光催化过程模拟、光催化机理的解析等更广泛的领域，为光催化技术的进步和应用拓展新的路径。

参 考 文 献

[1] Meng F M, Lu F, Sun Z Q, et al. A mechanism for enhanced photocatalytic activity of nanosize silver particle modified titanium dioxide thin films. Sci. China Technol. Sc., 2010, 53: 3027-3032.

[2] Shen S H, Zhao L, Zhou Z H, et al. Enhanced photocatalytic hydrogen evolution over Cu-doped $ZnIn_2S_4$ under visible light irradiation. J. Phys. Chem. C, 2008, 112: 16148-16155.

[3] Rahut S, Panda R, Kumar Basu J. Solvothermal synthesis of a layered titanate nanosheets and its photocatalytic activity: effect of Ag doping. J. Photoch. Photobio. A., 2017, 341: 12-19.

[4] Zhang Q, Huang Y, Peng S Q, et al. Perovskite $LaFeO_3$-$SrTiO_3$ composite for synergistically enhanced NO removal under visible light excitation. Appl. Catal. B, 2017, 204: 346-357.

[5] Huang Y, Wang W, Zhang Q, et al. In situ fabrication of α-Bi_2O_3/$(BiO)_2CO_3$ nanoplate heterojunctions with tunable optical property and photocatalytic activity. Sci. Rep-UK., 2016, 6: 23435.

[6] Zhang L W, Mohamed H H, Dillert R, et al. Kinetics and mechanisms of charge transfer processes in photocatalytic systems: a review. J. Photoch. Photobio. C., 2012, 13: 263-276.

[7] Ho W, Lee S C, David Y H, et al. Property-governed performance of platinum-modified titania photocatalysts. Front. Chem., 2022, 10: 972494.

[8] Yuan Q, Huang J D, Li A, et al. Engineering semi-reversed quantum well photocatalysts for highly-efficient solar-to-fuels Conversion. Adv. Mater., 2024, 36: 2311764.

[9] Masood H, Toe C Y, Teoh W Y, et al. Machine learning for accelerated discovery of solar photocatalysts. ACS. Catal., 2019, 9: 11774-11787.

[10] Ma X Y, Lewis J P, Yan Q B, et al. Accelerated discovery of two-dimensional optoelectronic octahedral oxyhalides via high-throughput Ab initio calculations and machine learning. J. Phys. Chem. Lett., 2019, 10: 6734-6740.